重金属废水处理新型液膜技术研究

Research on New Liquid Membrane Technology for Heavy Metal Wastewater Treatment

裴 亮/著

科学出版社

北 京

内 容 简 介

本书通过调查全球液膜技术的研究现状、应用案例，分析其发展前景，探讨和研究各类液膜技术去除、分离和提取回收各类重金属的可行性；通过预处理筛选、膜组件设计、膜载体优化、迁移速率控制等环节实现部分重金属的去除、迁移、分离和提取回收，并对其各过程机理进行深入研究。与其他类型的新技术新方法协同，创新性地提出分散支撑液膜、解络组合液膜、室温熔融盐大块液膜等，建立各类新型液膜去除、迁移、分离和提取回收各类重金属的新方法与新模式，为该技术的实际应用提供实验基础和科学支撑。

本书可供环境科学、环境工程、生态学、地理学等学科领域科研人员及高等院校学生参考阅读。

图书在版编目(CIP)数据

重金属废水处理新型液膜技术研究 / 裴亮著．北京 ：科学出版社，2025. 3. -- ISBN 978-7-03-081628-3

Ⅰ. X703

中国国家版本馆 CIP 数据核字第 202567MH34 号

责任编辑：林　剑 / 责任校对：樊雅琼

责任印制：徐晓晨 / 封面设计：无极书装

科学出版社出版

北京东黄城根北街 16 号

邮政编码：100717

http://www.sciencep.com

涿州市般润文化传播有限公司印刷

科学出版社发行　各地新华书店经销

*

2025 年 3 月第　一　版　开本：720×1000　1/16

2025 年 3 月第一次印刷　印张：13 1/2

字数：280 000

定价：198.00 元

（如有印装质量问题，我社负责调换）

前　言

去除、分离和提取回收废水中重金属的方法有很多，如沉淀分离法、置换分离法、离子交换分离法、吸附分离法、溶剂萃取分离法、液膜分离技术等。目前，除液膜分离技术外，其他方法效率较低，技术及模式运行也不够稳定。近年来，液膜分离技术被认为是重金属去除和提取分离最有效的方法之一。液膜分离技术是一种极具潜力的膜分离技术，相比于有机高分子固态膜，采用液膜进行废水中重金属物质的去除、分离和提取回收具有更高的选择性和更大的通量，未来也必会在特殊物质水处理模式和相关产业技术体系建设中推广并普及。

本书通过调查全球液膜技术的研究现状、应用案例，分析其发展前景，探讨和研究各类液膜技术去除、分离和提取回收各类重金属的可行性；通过预处理筛选、膜组件设计、膜载体优化、迁移速率控制等环节实现部分重金属的去除、迁移、分离和提取回收，并对其各过程机理进行深入研究。与其他类型的新技术新方法协同，本研究创新性地提出分散支撑液膜，解络组合液膜、室温熔融盐大块液膜等，建立各类新型液膜去除、迁移、分离和提取回收各类重金属的新方法和新模式，为该技术的实际应用提供实验基础和科学支撑。

本书列举了支撑液膜、大块液膜、乳化液膜、分散支撑液膜及新组合技术和新模式体系对二价重金属、贵金属、稀土金属等的去除、分离和提取回收案例，以满足环境工程、给水排水、膜化工以及相关专业的实际需要，实用性较强。

本书70%内容来源于笔者的科研成果，20%内容来源于研究团队其他成员的成果，10%内容来源于各类文献，在此对各参考文献作者、研究团队成员（姚秉华、郭攀峰、钟晶晶、付兴隆、吴小宁、余晓皎）表示衷心感谢。

真诚希望读者对本书的不足之处提出宝贵的修改意见。

裴　亮

2024年8月

目　　录

第1章 支撑液膜分离过程在水处理中的研究现状及进展

液膜分离技术是膜技术的重要分支。20 世纪 60 年代中期，Bloch 等[1]采用支撑液膜（supported liquid membrane，SLM）研究了金属提取过程，Ward 与 Robb[2]研究了 CO_2 与 O_2 的液膜分离，他们将支撑液膜称为固定化液膜（immobilized liquid membrane，ILM）。Li 和 Somerset[3]在用杜诺依（du Nuoy）环法测定含表面活性剂水溶液与油溶液之间的界面张力时，观察到了相当稳定的界面膜，由此开创了研究液体表面活性剂膜（liquid surfactant membrane，LSM）或乳化液膜（emulsion liquid membrane，ELM）的历史。1968 年黎念之博士[4]首先提出并申请了专利的一种新型膜分离方法，由此激发了全世界范围内膜学界人士的浓厚兴趣，由此推演出了促进传递膜（facilitated transport membranes）的新概念，并引致了后来各种新型液膜的发明。

之后，该技术得到了迅速发展，已由最初的基础理论研究阶段进入初步工业应用阶段。目前，该技术已应用于湿法冶金[5-7]、生物医药[8,9]、环保化工[10-12]等领域，尤其在环保和冶金方面取得较大发展。进入 21 世纪，防止污染、保护生态环境是社会和经济可持续发展的重大课题，该项技术的发展更具重大意义。

高渗透性、高选择性与高稳定性是膜分离过程所应具备的基本性能，但是迄今所开发的大多数液膜过程很难同时具备这几种性能，这就限制了它们的工业应用[13]。长期以来，一直未能很好地解决支撑液膜的稳定性问题。导致支撑液膜不稳定的因素有以下几个方面：①膜液在原料相与接收相中的溶解损失（对于液体分离）[14,15]与膜液的挥发损失（对于气体分离）[16]；②具有表面活性的载体分子提高了油-水两相的互溶性[17]；③膜两侧压力差超过膜孔吸附膜液的毛细管力[18]。

支撑液膜所存在的上述问题是液膜本身构型所致，难以被完全解决。于是，各国学者转而探索新的支撑液膜构型，以期在保持支撑液膜分离特点的同时，克服支撑液膜不稳定的缺点。本章综述 1990 年以来研究开发的比较有代表性的支撑液膜分离过程在水处理方面的研究现状及进展。

1.1 支撑液膜载体传质机理[19]

根据载体性质不同，可以将载体传质机理分为逆向迁移和同向迁移。逆向迁移是指液膜中含有离子型载体的迁移过程，如图 1-1 所示。若加入液膜中的流动载体 R_1是离子性物质（用 HA 表示），外相中含 B^{n+}，内相中含有高浓度的酸，则当外相中的 B^{n+}扩散到膜表面时，它就与膜内的流动载体 HA 发生络合反应，放出 H^+。生成的络合物 BA_n在膜相中扩散到液膜与内相的界面上，与内相中的酸反应，使络合物解络。

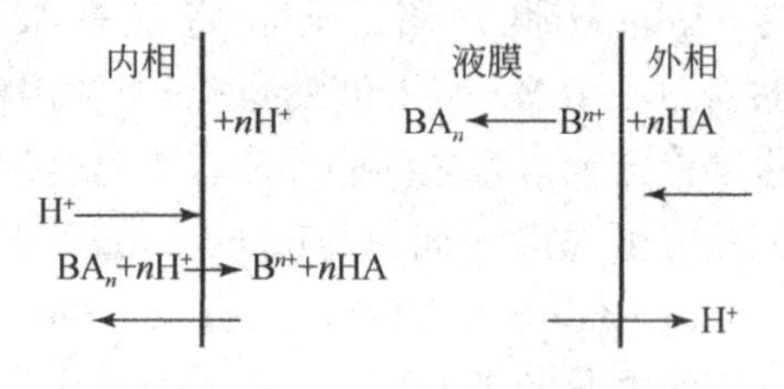

图 1-1　逆向迁移

反应 1：

$$B^{n+}+nHA = BA_n+nH^+$$

反应 2：

$$BA_n+nH^+ = B^{n+}+nHA$$

此时 B^{n+}进入内相，而流动载体 HA 扩散返回液膜与外相的界面上，重复进行反应 1 过程，如此反复地进行萃取与解络，直到内相中的酸消耗完为止。

同向迁移如图 1-2 所示，其中 R_2表示载体，外相中含有被迁移溶质 C_mD_n，内相接收液为水。当外相中的 C^{n+}和 D^{m-}扩散到外相与膜相的界面处时，R_2就与 C^{n+}进行选择性络合，同时与阴离子 D^-形成离子对。该离子对扩散到液膜内侧界面上，与内相中的水反应而解络并释放出 C^{n+}、D^{m-}和载体 R_1，于是又反向扩散回到液膜与外相的界面处，再与 C^{n+}络合，直到内相、外相中 D^{m-}浓度相同为止，

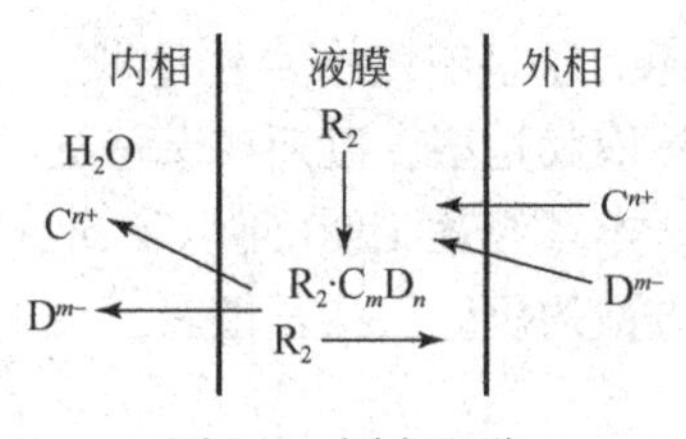

图 1-2　同向迁移

从而实现了C^{n+}由低浓度区向高浓度区的迁移。这里，D^{m-}为供能离子，它与C^{n+}的迁移方向相同，这种迁移过程称为同向迁移。

1.2 支撑液膜的应用研究新进展

自支撑液膜在20世纪80年代出现以来，特别是2000年以来，大量的支撑液膜体系不断出现，支撑液膜体系已被广泛应用于分离贵金属离子、有毒金属离子、放射性金属离子、稀土元素、有机酸、手性物质、含酚废水和气体等方面。

1.2.1 金属离子浓缩、提纯和分离

废水的处理，特别是对含有金属离子的工业废水的处理，在环保事业中占有较大的比例，因为这类废水不但量大，而且对生态环境污染十分严重。因此，采用较为有效的方法处理这类废水，并从中回收有使用价值的金属是当务之急。相比较而言，支撑液膜处理这类工业废水有其独特优势。透过支撑液膜的受促迁移(facilitated transport)已被国内外专家推荐为从溶液中选择性分离、浓缩和回收金属的一种新技术[20,21]。在这类迁移中，金属离子可以“爬坡”透过液膜，即逆浓度梯度进行迁移。将可以流动的载体溶于与水不相混溶的有机稀释剂中并吸附于微孔聚丙烯薄膜上，该载体可以同水溶液中的金属离子形成膜的可溶性金属络合物，从而实现膜的受促迁移分离过程。

Shukla等[22]选用Aliquat-336作为载体，以高分子材料为支撑膜，建立了贵金属Pu(Ⅳ)的支撑液膜体系，并给出了最优条件。Cho Moon Hovan[23]采用大环螯合剂作为离子载体，对多种二价金属离子如Cd^{2+}、Ni^{2+}、Pb^{2+}、Mg^{2+}、Ca^{2+}、Sr^{2+}、Zn^{2+}、Co^{2+}等的迁移建立了多种支撑液膜体系。Lee Hong-Tack[24]研究了以聚四氟乙烯多孔膜为支撑膜，以2-乙烯乙基氢-2-乙烯磷酸为载体，以煤油为膜溶剂的支撑液膜体系分离二元溶液中钴(Ⅱ)，分离效果显著。Shiau和Chen[25]采用中空纤维管作为支撑膜，以二(2-乙基己基)磷酸(D2EHPA)为载体制成支撑液膜，对Cu^{2+}的迁移进行了理论分析，通过实验找出了Cu^{2+}在此体系内迁移的速度控制步骤。Valenzuela等[26]采用中空纤维膜组件从含铜(640mg/L)的废水中脱除回收铜，其去除率可达97%，浓缩比约为40。

在国内，支撑液膜分离过程的研究发展也十分明显。姚秉华等[27,28]采用内耦合大块液膜分离技术，研究了以烷基膦酸为流动载体的液膜中镉和锌的迁移规律，得出Cd(Ⅱ)的最佳传质条件为原料相pH=4.5~5.1、载体浓度5.0%~7.0%、温度298~308K，迁移率可达99.9%；Zn(Ⅱ)的最大迁移率接近

100%。余晓皎等[29]在此基础上又采用以烷基膦酸为载体的大块液膜体系处理含铜废水，在搅拌速度为300～400r/min、原料相pH控制在3.0～4.5、载体浓度为6.25%～7.5%、体系温度为288～308K的最佳工艺条件下，Cu的迁移率可达99.8%。王骋等[30]以多孔聚丙烯膜为支撑体，以PC-88A/CHCL为膜载体，研究了重金属离子Cd(Ⅱ)的支撑液膜传输行为，最后得出Cd(Ⅱ)的最佳传质条件为原料相pH=5.0～5.4、载体浓度0.12～0.19mol/L，在实验温度为280～298K情况下，升高温度有利于金属离子的传输；推出Cd(Ⅱ)在本液膜体系中的迁移动力学方程。卿春霞等[31-33]多次利用支撑液膜法对含柠檬酸镍的模拟废水进行处理，确定了体系中的最佳传质条件：模拟废水相的pH为10，聚丙烯支撑膜孔径为0.22μm，解络分散组合中有机相与解络相体积比为1：1，水相流速为10ml/min。在此条件下，萃取率可达到99%以上。

1.2.2 稀土离子的分离富集

液膜提取稀土离子的特点是流程短、速度快、富集比大、试剂少、成本低，具有广阔的工业应用前景。我国在这方面的研究始于20世纪80年代初[34-39]。提取稀土离子的液膜体系组成如下：一般有机溶剂采用煤油或磺化煤油，载体采用LA、P_{204}、P_{507}等，内相采用HCl、HNO_3等。可根据需要，对稀土浸出母液进行分组、提纯、分离等操作。

在稀土矿的开发和有关稀土分离过程中，往往会排放出大量的稀土废水，严重地污染水源，危害人民的身体健康。因此，开展应用液膜技术处理稀土废水的研究具有重要的实际意义，一方面能保护环境，另一方面又能回收废水中的稀土离子。近些年已经有很多学者在研究支撑液膜提纯稀土离子。

在国外，Konda等[40]采用双硬脂酸基磷酸作为载体研究了支撑液膜提纯稀土元素Sm的体系，建立了其迁移模型。Lee和Yang[41]采用聚丙烯多孔膜-2500作支撑膜，以PC-88A为载体，建立了提纯稀土元素铕（Ⅲ）的支撑液膜体系，并对Co(Ⅱ)的迁移过程建立了数学模型。Marr. R Plilot[42]采用复合支撑液膜处理稀土废水中的La。Yahaya等[43]以CCE1和CCE2为载体，采用间歇平板支撑液膜脱除Ce，研究操作条件对脱除过程的影响，结果表明以CCE1为载体脱除速率比CCE2的快。

国内研究者易涛等[44]研究了平板夹心支撑液膜体系，实验测定了萃取La^{3+}时的传质渗透系数，以及原料pH、解络相中La^{3+}的浓度和解络液的酸度对渗透系数的影响，比较了不同材质和厚度的支撑液膜在萃取中的差别，同时考查了液膜体系的萃取率和稳定性[34]。

1.2.3 废水中的有机酸、无机酸的分离

用支撑液膜分离有机酸与分离金属离子具有相似的机理，Aroca[45]采用了三辛胺（TOA）作载体制成的支撑液膜体系，采用 Na_2CO_3作解析试剂，对废水中的有机酸进行迁移并建立了定量的迁移模型。Molinari 等[46]利用支撑液膜体系提取氨基酸，对应用条件进行了广泛研究，所建立的体系使用寿命较长，温度范围较宽，效果良好。Bryjak 等[47]建立了聚乙烯多孔膜作支撑膜的支撑液膜体系，该体系对不同立体结构的氨基酸进行分离，效果良好。罗马尼亚科学家 Cocheciand[48]研究了采用液膜分离回收废水中的盐酸、乙酸的过程。

在国内，张建民和崔心水[49]采用了支撑液膜法从柠檬酸的发酵液中提取柠檬酸，确定了支撑液膜体系在以聚丙烯微孔膜为支撑体、以煤油为溶剂、以 TOA（tri-n-octylamine，三正辛胺）为载体和用湿法装配的条件下，对柠檬酸分离效果最佳。宋经华等[50]也利用支撑液膜从柠檬酸水溶液中提取柠檬酸，研究了 Span 类和 Tween 类非离子表面活性剂对支撑液膜体系的分离效率和稳定性的影响。实验结果表明：非离子表面活性剂对支撑液膜体系的分离效果和膜的稳定性有一定的反促进作用；加入的表面活性剂的 HLB（hydrophile-lipophile balance，亲水亲油平衡）越大，支撑液膜体系的稳定性越不理想。

1.2.4 含酚废水的处理

Urtiaga[51,52]采用中空纤维膜作为支撑膜，煤油作膜溶剂建立中空纤维支撑液膜，对含苯酚废水进行处理，取得了一定的效果，并建立了这种膜回收苯酚的数学模型。Arana 等[53]应用支撑液膜处理了四种含酚化合物——苯酚、2-氯苯酚、2-硝基苯酚和 2,4-二氯苯酚，采用聚丙烯多孔膜作为支撑膜，以煤油为膜溶剂，以 NaOH 为解吸试剂，对其机理进行了较为深入的探讨。Park 等[54]利用酚易溶于液膜的性质，在解络侧用 NaOH 将酚转化为酚钠，使膜两侧产生酚的浓度梯度，以达到脱除酚的目的。Yang 等[55]采用液膜法两段逆流萃取酚，处理后的含酚废水中酚含量从 1000mg/L 降至 0.5mg/L，去除率达到 99.95%。

陈静[56]利用支撑液膜体系，以多孔聚丙烯膜为支撑体，以 N530 为载体，以煤油为膜溶剂，对苯酚、硝基苯酚的传输过程进行了研究，考察了不同膜载体对其转移率的影响。李凭力[57]利用聚丙烯中空纤维膜对含苯酚废水进行了研究，取得了令人满意的效果。姚秉华等[58]研究了以多孔聚丙烯膜为支撑体，以 *N*,*N*-二（1-甲基庚基）乙酰胺为膜流动载体的苯酚支撑液膜传输行为，考察了原料相

的 pH、载体浓度、实验温度、起始浓度以及解析相 NaOH 的浓度对苯酚传输的影响，并对该体系分离、传输苯酚的最佳条件进行了讨论。位方等[59]研究了以聚偏氟乙烯膜为支撑体，也同样采用 *N*,*N*-二（1-甲基庚基）乙酰胺为载体的支撑液膜体系中对硝基酚（PNP）的传输行为，考察了原料相 pH、解析相 NaOH 浓度、无机盐、离子强度、膜相载体浓度以及 PNP 初始浓度对 PNP 传输的影响，并对该体系传输 PNP 的最佳条件进行了讨论，得出最佳传输条件：原料相 pH 为 1.42，KNO 控制离子强度为 0.4，解析相 NaOH 浓度为 0.025mol/L，膜相载体浓度为 20%。当 PNP 初始浓度为 1.8×10mol/L 时，传输率可达 82.5%，取得了很好的效果。

1.2.5 气体分离

一些气体，如 SO_2、H_2S、NO、CO_2、CO、O_2、烯烃等，都可以成功地用支撑液膜进行分离。Matson 等[60]利用支撑液膜脱除煤气化中产生的 H_2S 气体，实验结果表明，液膜分离较传统的方法，其吸收、选择性要好且透过率高。Ward[61]用 $FeCl_2$ 作为载体处理废气中的 NO；还有用液膜分离 SO_2 和氧气[62,63]。江军锋等[64]采用支撑液膜对液化石油气进行脱硫实验，也取得了很好的效果，并且已经在工业生产中得到应用。

1.2.6 手性物质分离

由于手性化合物的性质极为相似，很难进行外消旋混合物的分离，但在制药工业上分离和提纯这些物质至为重要。因为在许多情况下，只有一种物质是有效的，其他物质都是无效的或是有副作用的。例如，镇定剂的一种异构体是有效的，但另一种却是毒性很强的物质。因此，完全分离这样的异构体非常重要。这用一般的分离方法很难进行，但是用支撑液膜却可以得到很好的分离效果。例如，唐课文[65]采用中空纤维支撑液膜和分别含有相反手性选择体的双有机相对氧氟沙星对映体进行了萃取分离及机理研究，取得了良好的效果。

1.2.7 其他方面的应用

支撑液膜法现在逐渐开始应用于分析化学中，它主要是用在分析试样前期处理，即分析成分的浓缩过程以及去除干扰。另外，支撑液膜技术也已开始应用于医学和生物工程领域。

1.3 支撑液膜的稳定性

制约支撑液膜发展和应用的关键因素是液膜的不稳定性，因此，目前的研究重点集中在提高支撑液膜的稳定性方面，最初制成的支撑液膜寿命只有两小时左右，为了提高支撑液膜的稳定性，学者们从以下几方面展开了研究。

1.3.1 支撑液膜的不稳定性机理

支撑液膜不稳定性的机理解释：膜内存在压差[66-68]；载体和溶剂溶解于相邻水相[66,68,69]；支撑孔被水相润湿；孔阻塞机理[68,70-72]；渗透压的影响[68,72-74]；剪切力诱导的乳化作用[72,75]。

在上述六种机理中，除了孔阻塞机理受到质疑外，其他几种机理都从不同角度探讨了影响支撑液膜稳定性的原因。其中，被认为是主要原因的有两种：液膜相溶解于相邻水相；由于侧向剪切力诱导的液膜相的乳化作用。

1.3.2 提高稳定性的方法

首先，膜材料和操作条件的选择对支撑液膜的稳定性起着重要作用。

膜材料和操作条件的选择膜材料包括有机溶剂、载体和支撑体。有机溶剂应尽可能与水不混溶，而且要求有机相-水相界面张力高、有机溶剂的沸点高。载体应具有优良的亲油性，而且要求载体的表面活性小及在膜溶剂中有良好的溶解性。在选择支撑体时，主要考虑膜材料的溶胀性和膜孔径的大小，选择溶胀性较低、孔径较小的膜为支撑体，可提高 SLM 的稳定性，但此时要提高孔隙率才能得到满意的通量。

操作条件包括膜厚度、搅拌速度、载体浓度、水相溶质浓度和操作温度。膜厚度越大，稳定性越好；搅拌速度越大，稳定性越差；载体浓度超过饱和浓度会导致载体沉淀于孔内，稳定性降低；水相溶质浓度越小，稳定性越差；操作温度越高，稳定性越差。

当支撑液膜体系（包括支撑体、载体、有机溶剂和水相）被选定，必须考虑用其他途径来解决支撑液膜的稳定性问题[76]。

1.3.2.1 新型支撑液膜组件的研究

研发新型膜组件是提高支撑液膜稳定性的一个重要手段，目前新组件的开发集中在国外，我国在膜组件开发方面尚有待研究。新的支撑液膜组件主要有[77]：中空纤维夹芯型、管式-中空纤维混合型、板式夹芯型、框式隔板夹芯型等。

1.3.2.2 提高支撑液膜稳定性的方法研究[76]

提高支撑液膜稳定性的其他方法主要有 LM 的持续注入[78]、SLM 的凝胶化[79-81]、夹芯 SLM[82]、支撑液膜表面形成保护层[83]、将载体固定在支撑体上[84,85]、载体液晶化等。这些方法都不同程度地提高了支撑液膜的稳定性，但距工业化应用的要求尚有一定距离。针对支撑液膜不稳定的主要原因，即 LM 相从支撑体的微孔中流失，研究者[86]认为目前的研究工作都没有摆脱经典支撑液膜构成的束缚，受到载体必须溶解于膜溶剂这一经验的限制。如果能够合成具有膜溶剂功能的支撑体，使载体直接在支撑体上对指定物质进行选择性输运迁移，则将会给支撑液膜的研究带来新的局面。

1.4 前景展望

支撑液膜优异的选择性和更高的膜透量是它相对于固体膜的优势。它的不稳定性也得到了研究者的深入研究，研究者提出了不同的机理解释和许多解决方案。在诸多方案中，以牺牲部分膜透量为代价来获取稳定性的提高不失为一种可行的方法。我国对支撑液膜分离技术的研究起步较晚，特别是对有机溶剂的分离研究报道不多。另外，我国石油化工产品丰富，需要分离、纯化和回收的有机溶剂种类多、数量大，任务十分艰巨。因此，我们要把握住支撑液膜的发展动向，抓住关键性课题并结合实际进行深入、细致的研究，有望在工业应用方面取得突破。

参考文献

[1] Bloch R, Finkelstein A, Kedem O, et al. Metal-ion seperations by dialysis through solvent membranes [J]. Industrial & Engineering Chemistry Process Design and Development, 1967, 6 (2): 231-237.

[2] Ward W J, Robb W L. Carbon dioxide: Oxygen separation: Facilitated transport of carbon dioxide across a liquid film [J]. Science, 1967, 156 (3781): 1481-1486.

[3] Li N N, Somerset N J. Separating hydrocarbons with liquid membrane: US3419794 [P]. 1968-11-12.

[4] Lee S C. Continuous extraction of penicillin G by emulsion liquid membranes with optimal surfactant compositions [J]. Chemical Engineering Journal, 2000, 79 (1): 61-67.

[5] Kulkarni P S, Mukhopadhyay S, Bellary M P, et al. Studies on membrane stability and recovery

of uranium (VI) from aqueous solutions using a liquid emulsion membrane process [J]. Hydrometallurgy, 2002, 64 (1): 49-58.

[6] 李明玉, 王向德, 万印华, 等. N263 和 TBP 为协同流动载体的液膜体系分离钐 (Ⅲ) 和钆 (Ⅲ) 的研究 [J]. 高等学校化学学报, 1998, 19 (1): 103-106.

[7] 李绍秀, 王向德, 张秀娟. 乳状液膜法分离高钼低钨料液中钨钼的研究 [J]. 膜科学与技术, 1998, 18 (1): 51-54.

[8] 刘国光, 薛秀玲, 周庆祥, 等. 液膜法处理硫普罗宁废水的研究 [J]. 环境化学, 2001, 20 (5): 478-482.

[9] Lee S C. Continuous extraction of penicillin G by emulsion liquid membranes with optimal surfactant compositions [J]. Chemical Engineering Journal, 2000, 79 (1): 61-67.

[10] 王献科, 李玉萍, 李莉芬. 液膜分离富集、测定柠檬酸根 [J]. 上海有色金属, 2000, 21 (2): 77-79.

[11] Correia P F M M, de Carvalho J M R. Recovery of 2-chlorophenol from aqueous solutions by emulsion liquid membranes: Batch experimental studies and modelling [J]. Journal of Membrane Science, 2000, 179: 175-183.

[12] 潘碌亭, 肖锦. 液膜法处理造纸黑液的膜配方和电破乳的研究 [J]. 膜科学与技术, 2000, 20 (6): 13-15.

[13] 顾忠茂. 液膜分离过程研究的新进展 [J]. 膜科学与技术, 1999, 19 (6): 10-15.

[14] Danesi P R, Reichley-Yinger L, Rickert P G. Lifetime of supported liquid membranes: The influence of interfacial properties, chemical composition and water transport on the long-term stability of the membranes [J]. Journal of Membrane Science, 1987, 31: 117-145.

[15] Fabiani C, Merigiola M, Scibona G, et al. Degradation of supported liquid membranes under an osmotic pressure gradient [J]. Journal of Membrane Science, 1987, 30 (1): 97-104.

[16] Matson S L, Lopez J, Quinn J A. Separation of gases with synthetic membranes [J]. Chemical Engineering Science, 1983, 38 (4): 503-524.

[17] Majumdar S, Sirkar K K, Sengupta A. Hollow-fiber contained liquid membrane [M] // Ho W S, Sirkar K K. Membrane Handbook. New York: Chapman & Hall, 1992.

[18] Gu Z M, Ho W S, Li N N. Design considerations ofemulsion liquid membranes [M] //Ho W S, Sirkar K K. Membrane Handbook. New York: Chapman & Hall, 1992.

[19] 位方. 对硝基酚的支撑液膜传输研究 [D]. 西安: 西安理工大学, 2006.

[20] Babcock W C, Baker R W, Lachapelle E D, et al. Coupled transport membranes Ⅲ: The rate-limiting step in uranium transport with a tertiary amine [J]. Journal of Membrane Science, 1980, 7 (1): 89-100.

[21] Ren J X, Zhang B C. Membrane technology and water treatment in environmental protection [J]. Journal of Membrane Science and Technology, 2001, 21 (1): 25-29.

[22] Shukla J P, Sonawane J V, Kumar A, et al. Selective uphill transport of plutonium (Ⅳ) mediated by aliquat-336 through a polymer-immobilized liquid membrane [J]. Radiochim Acta, 1996, 72 (4): 189-193.

[23] Cho M H. Studies on the macrocycle-mediated transport of divalent metal ions in supported liquid membrane system [J]. Bulletin of the Korean Chemical Society, 1995, 16 (1): 33-36.
[24] Lee H T. Separation of cobalt from a binary aqueous solution with a SLM technology [J]. Nonminjip-chungnam Taehakkyosanop kisul yonguso, 1994, 9 (1): 195-202.
[25] Shiau C Y, Chen P Z. Theoretical analysis of copper- ion extraction through hollow fiber supported liquid membranes [J]. Separation Science and Technology, 1993, 28: 2149-2165.
[26] Valenzuela F, Basualto C, Tapia C, et al. Application of hollow- fiber supported liquid membranes technique to the selective recovery of a low content of copper from a Chilean mine water [J]. Journal of Membrane Science, 1999, 155 (1): 163-168.
[27] 姚秉华, 卞文娟, 梁延荣. 烷基膦酸载体液膜中 Cd(Ⅱ) 的传输 [J]. 中国环境科学, 2001, 21 (6): 511-514.
[28] 姚秉华, 卞文娟, 赵青. 二烷基膦酸载体液膜中 Zn(Ⅱ) 的传输研究 [J]. 西安理工大学学报, 2001, 17 (4): 342-345.
[29] 余晓皎, 姚秉华, 周孝德. 应用大块液膜法处理含铜废水 [J]. 西安理工大学学报, 2003, 19 (2): 145-147.
[30] 王骋, 姚秉华, 谢伟. 重金属镉离子的支撑液膜分离研究 [J]. 水处理技术, 2004, 30 (5): 266-269.
[31] 卿春霞, 张建民, 宗刚, 等. 溶剂萃取法处理含柠檬酸镍废水的研究 [J]. 纺织高校基础科学学报, 2006, 19 (2): 163-165, 177.
[32] 卿春霞, 宗刚, 张建民, 等. 应用厚体液膜法处理含镍废水 [J]. 过滤与分离, 2006, 16 (4): 14-16.
[33] 宗刚, 金奇庭, 卿春霞, 等. 三辛基甲基氯化铵对废水中柠檬酸镍的萃取作用 [J]. 材料保护, 2006, 39 (1): 48-50, 83.
[34] 沈江南, 裘俊红, 黄万抚. 液膜分离技术及其在金属离子分离富集中的应用研究进展 [J]. 江西有色金属, 2006 (1): 28-32.
[35] 张瑞华, 汪德先. 用乳状液膜从水溶液中提取混合稀土 [J]. 膜科学与技术, 1985, 5 (4): 70-77.
[36] 张仲甫, 张瑞华, 汪德先, 等. 用液膜技术浓缩和分离稀土溶液 [J]. 膜科学与技术, 1986, 6 (1): 41-47.
[37] 郁建涵, 王士柱, 姜长印, 等. 乳状液型液膜法提取稀土 [J]. 稀土, 1987, 8 (1): 1-7.
[38] 刘振芳, 张兴泰, 范琼嘉. 液膜法从离子吸附型稀土矿提取稀土 [J]. 稀土, 1988, 9 (2): 3-8.
[39] 莫启武, 王向德, 万印华, 等. 磷酸三丁酯为载体的乳状液膜体系迁移钇 (Ⅲ) 的研究 [J]. 水处理技术, 1999, 25 (2): 70-73.
[40] Kondo K, Hashimoto T, Sumi H, et al. Mechanisms of samarium extraction with diisostearylphosphoric acid and its permeation through supported liquid membrane [J]. Journal of Chemical Engineering of Japan, 1995, 28 (5): 511-516.

[41] Lee C J, Yang B R. Extraction of trivalent europium *via* a supported liquid membrane containing PC-88A as a mobile carrier [J]. The Chemical Engineering Journal and the Biochemical Engineering Journal, 1995, 57 (3): 253-260.

[42] Marr R P. Plant studies of liquid membrane separations [R]. Davos Switzerland: On New Directions in Separation Technology, 1984.

[43] Kim J K, Kim J S, Shul Y G, et al. Selective extraction of cesium ion with calix [4] arene crown ether through thin sheet supported liquid membranes [J]. Journal of Membrane Science, 2001, 187: 3-11.

[44] 易涛, 严纯华, 李标国, 等. 平板夹心型支撑液膜萃取体系中 La^{3+} 的迁移行为 [J]. 中国稀土学报, 1995, 13 (3): 197-200.

[45] Aroca G. A quantitative model for the extraction of organic acid by a supported liquid membrane [J]. Chemical Engineering Research & Design, 1994 (1): 39-41.

[46] Molinari R, de Bartolo L, Drioli E. Coupled transport of amino acids through a supported liquid membrane. I. Experimental optimization [J]. Journal of Membrane Science, 1992, 73: 203-215.

[47] Bryjak M, Kozłowski J, Wieczorek P, et al. Enantioselective transport of amino acid through supported chiral liquid membranes [J]. Journal of Membrane Science, 1993, 85 (3): 221-228.

[48] Cocheci V, Masu Su Smarads. Acetic acid recovery from wastewater using liquid surfactant memvranes [J]. Chemical Bulletin Polytechnica University Timisoara, 1991, 36 (50): 31-35.

[49] 张建民, 崔心水. 支撑液膜法提取柠檬酸: 膜配方的研究 [J]. 膜科学与技术, 2006, 26 (4): 88-92.

[50] 宋经华, 张建民, 吴金文. 表面活性剂对支撑液膜体系提取柠檬酸的影响 [J]. 西安工程科技学院学报, 2006, 20 (6): 745-748.

[51] Urtiaga A M, Ortiz M I, Irabien A. Mathematical modelling of phenol recovery using supported liquid membranes [M]. Amsterdam: Elsevier, 1992.

[52] Urtiaga A M, Ortiz M I, Salazar E, et al. Supported liquid membranes for the separation-concentration of phenol. 2. Mass-transfer evaluation according to fundamental equations [J]. Industrial & Engineering Chemistry Research, 1992, 31 (7): 1745-1753.

[53] Arana G, Borge G, Etxebarria N, et al. Permeation of mixtures of four phenols through a supported liquid membrane in NaCl 1.0 mol · dm^{-3} medium [J]. Separation Science and Technology, 1999, 34 (4): 665-681.

[54] Park S W, Kim K W, Sohn I J, et al. Facilitated transport of sodium phenolate through supported liquid membrane [J]. Separation and Purification Technology, 2000, 19: 43-54.

[55] Yang X J, Gu Z M, Wang D X. Extraction and separation of scandium from rare earths by electrostatic pseudo liquid membrane [J]. Journal of Membrane Science, 1995, 106: 131-145.

[56] 陈静. 含酚废水的支撑液膜分离研究 [D]. 西安: 西安理工大学, 2005.

[57] 李凭力．热致相分离聚丙烯中空纤维膜及其萃取特性的研究［D］．天津：天津大学，2002.

[58] 姚秉华，陈静，永长幸雄，等．苯酚在N-503/煤油支撑液膜体系中的传输分离［J］．分析科学学报，2006，22（2）：129-132.

[59] 位方，姚秉华，余晓皎，等．对硝基酚在N-503/煤油支撑液膜体系中的传输研究［J］．西安理工大学学报，2006，22（3）：286-289.

[60] Matson S L, Herrick C S, Ward W J. Progress on the selective removal of H_2S from gasified coal using an immobilized liquid membrane［J］. Industrial & Engineering Chemistry Process Design and Development, 1977, 16（3）：370-374.

[61] Ward W J. Analytical and experimental studies of facilitated transport［J］. AIChE Journal, 1970, 16（3）：405-410.

[62] Teramoto M, Huang Q F, Maki T, et al. Facilitated transport of SO_2 through supported liquid membrane using water as a carrier［J］. Separation and Purification Technology, 1999, 16（2）：109-118.

[63] Figoli A, Sager W F C, Mulder M H V. Facilitated oxygen transport in liquid membranes：Review and new concepts［J］. Journal of Membrane Science, 2001, 181（1）：97-110.

[64] 江军锋，朱亚东，曹红斌．液膜技术在液化石油气脱硫中的工业应用［J］．炼油技术与工程，2006，36（7）：31-34.

[65] 唐课文．药物对映体手性萃取及支载液膜分离理论与应用研究［D］．长沙：中南大学，2003.

[66] Danesi P R. Separation of metal species by supported liquid membranes［J］. Separation Science and Technology, 1984, 19：857-894.

[67] Zha F F, Fane A G, Fell C J D, et al. Critical displacement pressure of a supported liquid membrane［J］. Journal of Membrane Science, 1992, 75：69-80.

[68] Neplenbroek A M, Bargeman D, Smolders C A. Supported liquid membranes：Instability effects［J］. Journal of Membrane Science, 1992, 67：121-132.

[69] Lamb J D, Bruening R L, Izatt R M, et al. Characterization of a supported liquid membrane for macrocycle-mediated selective cation transport［J］. Journal of Membrane Science, 1988, 37（1）：13-26.

[70] Babcock W C, Baker R, Kelly D J, et al. Coupled transport membranes for metal separations［R］. Bend Research, Inc, 1979.

[71] Bakder R, Blume I. Coupled Transport Membranes［M］. Noyes：Worth Press, 1990.

[72] Neplenbroek A M, Bargeman D, Smolders C A. Mechanism of supported liquid membrane degradation：Emulsion formation［J］. Journal of Membrane Science, 1992, 67：133-148.

[73] Fabiani C, Merigiola M, Scibona G, et al. Degradation of supported liquid membranes under an osmotic pressure gradient［J］. Journal of Membrane Science, 1987, 30（1）：97-104.

[74] Danesi P R, Reichley-Yinger L, Rickert P G. Lifetime of supported liquid membranes：The influence of interfacial properties, chemical composition and water transport on the long-term

stability of the membranes [J]. Journal of Membrane Science, 1987, 31: 117-145.
[75] Zha F, Fane A, Fell C. Instability mechanisms of supported liquid membranes in phenol transport process [J]. Journal of Membrane Science, 2009, 107: 59-74.
[76] 王俊九, 褚立强, 范广宇, 等. 支撑液膜分离技术 [J]. 水处理技术, 2001, 27 (4): 187-191.
[77] 顾忠茂. 液膜分离技术进展 [J]. 膜科学与技术, 2003, 23 (4): 214-223, 233.
[78] Lu S B, Wang Y, Pei L, et al. A study on DSLM transporting the Rare Earth Metal La (III) with a Carrier of PC- 88A [J]. International Journal of Analytical Chemistry, 2018 (7): 9427676.
[79] Neplenbroek A M, Bargeman D, Smolders C A. The stability of supported liquid membranes [J]. Desalination, 1990, 79: 303-312.
[80] BrombergL, Levin G, Kedem O. Transport of metals through gelled supported liquid membranes containing carrier [J]. Journal of Membrane Science, 1992, 71: 41-50.
[81] Levin G, Bromberg L. Gelled membrane composed of dioctyldithiocarbamate substituted on poly (vinylchloride) and di (2- ethylhexyl) dithiophosphoric acid [J]. Journal of Applied Polymer Science, 1993, 48 (2): 335-341.
[82] Zhu G, Li B. A study of water uptake in supported liquid membranes [J]. Water Treatment, 1990, 5: 150-156.
[83] Wang Y C, Thio Y S, Doyle F M. Formation of semi- permeable polyamide skin layers on the surface of supported liquid membranes [J]. Journal of Membrane Science, 1998, 147 (1): 109-116.
[84] Lacan P, Guizard C, Le Gall P, et al. Facilitated transport of ions through fixed- site carrier membranes derived from hybrid organic- inorganic materials [J]. Journal of Membrane Science, 1995, 100 (2): 99-109.
[85] Alexandratos S D, Danesi P R, Horwitz P E. Interpenetrating polymer network ion exchange membranes and method for preparing same: US4879316 [P]. 1989-11-07.
[86] 杜军, 周堃, 陶长元. 支撑液膜研究及应用进展 [J]. 化学研究与应用, 2004, 16 (2): 160-164.

第2章 乳化液膜技术在水处理中的研究现状及进展

液膜分离技术是20世纪60年代末开发的新工艺，至今已得到迅速发展。液膜分离技术具有分离速度快、效率高、选择性好、设备简单、占地面积小等优点，因而在冶金、医药、环保等领域普遍引起重视。利用液膜分离技术治理污水是从20世纪80年代发展起来的，主要用于处理含酚、氰及重金属废水，近几年，国内外对此治理技术的研究较为活跃[1]。黎念之在用du Nuoy环法测定含表面活性剂水溶液与油溶液之间的界面张力时，观察到了相当稳定的界面膜，由此开创了研究液体表面活性剂膜或乳化液膜的历史[2-4]。

乳化液膜分离技术是一种新兴的节能型分离手段，它通过两液相间形成的界面液相膜，将两种组成不同但又互相混溶的溶液隔开，经选择性渗透，将物质分离提纯[5]。由于乳化液膜分离技术综合了固体膜分离法和溶剂萃取法的特点，在膜结构上有所突破，膜厚度薄、比表面积大，因而具有选择性高和通量大的特性，近年来已广泛应用于化工、生化、医药、环保、有色冶金、核技术、食品、轻工、动力、机械等行业[6,7]。

2.1 乳化液膜分离机理

2.1.1 膜相反应机理

如图2-1所示，待分离物质A不溶于膜相，故选择特定的运输载体C溶于膜相。物质A在连续相–膜相界面与膜相载体C反应，发生可逆正向反应生成中间产物AC，AC扩散至膜相另一侧与内包相试剂B反应，生成不溶于液膜的物质AB，并使C重新还原释放。流动载体和待分离物质之间的选择性可逆反应极大地提高了物质A在液膜中的有效溶解度，增大了其膜内的浓度梯度，提高了传质效率。

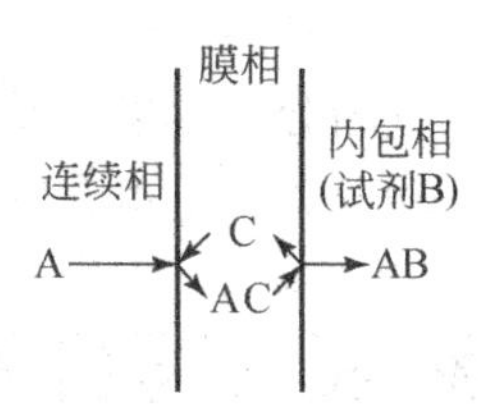

图 2-1　乳化液膜膜相反应示意

2.1.2　滴内反应机理

如图 2-2 所示，待分离物质 D 在膜相中具有一定的溶解度，故物质 D 可由连续相渗透至膜相，并在膜相中形成一定的浓度梯度。物质在膜相内侧与内包相试剂 E 发生化学反应生成不溶于膜相的物质 F，从而达到由连续相分离物质 D 的目的。

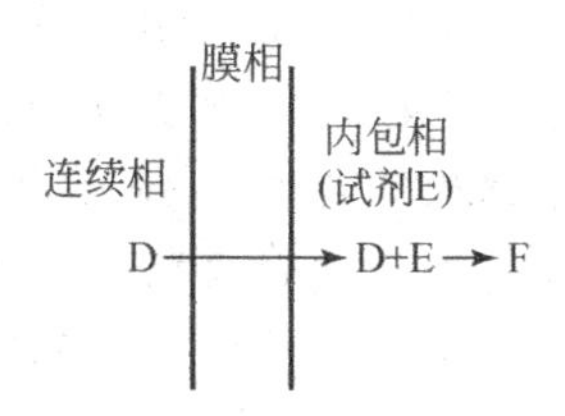

图 2-2　乳化液膜滴内反应示意

2.2　乳化液膜分离过程的影响因素

乳化液膜是一个高分散体系，具有很大的传质比表面积，待分离物质由连续相经膜相向内相传递，是依靠组分透过膜时的速率差别来实现组分的分离，分离过程可分为制乳、分离、沉降、破乳 4 步。在传质结束后，乳状液通常采用高压电场、温度变化（周期性加热和冷却）、离心等方法破乳使膜相可以反复使用，内包相经进一步处理后回收溶质。在整个分离过程中，需考虑的工艺参数和影响因素较多，如表面活性剂的种类和浓度对液膜的稳定性、渗透速率、分离效果都有明显的影响，当表面活性剂的油膜体积（V_o）与内相试剂体积（V_i）之比（R_{oi}，油内比）从 1 增至 2 时，液膜变厚，从而使液膜稳定性增加，但渗透速率降低；液膜乳液体积（V_e）与原料体积（V_w）之比，即乳水比（R_{ew}）对液膜分离过程来说非常重要，R_{ew}越大，分离效果越好，但乳液消耗多，成本高；连续相 pH 决定渗透物的存在状态，在一定 pH 下，渗透物能与液膜中的载体形成配合物而进入液膜相，从而产生良好的分离效果，反之则分离效果差；此外，搅拌强度和接触时间对液膜的稳定性和分离效果也有影响[8-12]。

2.3 乳化液膜对有机废水的处理

2.3.1 含酚废水的处理

液膜法处理含酚废水技术是目前研究较为广泛的一项乳化液膜法处理废水技术，国内也开发出多种适用于治理焦化废水、塑料厂废水、酚醛树脂废水、石化碱渣含酚废水等的液膜体系[13-15]。利用乳化液膜法处理含酚废水，酚可控制在 10^{-6}mg/L 以下，而传统的溶剂萃取、共缩聚和吸附脱酚方法，酚的含量仍在 10^{-2} ~ 10^{-1}mg/L。

早在 20 世纪 80 年代中期，上海环境科学研究院张妫等[16]采用乳化液膜法对上海新华香料有限公司的生产废水（含酚量为 500 ~ 2000mg/L）进行处理，取得了良好的效果。接着，邓兆辉和林映华[17]及万印华等[18]相继开展了对高浓度含酚废水处理的研究，采用乳化液膜法对含酚量小于 50 000mg/L 的含酚废水进行处理，除酚率可以达到 97%~98%，出水含酚量可降低到 0.5mg/L 以下，达到了国家排放标准。万印华等[19]用 LMS-2-煤油-NaOH 的膜体系对含酚 10 000 ~ 47 000mg/L 的工业废水进行二三级处理后，出水中酚浓度降至 0.5mg/L 以下，内相富集酚达 270g/L 以上，破乳后可从内相回收酚钠盐。秦非等[20]采用表面活性剂兰-113B 制成的乳化液膜处理某塑料化工厂含酚量为 810 ~ 50 400mg/L 的废水，经二级处理后酚去除率达 99.6% 以上。沈阳化工研究院有限公司针对含氰、酚废水，通过小试和中试试验，取得了较佳的工艺参数，为今后的工业应用提供了设计依据，并陆续在江苏吴江红旗化工厂、大连瑞泽农药股份有限公司以及江苏新沂利民工厂等建立了工业应用装置[21]；卜秉康[22]应用此类型装置进一步研究了乳化液膜法除酚的效果。由试验看出，采用 5 份质量分数为 18% 的 NaOH 水溶液，24 份煤油，占总重 2% 的 Span-80 配制乳液，按 V（乳液）：V（废水）（含苯酚浓度 200g/L）为 1 : 150 的比例进行液膜萃取，最终出水含酚浓度可达 0.3mg/L 以下，酚去除率达 99.5% 以上，能满足排放标准的要求。因此，用液膜萃取法处理含酚工业废水是可行的，但需进一步探索研究破乳方法。

2.3.2 苯胺废水的处理

苯胺由于沸点高及在废水中的浓度较低，用传统的蒸馏法处理能耗高。Devulapalli 和 Jones[23] 利用煤油-Span-80-盐酸乳化液膜体系处理 5000ppm① 的苯胺废水，去除率达到 99.5%；静置分离后的乳液加入异丙醇可回收 99.8% 的膜相溶液循环使用。杨继生和吕吉虎[24]研究了用煤油-磷酸三丁酯-Span-80-脂肪酸酯-HCl 溶液制成的乳化液膜体系从水溶液中提取苯胺的过程，该法适用于高浓度苯胺和低浓度苯胺废水的处理，浓缩后的苯胺浓度达 20 000 ~ 30 000mg/L。另外，沈力人等[25]以 L-113B-煤油-HCl 液膜体系处理江阴农药厂排放的含对硝基苯胺的碱性废水，采用三级错流，液膜萃取，进水含对硝基苯胺浓度 250mg/L，经处理后其浓度下降到 0.71mg/L。石中亮等[26]也采用煤油-磷酸三丁酯-Span80-HCl 乳化液膜体系处理苯胺废水，得出苯胺废水较适宜的操作条件：表面活性剂（Span-80）体积分数 3%，外相初始 pH 在 7.0 ~ 9.0，R_{oi} 为 1 : 1，R［有机相（膜溶液）与其他总液体的体积比］为 1 : 10，处理搅拌速度为 200r/min，处理时间取 20min。在此条件下，苯胺去除率可达 96% 以上。

2.3.3 含氰废水的处理

氰化物是一种剧毒物质。黄金生产、电镀工业及化肥工业都会产生含氰废水[27]。常规的含氰废水处理法存在一些不足，如碱性氯化法不能回收氰化物；空气吹脱法和电解法能耗大；酸化吸收法设备投资高，腐蚀性强，处理后的废液难以达到排放标准等。目前，国内在液膜法处理含氰废水方面已进入工业化生产阶段。

金美芳等[28]在山东莱州仓上金矿建立了规模为 10 ~ 20m^3/d 的乳化液膜分离除氰装置。废水经二级处理后，除氰率达 99% 以上，排水中 CN^- 浓度低于 0.5mg/L，达到排放标准。孙亚明和刘香丽[29]在邳州市化工厂用乳化液膜法进行含酚废水的去除研究，含酚、氰废水经液膜处理后，酚、氰等物质的去除率可大于 99.5%，有用物质的回收率大于 90%，该方法运行费用低、占地面积小、操作简单、易管理，而且为解决高浓度废水的治理和回收有用材料开辟了一条行之有效的途径。

① 1ppm = 1mg/L。

2.3.4 含磷酸根废水的处理

磷酸盐是一种水溶性无机化合物，废水中高浓度的磷酸根含量将导致菌藻的大量繁殖，从而造成工厂水处理设备的局部或全部堵塞。

王玉鑫等[30]以伯胺 N1923 为流动载体，以上胺 N206 为表面活性剂，以煤油为膜溶剂，以 $CaCl_2$ 和 $NH_3 \cdot H_2O$ 为内相试剂组成乳化液膜，可将含量为 150mg/L含磷酸根废水浓度降至 5mg/L 以下。本方法存在因破乳过程中内相是 $Ca(PO_4)_2$沉淀，容易吸附在有机相中，造成破乳和分离困难。目前，用乳化液膜技术处理含磷酸根废水的工艺还不太过关，有待进一步研究。

2.3.5 造纸黑液废水的处理

目前，我国的造纸工业普遍采用碱法制浆、蒸煮制浆。而在制浆的过程中产生的高浓度有机物、无机物的黑液，COD 含量高达 30g/L。黑液不经过处理直接排放会给环境造成严重污染。

潘碌亭等[31-33]首次将乳化液膜法应用于处理造纸黑液，采用无流动载体组成的乳化液膜体系，并采用低压破乳的处理工艺取得了很好的效果，消除黑液污染的同时还回收了木质素，为中型造纸厂的黑液治理提供了新途径。

2.3.6 含乙酸废水的处理

近年来，乳化液膜分离技术在处理含乙酸废水方面的应用日益增多。洗染工业产生大量的含乙酸废水，采用乳化液膜法即可将废水中有害物质浓集于被乳化状液膜包裹的内相中，在消除污染的同时可得到有用的乙酸钠，在技术上和经济上更具有优越性[34]。

倪邦庆等[35]用膜相由煤油、载体磷酸三丁酯及表面活性剂双丁二酰亚胺组成，内包相为 NaOH 溶液的乳化液膜体系连续处理较高质量浓度（5g/L）含乙酸废水，其去除率达 65% 以上。他们在讨论了连续操作过程中传质的主要影响因素后，选择了一组较为理想的条件：$c_I = 4.0\text{mol/L}$，$R_{oi} = 2$，$R_{ew} = 1/7$，$q_e = 1.0\text{L/h}$，$n = 800\text{r/min}$①。在此最佳条件下，由于本体系的乙酸浓度较高，塔的有效高度欠高，乙酸去除率并不算高。但权衡各因素，此条件仍属比较理想的条件。

① c_I 为原料液初始浓度；q_e 为液体流速。

2.3.7 有机磺酸型废水的处理

在染料中间体J酸（2-氨基-5-萘酚-7-磺酸）的生产过程中，排出大量强酸性废水（含有大量硫酸、硫酸盐及有机物，pH<1），其中硫酸质量浓度约550g/L，废水呈褐色，直接排放会造成严重的污染。J酸废液因酸性极强，采用中和法、生化法以及蒸馏法处理均不能取得满意的效果。研究者[36,37]利用以LMS-2为表面活性剂，以三辛胺为载体，以煤油为溶剂，以NaOH溶液为膜内包相所组成的乳化液膜体系，处理含J酸的工业废水，并进一步回收氨基J酸，得到较为满意的效果。实验结果表明，乳化液膜法处理氨基J酸工业废水具有简单、高效、快速的优点。

另外，4-硝基甲苯-2-磺酸NTS是合成荧光增白剂的中间体之一。NTS极易溶于水，且具有稳定的化学结构，属生化难降解物质。采用混凝、沉降、过滤、生化以及一般化学氧化等处理方法对这种高浓度NTS工业废水都很难奏效。鲁军等[38]用以Span-80为表面活性剂，以三辛胺为载体，以NaOH为内包相试剂的乳化液膜体系处理高浓度NTS工业废水，实验结果表明，乳化液膜法适用于处理高浓度NTS工业废水，其中NTS和COD的最高去除率分别达99.4%和96.2%。由此可见，乳化液膜法能够很好地处理有机磺酸型工业废水[39,40]。

综上所述，用乳化液膜法处理有机磺酸型废水是可行的，但如何简化工序、降低成本需进一步探索研究。

2.4 乳化液膜对废水中无机物的去除

2.4.1 含重金属离子废水的处理

乳化液膜法处理含金属离子废水，既净化水质，又富集回收金属离子，具有双重的功效。目前对废水中金属离子的应用普遍停留在实验室及中试阶段，主要集中在工业废水中常见的锌、铜、铬、镉、铅、汞等方面。

2.4.1.1 含铬废水的处理

含铬（Ⅵ）处理工艺相对成熟，在含铬废水处理方面的研究以及应用领域有不少报道。例如，Chakaravarti等[41]采用乳化液膜处理含铬（Ⅵ）废水，在最佳条件下，铬离子浓度可降至0.05mg/L以下；杨继生[42]以三正辛胺（TOA）和三异辛胺为流动载体、以Span-80为表面活性剂，采用乳化液膜法进行处理；张瑞华[43]采用TBP（磷酸三丁酯）-Span-80-煤油组成的乳化液膜体系对南昌五金厂的含铬废水进行液膜处理；姚淑华等[44]采用Span-80-环已烷-氢氧化钠溶液的乳化液膜体系，废水经处理后的去除率可达98%，废水排放可达排放标准；李思芽和褚莹[45]利用乳化液膜处理高浓度六价铬废水（1500mg/L），经处理后六价铬含量低于0.5mg/L，破乳后回收液中Cr^{6+}的浓度可达20g/L；王靖芳等[46]、陈立丰和吴天罡[47]用乳化液膜法对废水中铬（Ⅵ）的迁移分离及传质动力学进行研究，取得了较为满意的结果。

2.4.1.2　含锌废水的处理

工业含锌废水酸度较高，而能在高酸度条件下萃取锌的萃取剂解络较困难，因而传统的溶剂萃取法无法达到回收处理的目的。乳化液膜分离技术中萃取和解络一次完成、内相传质比表面积大、传质速率快、解络容易，在处理工业含锌废水方面具有独特优越性。

陈靖等[48]对此分离技术的研究已由小试、中试到了工业化应用。研究表明，用乳化液膜法处理含锌废水，处理回收1kg锌的费用要小于1kg锌的价格。何鼎胜[49]采用P204-表面活性剂-煤油-硫酸组成的乳化液膜体系对某催化剂厂废水进行处理，经一次处理可达标排放。王士柱等[50]在当前破乳技术的基础上，用稀型乳状液膜法治理粘胶纤维工业酸性含锌废水，选择稀型乳状液的油内比R_{oi}大于3，表面活性剂T_{154}的体积分数降至0.6%的条件，在工业上实现了含锌废水的处理。实验研究证明，稀型乳状液分离技术用于治理粘胶纤维工业酸性含锌废水，是目前较好的治理方法，既克服了锌污染，又不会带来二次污染。当废水中锌的质量浓度为0.5g/L，废水处理量达100t/d时，治理过程中消耗的试剂、水、电、劳务等费用可与回收的$ZnSO_4$价值相抵消；当废水量大于100t/d时，就有明显的经济效益。整个治理过程，既有环境效益，又有经济效益，还回收了锌资源。稀型乳状液分离方法是一种先进而经济的技术，该技术在治理酸性含锌废水中的应用，为高酸度金属废水的治理填补了空白。目前，治理50t/d酸性含锌废水的工业过程，主工艺制乳设备的功率仅0.6kW，迁移柱功率仅0.2kW，破乳功率仅0.4kW，经济省电。该过程既无二次污染，又能回收锌资源，具有一定的经济效益。

汤兵等[51]以TIBPS①为载体、以煤油为膜溶剂，对某湿法冶锌厂经前期处理过的废水进行了处理。根据实验结果，为兼顾达标排放和回收资源，液膜过程的

① TIBPS：Triisobutylphosphorus sulfide，三异丁基硫化磷。

适宜条件如下：膜相为 LMS-2 2.0% +DIPSA 2.0% +TIBPS（与 DIPSA① 等摩尔）+正辛醇 3.0% +工业煤油；外水相 pH 为锌 4.0，镉 3.0；解析剂浓度为锌 0.6mol/L，镉 0.44mol/L；乳水比为 0.1；迁移时间为锌 8min，镉 6min。经过两段液膜处理过程，内水相锌、镉的最高浓度分别可达 2960mg/L、2377mg/L，富集倍数分别为 29.6 倍、29.7 倍。研究还证明了单一离子与混合离子的迁移情况差别较大，实际处理过程应区别对待这两种情况。

2.4.1.3 含铜废水的处理

刘瑜等[52]采用乳化液膜法对酸洗废水进行处理，经二级提取，其铜含量由 3250mg/L 降至 1.1mg/L，提取率高达 99.97%。张瑞华[43]采用 Span-80-P201-煤油-H_2SO_4组成的乳化液膜体系对低浓度含铜废水进行处理，一次分离可使铜分离效率高达 95% 以上。王向德和王军波[53]研究了以 DIPSA 为载体，以三异丁基硫化磷（TIBPS）为协萃剂，以煤油为膜溶剂，以 H_2SO_4为内水相的乳化液膜，在湿法冶锌浸出液中除去铜杂质，取得了较好的结果。潘涌璋[54]应用乳化液膜法从含铜浓度为 3.45g/L 的电路板刻蚀废液中回收 Cu^{2+}，处理后 Cu^{2+} 回收率高达 99% 以上。

王文才等[55]研究表明，利用 M6401-L113A-煤油-H_2SO_4乳化液膜体系能有效地提取铜矿山含铜废水中的 Cu^{2+}，处理后的铜矿山含 Cu^{2+}废水完全符合国家排放标准。以上研究都表明乳化液膜技术可以在含铜废水处理工业中应用并可以获得很好的效果。

2.4.1.4 其他金属离子的去除

Kulkarni 和 Mahajani[56]利用以 Aliquat-336 为载体的 monesan-十二烷-氢氧化钠乳化液膜体系对含钼废水分离富集进行了研究，结果表明液膜溶胀随表面活性剂和内相试剂浓度增加而增加，并确定了处理的最优条件。梁舒萍和陆冠棋[57]研究了乳化液膜法处理含铅工业废水，探讨了废水中 Pb^{2+} 在 P_{507}-煤油-LMS-2-柠檬酸组成的乳化液膜体系中的传输过程。何鼎胜[58]对含镉废水进行了研究，考察了 Cd^{2+}在三正辛胺（TNOA）-煤油支撑液膜体系中的迁移规律，测定了一定条件下 Cd^{2+}迁移的渗透系数，并对某些影响因素进行了分析。实验结果表明，该体系对 Cd^{2+}有快速、显著的富集作用。

Kulkarni 和 Mahajani[59]采用乳化液膜法分离回收废水中的铀、钼和镍，既回收了稀有贵重金属，又保护了环境。Sznejer 和 Marmur[60]用乳化液膜法处理含重

① DIPSA：Diisopropylsalicylic acid，二异丙基水杨酸。

金属锡的废水，取得了较好的结果。曾平等[61]用N205-N1923-煤油液膜体系，以$CaCl_2$溶液为内相，对高氟废水的处理进行了研究，利用正交实验确定了影响最大的因素，并研究了各种因素对处理的影响。研究发现，经30min处理，外相F^-浓度可由0.500g/L降至0.010g/L以下，可达到工业排放标准。实验证明利用乳化液膜技术处理含氟废水是可行的，为进一步扩大试验提供了一定的依据。

2.4.2 氨氮污染废水的处理

氨氮是水相环境中氨的主要存在形态。当含氨废水排入江河湖泊尤其是水资源匮乏的小河和鱼塘时，可引起水体亏氧，滋生有害水生物，造成水体严重污染，导致鱼类中毒死亡。目前，氨氮废水处理方法有蒸馏回收法、生物降解法、离子交换法、电渗析法等，但是至今国内未能很好地推广应用对低浓度氨氮废水的处理工艺，而乳化液膜法处理低浓度氨氮废水具有良好的效果。李可彬和金士道[62]用HC-2作表面活性剂、石蜡作膜增强剂、内水解析相用稀硫酸，当废水中氨氮含量为1100mg/L时，在适宜的操作条件下，经一级处理，氨氮去除率可达97%以上，内相富集NH_4^+浓度可达2500mg/L，适用于回收硫酸铵作农肥。张仲燕等[63]用6% Span-80+11%液体石蜡+煤油的乳化液膜组分，内水相使用20%硫酸，外相废水pH为9～9.5，乳水比为1∶15，油内比为10∶3，去除水中氨氮，此法对水中氨氮去除率达97%～98%。由此可见，乳化液膜法处理氨氮废水是一种很理想的方法。

王京[64]进行了乳化液膜法处理氨氮废水的研究，归纳出废水氨氮的最佳净化条件：温度保持在常温下即可；pH以10～12为宜；乳水比在1∶12～1∶10；内水相H_2SO_4的浓度为5%～15%；液膜与废水的混合搅拌时间15～20min。他的研究进一步证明了乳化液膜法处理氨氮废水是非常优秀和理想的。

2.5 展　　望

乳化液膜分离技术从发明至今，虽然时间不长，但该技术由于具有高效、节能和快速分离等特点，因此在水、气净化处理领域，以及医药、化工和生物工程等方面的应用研究十分广泛。在短短的几十年中，不但在基础理论方面已取得可喜的成就，而且在工业上已有一定规模的应用。然而，在乳化液膜分离过程中，需要使用高活性的表面挥活性剂，制乳和破乳工序复杂，以及稳定性及高度的选择性等问题一直是阻碍该技术在工业中应用的主要原因。长期以来，乳化液膜的稳定性问题一直是研究者所关注的关键问题之一，导致乳化液膜不稳定的因素如下：①膜液在原料相与接收相中的溶解损失（对液体分离）[65,66]与膜液的挥发损失（对气体分离）[67]；②具有表面活性的载体分子提高了油-水的互溶性[65]；③膜两侧压力差超过膜孔吸附膜液的毛细管力[68]。

因此，在以后的工作中，一方面可以从载体和溶剂方面考虑，合成出更具有选择性的载体，如将功能性离子液体和新型表面活性剂用于乳化液膜中，避免使用挥发性溶剂，这样既提高了选择性，又降低了成本；另一方面，考虑研发新的乳化液膜构型，如微乳化液膜[69-71]、内耦合萃反交替乳化液膜[72-74]、支撑乳化液膜[75-79]。

国际著名的斯坦福国际研究所（SRI International）已看到了液膜工业化的曙光，于 1998 年 10 月宣布，与光谱实验室（Spectrum Lab）、电力科学研究院（EPRI）和爱迪生技术公司（Edison Technol. Solutions）联合成立一个新公司——Facilichem 公司，专门开发商用 FaciliMax 系列稳定化液膜技术，首先将其用于制药、农业、食品工业等方面。中国的液膜研究在 20 世纪 80 年代十分活跃[80,81]，进入 90 年代中期以后似乎有所降温，与国际上的差距也在拉大[82]，并且在原来的工业应用基础上很少有重大的创新和突破。

基于以上分析可以预见，随着液膜分离技术的进一步完善，乳化液膜分离技术将会得到大规模的应用，尤其在特定离子和有毒有害的有机物的分离和去除方面。乳化液膜分离技术的提高指日可待，我们真心希望能够看到国内研究者重整旗鼓，奋起直追，开发稳定化乳化液膜，并在推进乳化液膜实用化方面继续进行广泛深入的研究。

参考文献

[1] 韩梅荣. 国外代森锰锌生产废水治理技术［J］. 化工环保，1993，13（1）：13-18.

[2] Drapala A, Wieczorek P. Extraction of short peptides using supported liquid membranes［J］. Desalination, 2002, 148: 235-239.

[3] Norman L N. Separating hydrocarbons with liquid membranes: US3410794［P］. 1968-11-12.

[4] Lee S C. Continuous extraction of penicillin G by emulsion liquid membranes with optimal surfactant compositions［J］. Chemical Engineering Journal, 2000, 79（1）: 61-67.

[5] Cities Service Res, Dev Co. Separation hydrocarpons with liquid mem-brane: US3410792［P］. 1968-11-12.

[6] 刘国光，薛秀玲，周庆祥，等. 液膜法处理硫普罗宁废水的研究［J］. 环境化学，2001，20（5）：478-482.

[7] Lee S C. Continuous extraction of penicillin G by emulsion liquid membranes with optimal surfactant compositions［J］. Chemical Engineering Journal, 2000, 79（1）: 61-67.

[8] Kulkarni P S, Mukhopadhyay S, Bellary M P, et al. Studies on membrane stability and recovery of uranium（Ⅵ）from aqueous solutions using a liquid emulsion membrane process［J］.

Hydrometallurgy, 2002, 64 (1): 49-58.

[9] 李绍秀, 王向德, 张秀娟. 乳状液膜法分离高钼低钨料液中钨钼的研究 [J]. 膜科学与技术, 1998, 18 (1): 51-54.

[10] Correia P F M M, de Carvalho J M R. Recovery of 2-chlorophenol from aqueous solutions by emulsion liquid membranes: batch experimental studies and modelling [J]. Journal of Membrane Science, 2000, 179: 175-183.

[11] 孙志娟, 张心亚, 黄洪, 等. 乳状液膜分离技术的发展与应用 [J]. 现代化工, 2006, 26 (9): 63-66.

[12] Zhang X J. New surfacetant LSM-2 for industrial application in liquid membrane separation [J]. Water Treatment, 1977, 3 (2): 233-238.

[13] Gadekar P T, Mukkolath A V, Tiwari K K. Recovery of nitrophenols from aqueous solutions by a liquid emulsion membrane system [J]. Separation Science and Technology, 1992, 27 (4): 427-445.

[14] Arnold F H. Engineering enzymes for non-aqueous solvents [J]. Trends in Biotechnology, 1990, 8 (9): 244-249.

[15] Scheper T. Enzyme immobilization in liquidsurfactant membrane emulsions [J]. Advanced Drug Delivery Reviews, 1989, 4 (2): 209-231.

[16] 张妫, 张月贞, 刘瑜, 等. 液膜技术处理含酚废水 [J]. 化工环保, 1984, 4 (1): 12-18, 36.

[17] 邓兆辉, 林映华. 液膜法处理高浓度含酚废水 [J]. 化工环保, 1989, 9 (4): 194-199.

[18] 万印华, 王向德, 冯肇霖, 等. 液膜法处理和回收多种废水中高浓度酚的研究 [J]. 水处理技术, 1991, 17 (4): 219-225.

[19] 万印华, 王向德, 张秀娟. 液膜法处理高浓含酚废水的研究 (英文) [J]. 华南理工大学学报 (自然科学版), 1998, 26 (6): 37-42.

[20] 秦非, 张志军, 蒋挺大, 等. 混合型表面活性剂液膜法处理含酚废水研究 [J]. 膜科学与技术, 1997, 17 (1): 29-32.

[21] 侯纪蓉, 张雨风. 我国农药工业三废治理方法 (续) [J]. 化工环保, 1998, 18 (2): 82-85.

[22] 卜秉康. 应用液膜萃取法处理含酚工业废水 [J]. 江苏化工, 2002, 30 (6): 51-52.

[23] Devulapalli R, Jones F. Separation of aniline from aqueous solutions using emulsion liquid membranes [J]. Journal of Hazardous Materials, 1999, 70 (3): 157-170.

[24] 杨继生, 吕吉虎. 液膜法提取水溶液中的苯胺 [J]. 环境化学, 1998, 17 (1): 90-93.

[25] 沈力人, 杨品钊, 陈丽亚. 液膜法处理对硝基苯胺废水的研究 [J]. 水处理技术, 1997, 23 (1): 45-49.

[26] 石中亮, 王传胜, 申华. 乳化液膜分离技术处理苯胺废水的研究 [J]. 沈阳化工学院学报, 2006, 20 (1): 1-3, 8.

[27] 赵金安, 张惠勤. 乳状液膜技术在工业废水处理中的应用 [J]. 河南城建高等专科学校学报, 1999, 8 (2): 49-53.

[28] 金美芳，温铁军，林立，等．液膜法从金矿贫液中除氰及回收氰化钠的小型工业化试验 [J]. 膜科学与技术，1994，14 (4)：16-28.
[29] 孙亚明，刘香丽．液膜分离技术在工业装置上的应用 [J] ．污染防治技术，2006，19 (1)：43-44.
[30] 王玉鑫，朱向东，曾平，等．乳状液膜法处理磷酸根废水的研究 [J] ．水处理技术，1991，17 (3)：201-206.
[31] 潘碌亭，肖锦．液膜法处理造纸黑液的膜配方和电破乳的研究 [J] ．膜科学与技术，2000，20 (6)：13-15.
[32] 潘碌亭，朱亦仁．TOA 乳状液膜法处理造纸黑液的初步研究 [J] ．膜科学与技术，1998，18 (4)：15-17，21.
[33] 潘碌亭，朱亦仁，吴成康．液膜分离在造纸黑液治理中的应用 [J] ．环境科学学报，1998，18 (4)：445-448.
[34] 吴全锋，顾忠茂，汪德熙．液膜分离过程的新发展：内耦合萃反交替分离过程 [J] ．化工进展，1997，16 (2)：30-35.
[35] 倪邦庆，马新胜，施亚钧．液膜法连续处理含醋酸废水 [J] ．无锡轻工大学学报 (食品与生物技术)，1999 (4)：51-55.
[36] 潘碌亭，朱亦仁，邓传芸．乳状液膜法处理含氨基 J 酸工业废水的初步研究 [J] ．环境科学，1997，18 (4)：59-61.
[37] 朱亦仁，潘碌亭，沈章平，等．液膜法从工业废水中提取 J 酸的研究 [J] ．中国环境科学，1998，18 (1)：91-93.
[38] 鲁军，金锡标，朱红慧，等．液膜萃取法处理有机磺酸型工业废水 [J] ．化工环保，1993，13 (5)：258-262.
[39] 陆嘉昂，宋慧敏．液膜技术在有机废水处理中的应用 [J] ．江苏化工，2001，29 (3)：29-31.
[40] Zhang X J. New surfactant LSM-2 for industrial application in liquid membrane separation [J]. Water Treatment，2004，3 (2)：233.
[41] Chakravarti A K，Chowdhury S B，Chakrabarty S，et al. Liquid membrane multiple emulsion process of chromium (Ⅵ) separation from waste waters [J] ．Colloids and Surfaces A：Physicochemical and Engineering Aspects，1995，103：59-71.
[42] 杨继生．液膜分离技术及其应用 [J] ．湖南化工，1995，(5)：8-9，37.
[43] 张瑞华．液膜分离技术 [M] ．南昌：江西人民出版社，1984.
[44] 姚淑华，石中亮，杨波，等．乳化液膜法处理含 Cr (Ⅵ) 废水的研究 [J] ．沈阳化工学院学报，2001，15 (1)：31-34.
[45] 李思芽，褚莹．液膜法提取高浓度含铬废水的研究 [J] ．膜科学与技术，1995，12 (2)：21-26.
[46] 王靖芳，冯彦琳，孙双红，等．乳状液膜法迁移及分离铬 (Ⅵ) 的研究 [J]. 环境化学，1998，17 (1)：85-89.
[47] 陈立丰，吴天罡．液膜法除铬传质过程的动力学 [J] ．水处理技术，1993，19 (4)：

11-15.
[48] 陈靖，王士柱．乳状液膜法处理含锌废水的研究进展［J］．水处理技术，1995，21（4）：189-192.
[49] 何鼎胜．液膜分离技术及其应用［J］．化工环保，1986，6（6）：222-225.
[50] 王士柱，何培炯，郝东萍．油内比和表面活性剂浓度对（稀型）乳状液膜工业过程的影响［J］．膜科学与技术，1999，19（2）：57-58.
[51] 汤兵，石太宏，万印华．乳状液膜法在湿法冶锌废水深度处理中的研究［J］．环境工程，2000，18（2）：7-10，2.
[52] 刘瑜，舒仁顺，张月贞，等．液膜法分离铜的试验研究［J］．膜科学与技术，1983，3（3）：37-43.
[53] 王向德，王军波．乳状液膜用于湿法冶锌中除铜的研究［J］．水处理技术，1998，24（4）：210-214.
[54] 潘涌璋．液膜法铜离子迁移的研究［J］．上海环境科学，1996，15（9）：25-27.
[55] 王文才，黄万抚，蔡嗣经．乳化液膜处理铜矿山含 Cu^{2+} 废水的研究［J］．金属矿山，2005（2）：64-67.
[56] Kulkarni P，Mahajani V V. Application of liquid emulsion membrane（LEM）process for enrichment of molybdenum from aqueous solutions［J］. Journal of Membrane Science，2002，201：123-135.
[57] 梁舒萍，陆冠棋．用液膜分离技术处理含铅废水［J］．化工环保，1998，18（4）：224-228.
[58] 何鼎胜，周瑛，马铭，等．三正辛胺-煤油支撑液膜萃取 Cd(Ⅱ) 的研究［J］．水处理技术，1999，25（6）：330-334.
[59] Kulkarni P. Application of liquid emulsion membrane（LEM）process for enrichment of molybdenum from aqueous solutions［J］. Journal of Membrane Science，201：123-135.
[60] Sznejer G，Marmur A. Cadmium removal from aqueous solutions by an emulsion liquid membraneThe effect of resistance to mass transfer at the outer oil-water interface［J］. Colloids and Surfaces A：Physicochemical and Engineering Aspects，1999，151：77-83.
[61] 曾平，王桂清，肖鹤峰．液膜法处理高氟废水研究［J］．膜科学与技术，1996，16（4）：17-21.
[62] 李可彬，金士道．液膜法去除废水中的氨氮污染［J］．膜科学与技术，1996，16（3）：40-45.
[63] 张仲燕，邢建南，周勤夫．液膜法处理氨氮废水工艺条件研究［J］．上海环境科学，1999，18（2）：85-87.
[64] 王京．用液膜法处理氨氮废水的研究［J］．贵州化工，2006，31（2）：35-36.
[65] Danesi P R，Reichley-Yinger L，Rickert P G. Lifetime of supported liquid membranes：The influence of interfacial properties，chemical composition and water transport on the long-term stability of the membranes［J］. Journal of Membrane Science，1987，31：117-145.
[66] Fabiani C，Merigiola M，Seibona G，et al. Degradation of supported liquid membranes under an

osmotic pressure gradient [J]. Journal of Membrane Science, 1987, 30 (1): 97-104.

[67] Matson S L, Lopez J, Quinn J A. Separation of gases with synthetic membranes [J]. Chemical Engineering Science, 1983, 38 (4): 503-524.

[68] Majumdar S, Sirkar K K, Sengupta A. Hollow-fiber contained liquid membrane [M] //Ho W S, Sirkar K K. Membrane Handbook. New York: Chapman & Hall, 1992.

[69] Wiencek J M, Qutubuddin S. Microemulsion liquid membranes. Ⅰ. application to acetic acid removal from water [J]. Separation Science and Technology, 1992, 27 (10): 1211-1228.

[70] Wiencek J M, Qutubuddin S. Microemulsion liquid membranes. Ⅱ. copper ion removal from buffered and unbuffered aqueous feed [J]. Separation Science and Technology, 1992, 27 (11): 1407-1422.

[71] 李成海, 龚福忠, 周立亚. W/O 型微乳液膜的制备及提取稀土的研究 [J]. 化学通报, 2000, 63 (3): 11-14.

[72] 吴全锋, 郑佐西, 顾忠茂. 冠状液膜分离方法及其装置: CN1036318C [P]. 1997-11-05.

[73] 吴全锋, 顾忠茂, 汪德熙. 液膜分离过程的新发展: 内耦合萃反交替分离过程 [J]. 化工进展, 1997, 16 (2): 30-35.

[74] 顾忠茂, 甘学英, 吴全锋. 无"返混"内耦合萃取—解络分离装置: ZL 99213848.5 [P]. 2000-04-01.

[75] Raghuraman B, Wiencek J. Extraction with emulsion liquid membranes in a hollow- fiber contactor [J]. AIChE Journal, 1993, 39 (11): 1885-1889.

[76] Li J, Hu S B, Wiencek J M. Development of a supported emulsion liquid membrane system for propionic acid separation in a microgravity environment [J]. Biotechnology and Bioprocess Engineering, 2001, 6 (6): 426-432.

[77] Ho W W S. Combined supported liqued membrane/strip dis-persion process for the removal and recovery of redionuclides and metals: US6328782 [P]. 2001-12-11.

[78] Ho W W S. Combined supported liquid membrane/strip dispersion process for the removal and recovery of penicillin and organic acids: US6433163 [P]. 2002-08-13.

[79] Ho W W S. Combined supported liquid membrane/strip dispersion process for the removal and recovery of metals: US6350419 [P]. 2002-02-26.

[80] 张瑞华. 液膜分离技术 [M]. 南昌: 江西人民出版社, 1984.

[81] 时钧, 袁权, 高从堦. 膜技术手册 [M]. 北京: 化学工业出版社, 2001.

[82] 顾忠茂. 液膜分离技术进展 [J]. 膜科学与技术, 2003, 23 (4): 214-223, 233.

第3章 支撑液膜去除及提取废水中贵金属的研究

本章采用支撑液膜分离技术，以疏水性多孔聚偏氟乙烯膜为支撑体，以2-乙基己基膦酸单-2-乙基己基酯（P_{507}）和*N*,*N*-二甲庚基乙酰胺（N_{503}）为载体，以煤油为膜溶剂，分别研究贵金属离子Pt(Ⅳ)和Pd(Ⅱ)在支撑液膜中的提取过程。同时，分别考察原料相盐酸浓度、氯化亚锡浓度、载体浓度、解络相盐酸浓度等因素对Pt(Ⅳ)提取的影响，以及原料相盐酸浓度、载体浓度和解络相硫氰酸钾浓度对Pd(Ⅱ)提取的影响；确定膜相的最佳组成和支撑液膜提取Pt(Ⅳ)和Pd(Ⅱ)的最佳条件。

纵观近些年来的研究，我们发现采用支撑液膜体系的研究集中于重金属离子的分离，对贵金属离子的支撑液膜分离研究较少。随着对贵金属需求的增加，而其自然资源又比较有限的情形下，回收和重新利用贵金属资源显得尤为重要，因此本章针对一些特殊行业废液中的贵金属进行了支撑液膜分离研究，建立相应的分离体系，以期用于贵金属的分离和回收。主要的研究内容包括：①进行萃取和解络实验以确定合适的水相和有机相，为进一步实验做准备；②使用支撑体液膜体系，以疏水性多孔聚偏氟乙烯膜为支撑体，分别以P_{507}和N_{503}为载体，以煤油为膜溶剂，对Pt(Ⅳ)和Pd(Ⅱ)的提取过程进行研究，考察了各种不同条件对其提取的影响；③研究不同原料相条件，膜相和解络相组成和浓度对Pt(Ⅳ)和Pd(Ⅱ)的提取过程的影响；④确定Pt(Ⅳ)和Pd(Ⅱ)的最佳提取条件以及从常见金属离子中分离Pt(Ⅳ)的最佳条件。

3.1 技术关键与创新

3.1.1 技术关键

（1）如何提高Pt(Ⅳ)和Pd(Ⅱ)的提取速率和提取率是本研究的关键问题。

（2）选择合适的载体、稀释剂、载体浓度、原料相和解络相组成。

（3）解决提取实验过程中，Pt(Ⅳ）和Pd(Ⅱ）的定量检测问题。

3.1.2 创新

（1）目前，贵金属分离方面的研究集中在溶剂萃取方面，采用支撑液膜体系分离贵金属的研究报道较少。本研究首次分别使用P_{507}和N_{503}作为载体、煤油作为稀释剂，采用支撑液膜体系对Pt(Ⅳ）和Pd(Ⅱ）的提取进行研究。

（2）本研究提出Pt(Ⅳ）和Pd(Ⅱ）可能的提取机理。

3.2 实验部分

3.2.1 试剂与仪器

3.2.1.1 实验试剂

实验试剂包括2-乙基己基膦酸-单-2-乙基己基酯（由日本大八化学工业公司提供，经铜盐纯化，纯度达98%）；*N*,*N*-二甲庚基乙酰胺（$d^{254}=0.8564$，纯度为95%）；氯铂酸钾（K_2PtCl_6，由北京化工厂提供）；氯化钯（$PdCl_2$，由沈阳市兴顺化学试剂厂提供）；氯化亚锡（$SnCl_2 \cdot 2H_2O$，由广东汕头西陇化工公司提供）；盐酸（HCl，由西安市长安区化学试剂厂提供）；硫酸（H_2SO_4，由西安三浦精细化工厂提供）；磷酸（H_3PO_4，由西安三浦精细化工厂提供）；硫氰酸钾（KSCN，由成都化学试剂厂提供）；氯化钠（NaCl，由天津市北方天医化学试剂厂提供）；氢氧化钠（NaOH，由天津市化学试剂六厂提供）；硫酸铜（$CuSO_4$，由西安化学试剂厂提供）；硫酸锌（$ZnSO_4$，由西安化学试剂厂提供）；氯化钴（$CoC1_2 \cdot 6H_2O$，由西安化学试剂厂提供）；氯化镍（$NiC1_2 \cdot 6H_2O$，由西安化学试剂厂提供）；7-碘-8-羟基喹啉-5-磺酸（7-I-H_2QS，由Sigma Chemical CO.，Ltd提供）；商用煤油。

以上试剂除煤油外均为分析纯，所用水全部为二次蒸馏水。

3.2.1.2 实验仪器

（1）支撑液膜提取池（自制，图3-1）由原料池、解络池和支撑膜组成。

原料池和解络池为两个敞口有机玻璃盒子，在其侧面各有开口，并分别配有电动搅拌器。

支撑膜为疏水性多孔聚偏氟乙烯膜（上海亚东核级树脂有限公司），孔径 0.22μm，膜厚 65μm，孔隙率 75%，有效膜面积 18.45cm²。

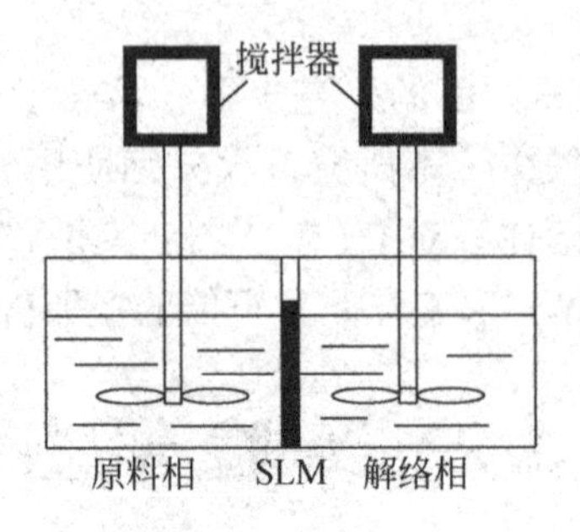

图 3-1　支撑液膜装置示意图

（2）JP-303 型极谱仪（成都仪器厂）。三电极系统以滴汞电极为工作电极，以铂电极为辅助电极，以饱和甘汞电极为参比电极。

（3）JJ-1 精密定时电动搅拌器（金坛区西域丹阳门石英玻璃厂）。

（4）UV-2102PC 型紫外可见分光光度计［尤尼柯（上海）仪器有限公司］。

（5）UV-1200 型紫外可见分光光度计（上海美谱达仪器有限公司）。

（6）JD1000-2 型电子天平（沈阳龙腾电子有限公司）。

（7）AY120 型电子天平（日本岛津公司）。

3.2.2　实验步骤

首先，将剪好的多孔聚偏氟乙烯膜于 P_{507} 或者 N_{503} 的煤油溶液中浸渍一定时间后取出，用滤纸把其表面的煤油及载体吸干，然后将制好的支撑液膜夹在两个提取池之间并固定在装置中。

其次，配好等离子强度（使支撑膜两侧的渗透压相等，以保证其稳定性）的 200mL 含有实验金属离子的原料和 200mL 相应的解络液。原料和解络液中的离子强度用相应的盐（如 NaCl、KCl 等）进行调节。

然后将原料和解络液同时分别倒入原料池和解络池中，开启原料池和解络池上的电动搅拌器，并开始计时。间隔一定时间，用吸量管分别从原料池和解络池中取样分析，测定其中的金属离子浓度。

铂离子和钯离子的浓度分别用氯化亚锡法和 JP-303 型极谱仪（三电极系统）的线性扫描极谱法进行测定，定量方法均采用标准曲线法。分离实验中其他金属离子的测定采用紫外可见分光光度法。

3.2.2.1 铂离子的测定

在盐酸介质中Pt(Ⅳ)被氯化亚锡还原[1,2]，产生稳定的黄色配合物离子（$[PtSn_4Cl_4]^{4+}$），此配合物离子在0.3mol/L HCl中颜色最深，最大吸收波长为400nm（图3-2），灵敏度比较高，可以进行铂的光度法测定。定量方法采用标准曲线法，实验表明，Pt(Ⅳ)浓度在0～2.5μg/ml，吸光度（A）与浓度呈良好的线性关系（图3-3），能满足测定要求。

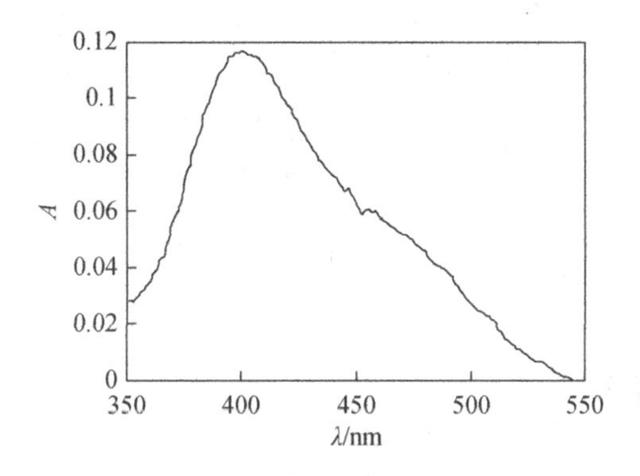

图3-2 $[PtSn_4Cl_4]^{4+}$的吸收曲线

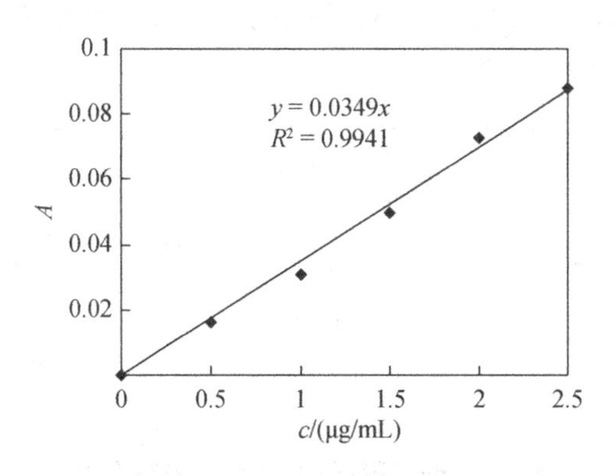

图3-3 Pt(Ⅳ)标准曲线

3.2.2.2 钯离子的测定

钯离子浓度采用Zhao等[3]所述的方法用JP-303型极谱仪（三电极系统）的线性扫描极谱法进行测定。在0.10mol/L CH_3COOH、5.0×10^{-5}mol/L 7-I-H_2QS溶液中，在 JP-303 型极谱仪上，钯离子有一灵敏的配合物吸附波，峰电位为 -0.34V（VS. SCE），波高与钯离子浓度在 0 ~ 0.5403μg/mL 呈良好的线性关系（图 3-4），因此可用标准曲线法对钯离子浓度进行定量测量。

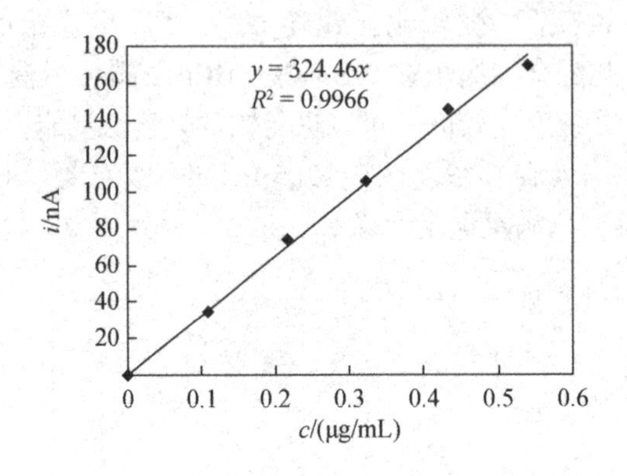

图 3-4　钯离子标准曲线

3.2.3　实验原理

支撑液膜主要是依靠分子间作用力和毛细管作用将含载体（萃取剂）的有机溶液吸附在微孔支撑体内，利用液膜两侧的界面配位化学反应和液膜内发生的促进提取作用，将欲分离物质从原料相提取到解络相。Pt(Ⅳ) 和 Pd(Ⅱ) 的提取分离原理分别如图 3-5、图 3-6 所示。

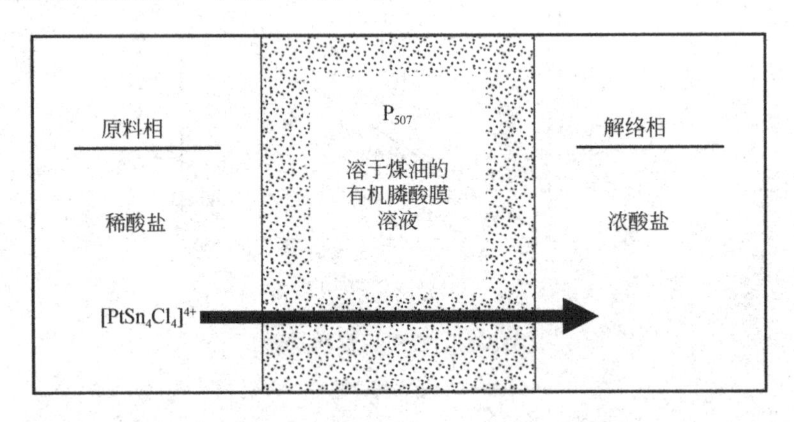

图 3-5　支撑液膜中 $[PtSn_4Cl_4]^{4+}$ 提取过程示意图

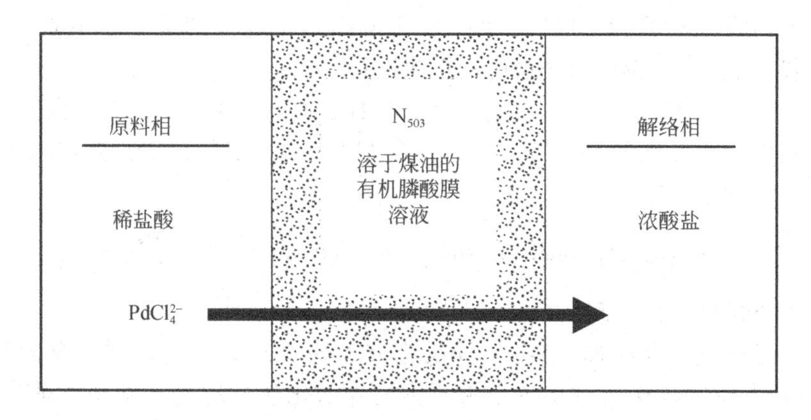

图 3-6 支撑液膜中 $PdCl_4^{2-}$ 提取过程示意图

3.2.3.1 Pt(Ⅳ) 的提取过程

有机膦酸作为一类酸性载体，对金属离子具有较好的选择性和分离能力。本实验中所用的 P_{507} 是有机膦酸中的一种。P_{507} 对许多金属离子具有良好的萃取性能，且在一定解络条件下，金属离子较易从载体形成的配合物中解析出来，这正是液膜分离中良好载体所需要具有的品质。P_{507} 的分子结构式如下：

```
R     O
 \   //
   P
 /   \
RO    OH
```

$$R{=}CH_3{-}CH_2{-}CH_2{-}CH_2{-}\underset{\underset{\displaystyle CH_3}{|}}{\underset{\displaystyle CH_2}{|}}{CH}{-}CH_2{-}$$

膜溶剂是构成液膜的基体，选择膜溶剂时，主要考虑其对支撑液膜的稳定性和对溶质溶解度的影响。为了保持支撑液膜适当的稳定性，就要求膜溶剂具有一定的黏度。对于有载体的支撑液膜来说，膜溶剂应能溶解载体，而不溶解溶质，以便提高支撑液膜的选择性。此外，膜溶剂应不溶于原料和解络液，以减少其损失。

综合考虑以上因素，本实验选择煤油作为膜溶剂。对于本实验中所用的支撑液膜体系来说，P_{507} 易溶于煤油，而 $[PtSn_4Cl_4]^{4+}$ 不溶于煤油，满足以上选择膜溶剂的要求。

在此支撑液膜体系中，$[PtSn_4Cl_4]^{4+}$ 的提取可分为以下几个过程。

$[PtSn_4Cl_4]^{4+}$ 扩散至原料相–膜相界面，与 P_{507} 发生如下反应：

$$[PtSn_4\ Cl_4]_F^{4+}+\frac{m+4}{2}(HR)_{2,M}\rightleftharpoons([PtSn_4\ Cl_4]R_4\cdot mHR)_M+4H_F^+ \quad (3\text{-}1)$$

式中，m 为膜相配合物的缔合度；右下角标 F、M 分别表示原料相与膜相；$(HR)_2$代表 P_{507}以二聚体形式溶解于煤油中。

反应生成的配合物［$PtSn_4Cl_4$］$R_4 \cdot mHR$ 从原料相-膜相界面向膜内侧扩散，然后配合物［$PtSn_4Cl_4$］$R_4 \cdot mHR$ 通过膜相向解络相提取，并在膜相-解络相界面发生如下反应：

$$([PtSn_4Cl_4]R_4 \cdot mHR)_M + 4H_S^+ \rightleftharpoons [PtSn_4Cl_4]_S^{4+} + \frac{m+4}{2}(HR)_{2,M} \quad (3\text{-}2)$$

式中，右下角标 S 代表解络相。

综合考虑反应方程式（3-1）和反应方程式（3-2），可以看出配合物离子$[PtSn_4Cl_4]^{4+}$从原料相通过支撑液膜两侧的界面化学反应进入解络相的过程中，原料相配合物离子$[PtSn_4Cl_4]^{4+}$和解络相 H^+实现了逆向提取。因此，只要解络相 H^+浓度高于原料相 H^+浓度，则两相之间的 H^+浓度差即为本支撑液膜体系中的化学势差，可以实现配合物离子$[PtSn_4Cl_4]^{4+}$从原料相通过支撑液膜进入解络相的提取，甚至当解络相配合物离子$[PtSn_4Cl_4]^{4+}$浓度高于原料相配合物离子$[PtSn_4Cl_4]^{4+}$浓度时，实现配合物离子$[PtSn_4Cl_4]^{4+}$的逆浓度提取，实现配合物离子$[PtSn_4Cl_4]^{4+}$在解络相中的富集浓缩。

3.2.3.2 Pd(Ⅱ) 的提取过程

N_{503}（简写为 R）是一种弱碱性萃取剂，它具有稳定性高、水溶性小和挥发性低的优点。N_{503}分子中氮原子的孤对电子与羰基氧原子共轭，使羰基部分带负电荷，从而容易在酸性溶液中形成锌酸盐阳离子（简写为 RH^+），即

$$R_1-\overset{\overset{\displaystyle O}{\|}}{C}-N\begin{matrix}R_2\\ R_2\end{matrix} + H^+ \longrightarrow R_1-\overset{\overset{\displaystyle OH^+}{|}}{C}-N\begin{matrix}R_2\\ R_2\end{matrix}$$

N_{503}　　　　　　　　锌盐阳离子

$R_1 = CH_3-$

$R_2 = CH_2-CH_2-CH_2-CH_2-CH_2-CH_2-\underset{\underset{\displaystyle CH_3}{|}}{CH}-$

据报道，在稀盐酸溶液中，Pd(Ⅱ) 以 $PdCl_4^{2-}$形式存在，因此在支撑液膜体系中，$PdCl_4^{2-}$的提取可能分为如下几个过程。

原料相中的 $PdCl_4^{2-}$扩散至原料相-膜相界面，与 RH^+发生如下反应：

$$[PdCl_4^{2-}]_F + 2[RH^+]_M \rightleftharpoons [PdCl_4 \cdot 2RH]_M \quad (3\text{-}3)$$

式中，右下角标 F 代表原料相；M 代表膜相。反应所生成的配合物［$PdCl_4$ ·

2RH］从原料相-膜相界面向膜内侧扩散，然后通过膜相向解络相提取，并在膜相-解络相界面发生如下反应：

$$[PdCl_4 \cdot 2RH]_M + 2[SCN^-]_S \rightleftharpoons 2[RH \cdot SCN]_M + [PdCl_4^{2-}]_S \tag{3-4}$$

式中，右下角标S代表解络相。

综合考虑反应方程式（3-3）和反应方程式（3-4），可以看出配合物离子$PdCl_4^{2-}$从原料相通过支撑液膜两侧的界面化学反应进入解络相的过程中，原料相配合物离子$PdCl_4^{2-}$和解络相SCN^-实现了逆向提取。因此，只要解络相SCN^-浓度高于原料相SCN^-浓度，则两相之间的SCN^-浓度差即为本支撑液膜体系中的化学势差，可以实现配合物离子$PdCl_4^{2-}$从原料相通过支撑液膜进入解络相的提取，甚至当解络相配合物离子$PdCl_4^{2-}$浓度高于原料相配合物离子$PdCl_4^{2-}$浓度时，实现配合物离子$PdCl_4^{2-}$的逆浓度提取，实现配合物离子$PdCl_4^{2-}$在解络相中的富集浓缩。

3.3 P_{507}/煤油支撑液膜体系中Pt(Ⅳ)的提取

3.3.1 Pt(Ⅳ)的萃取和解络实验

为了获得最好的萃取和解络条件，本实验分别讨论了水相酸度、萃取剂浓度、稀释剂和解络剂对萃取率和解络率的影响。

萃取率的计算使用差减法，即水相中Pt(Ⅳ)的初始浓度C_0减去萃取后浓度C_1，差值与其初始浓度C_0之比，如式（3-5）所示：

$$E = \frac{C_0 - C_1}{C_0} \times 100\% \tag{3-5}$$

在同一萃取体系中，萃取平衡后，静置分离有机相，然后利用一定浓度、不同种类的无机酸（盐酸、硫酸、高氯酸、硝酸）对有机相进行解络实验，解络完成后测定Pt(Ⅳ)的浓度C_2，按式（3-6）计算其解络率：

$$E' = \frac{C_2}{C_0 - C_1} \times 100\% \tag{3-6}$$

3.3.1.1 盐酸浓度对萃取率的影响

以P_{507}/煤油为有机相，萃取初始浓度为5μg/mL的Pt(Ⅳ)，水相氯化亚锡浓度初步定为0.05mol/L，P_{507}浓度为1.0%（W/V），水相、有机相体积均为5mL，改变HCl浓度，振荡30min。实验结果如表3-1所示。

由表3-1可以看出，当HCl浓度大于0.50mol/L时，萃取率均能达到95%以上，考虑到 HCl 用量，因此本实验选择 HCl 浓度为 0.50mol/L。

表 3-1　HCl 浓度对萃取率的影响

HCl/（mol/L）	0.25	0.50	0.75	1.00	1.25
E/%	84.7	98.2	97.9	98.5	99.1
HCl/（mol/L）	1.50	1.75	2.00	2.25	2.50
E/%	98.9	98.7	98.0	98.1	97.8

3.3.1.2　萃取剂浓度对萃取率的影响

以 P_{507}/煤油为有机相，萃取初始浓度为 5μg/mL 的 Pt(Ⅳ)，水相氯化亚锡浓度初步定为 0.05mol/L，HCl 浓度为 0.50mol/L，水相、有机相体积均为 5mL，改变 P_{507}浓度，振荡 30min。实验结果如表 3-2 所示。

由表 3-2 可以看出，当 P_{507}浓度大于 2.0% 时，萃取率均达到 99% 以上，当 P_{507}浓度大于 5.0% 时，可以完全萃取，因此本实验选择 P_{507}浓度为 5.0%。

表 3-2　P_{507}浓度对萃取率的影响

P_{507}/（μg/mL）	0.1	0.5	1.0	2.0
E/%	92.3	94.6	98.2	99.5
P_{507}/（μg/mL）	3.0	4.0	5.0	7.0
E/%	99.3	99.7	100.0	100.0

3.3.1.3　稀释剂对萃取率的影响

分别以煤油、苯、甲苯、二甲苯、三氯甲烷、正己烷为稀释剂，P_{507}浓度为 5.0%（*W/V*），萃取初始浓度为 5μg/mL 的 Pt(Ⅳ)，水相氯化亚锡浓度初步定为 0.05mol/L，HCl 浓度为 0.50mol/L，水相、有机相体积均为 5mL，振荡 30min。实验结果如表 3-3 所示。

由表 3-3 可以看出，在这几种稀释剂中，P_{507}对 Pt(Ⅳ) 都有一定的萃取效果，在煤油溶剂中萃取效果最好，因此本实验选择煤油作为稀释剂。

表 3-3　稀释剂对萃取率的影响　　（单位：%）

稀释剂	苯	甲苯	二甲苯	三氯甲烷	正己烷	煤油
E	89.7	99.1	92.6	78.4	82.8	100.0

实验中，我们还考察了水相氯化亚锡浓度对萃取率的影响，结果表明，不加入氯化亚锡时，Pt(Ⅳ) 几乎不被萃取，只需加入少量氯化亚锡，萃取率就大大提高。实验表明，以煤油为稀释剂，P_{507}浓度为5.0% (*W/V*)，萃取初始浓度为5μg/mL的Pt(Ⅳ)，HCl浓度为0.50mol/L，水相、有机相体积均为5mL，氯化亚锡浓度在0.01~0.5mol/L改变时，振荡30min，其浓度变化对Pt(Ⅳ) 的萃取率没有影响。

3.3.1.4 不同的解络剂对解络率的影响

以煤油为稀释剂，P_{507}浓度为5.0% (*W/V*)，萃取初始浓度为5μg/mL的Pt(Ⅳ)，HCl浓度为0.50mol/L，氯化亚锡浓度为0.05mol/L，水相、有机相体积均为25mL，振荡30min。萃取平衡后，静置分离有机相，分别取5mL有机相于4支10mL的比色管中，然后分别利用5mL 2mol/L的盐酸、硫酸、高氯酸和磷酸对有机相进行解络实验，实验结果如表3-4所示。

由表3-4可以看出，盐酸、硫酸、高氯酸和磷酸对Pt(Ⅳ) 的解络都有一定的效果，2mol/L的盐酸解络效果最好，因此，选择一定浓度的盐酸作为解络剂。

表3-4 解络剂对解络率的影响 (单位:%)

项目	HCl	H_2SO_4	$HClO_4$	H_3PO_4
E'	94.2	51.3	67.7	43.9

3.3.1.5 盐酸浓度对解络率的影响

在水相Pt(Ⅳ) 的初始浓度为5μg/ml，HCl浓度为0.50mol/L，氯化亚锡浓度为0.05mol/L，有机相为5.0% P_{507}的条件下，分别取30mL水相和有机相进行萃取实验，振荡30min。萃取平衡后，静置分离有机相，分别取5mL有机相于5支10mL的比色管中，然后分别利用5mL不同浓度的盐酸对有机相进行解络实验，实验结果如表3-5所示。

由表3-5可以看出，盐酸浓度大于2mol/L时，其对Pt(Ⅳ) 就有很好的解络效果。特别是盐酸浓度达到或超过4mol/L时，解络率高达99%以上，考虑到盐酸用量及其挥发性问题，解络剂盐酸浓度可定为4mol/L。

表3-5 盐酸浓度对解络率的影响 (单位:%)

项目	HCl				
	1mol/L	2mol/L	4mol/L	6mol/L	8mol/L
E'	21.4	94.2	99.2	99.5	99.4

综上所述，根据实验结果，我们初步确定了 Pt(Ⅳ) 的萃取和解络的最佳条件：在 Pt(Ⅳ) 初始浓度为 5μg/mL 的原料中，氯化亚锡浓度为 0.05mol/L，盐酸浓度为 0.50mol/L，有机相选择煤油作为稀释剂，P_{507}浓度为 5.0%，Pt(Ⅳ) 的萃取率可达 100%；选择 4mol/L 盐酸作为解络液，解络率达 99% 以上。

3.3.2 Pt(Ⅳ) 的支撑液膜提取实验

本支撑液膜体系中，Pt(Ⅳ) 从原料相中被载体 P_{507} 萃取进入膜相，所生成的配合物在膜相和解络相界面与解络液中的较高浓度的盐酸溶液发生化学反应，生成难以逆向扩散的产物。在原料相和解络相 H^+ 及 Pt(Ⅳ) 的浓度梯度推动下，Pt(Ⅳ) 由原料相有效地向解络相富集，从而达到分离Pt(Ⅳ)的目的。在 Pt(Ⅳ) 的支撑液膜提取实验中，我们考察了原料相盐酸浓度、解络相盐酸浓度、载体浓度、$SnCl_2$浓度对 Pt(Ⅳ) 提取的影响，并对该体系分离、提取 Pt(Ⅳ) 的最佳条件进行了讨论，进一步确定了膜相的最佳组成和支撑液膜分离 Pt(Ⅳ) 的最佳条件。

其具体提取过程在 2.3.1 节中已经有所介绍，其提取的最终结果是：Pt(Ⅳ) 由原料相向解络相富集，解络相中盐酸浓度逐渐降低，实现了原料相 Pt(Ⅳ) 和解络相 H^+的逆向提取。

3.3.2.1 支撑液膜体系有效性分析

原料相选择 Pt(Ⅳ) 浓度为 1.0μg/ml，盐酸浓度为 1.0mol/L，$SnCl_2$浓度为 0.1mol/L，解络相盐酸浓度为 4mol/L，反应时间为 120min。分别利用空白膜、仅用煤油浸渍而无载体的膜及含 5.0% P_{507} 煤油溶液的膜进行对比实验，实验结果如图 3-7 所示。

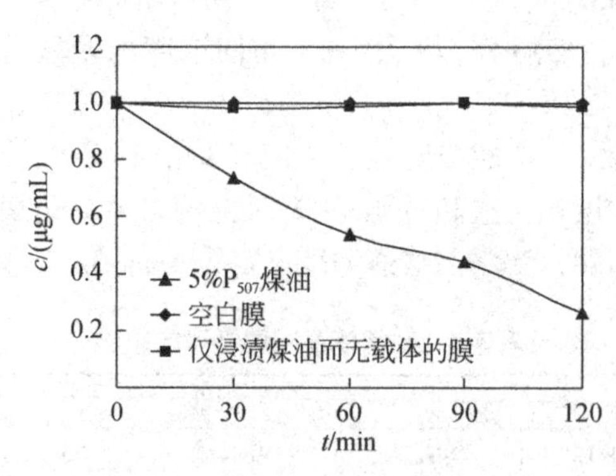

图 3-7 支撑液膜体系有效性分析

对于疏水性聚偏氟乙烯膜，当用空白膜时，Pt(Ⅳ) 不提取；而用仅用煤油浸渍而无载体的膜时，Pt(Ⅳ) 浓度有少许波动，但 Pt(Ⅳ) 几乎不发生提取反应。当使用含5.0% P_{507}煤油支撑液膜体系时，Pt(Ⅳ) 有明显提取，120min 后原料相中 Pt(Ⅳ) 浓度降至0.26μg/mL，提取率达到74%。由实验结果可以看出：在 Pt(Ⅳ) 离子通过膜的提取过程中，载体不可缺少。

3.3.2.2　解络相盐酸浓度对 Pt(Ⅳ) 提取率的影响

选择原料相中 Pt(Ⅳ) 浓度为1.0μg/ml，盐酸浓度为1.0mol/L，$SnCl_2$浓度为0.1mol/L，在膜相中 P_{507}浓度为5.0%的条件下，改变解络相盐酸浓度，提取180min，对 Pt(Ⅳ) 的提取情况进行了测定，实验结果如图3-8所示。

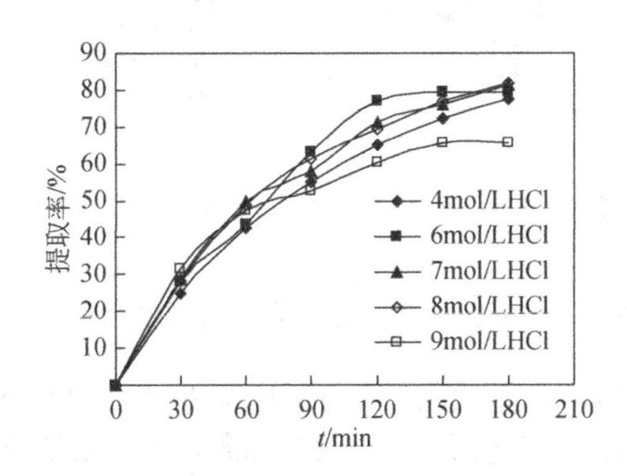

图3-8　反萃相盐酸浓度对 Pt(Ⅳ) 提取率的影响

由图3-8可以看出，Pt(Ⅳ) 的提取率随解络相盐酸浓度的增加而先增大后减小。解络相盐酸浓度为4mol/L、6mol/L、7mol/L和8mol/L时，3h后提取率差别不大，分别为77.5%、79.5%、81.6%和82.1%，但是当盐酸浓度超过8mol/L时，提取率反而下降，这是由于盐酸浓度过高，其中 H^+活度降低[4]。当解络相盐酸浓度为6mol/L时，Pt(Ⅳ) 提取率2h内就达到76.9%，考虑到盐酸的挥发性及用量，最后把解络相盐酸浓度定为6mol/L。

3.3.2.3　原料相盐酸浓度对 Pt(Ⅳ) 提取率的影响

选择原料相中 Pt(Ⅳ) 浓度为1.0μg/ml，$SnCl_2$浓度为0.1mol/L，解络相盐酸浓度为6mol/L，在膜相中 P_{507}浓度为5.0%的条件下，改变原料相盐酸浓度，提取180min，对 Pt(Ⅳ) 的提取情况进行了测定，实验结果如图3-9所示。

由图3-9可以看出，Pt(Ⅳ) 的提取率随原料相盐酸浓度的增加而先增大后减小。原料相盐酸浓度为1.0mol/L时提取率最高，达79.5%。这是由于在一定的盐酸浓度下，Pt(Ⅳ) 才能与$SnCl_2$充分反应络合，进而与载体结合提取到解络相，但若盐酸浓度过高，载体返回原料相侧后，难以释放掉与其结合在一起的H^+，这样一来，Pt(Ⅳ) 的提取率就会降低，因此，原料相盐酸浓度定为1.0mol/L。

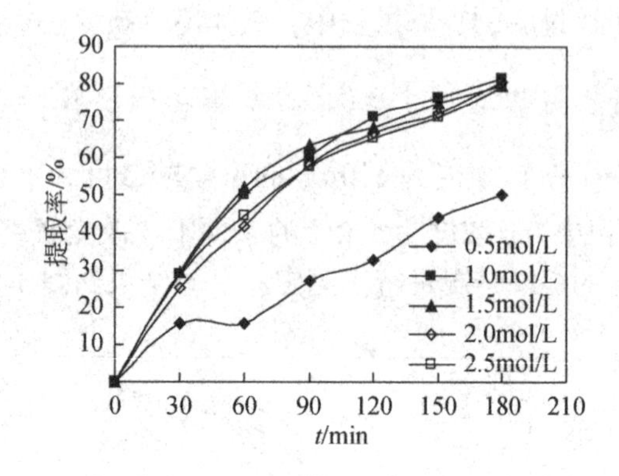

图 3-9　料液相中盐酸浓度对 Pt(Ⅳ) 提取率的影响

3.3.2.4　原料相中$SnCl_2$浓度对 Pt(Ⅳ) 提取率的影响

选择原料相中 Pt(Ⅳ) 浓度为 1.0μg/ml，盐酸浓度为 1.0mol/L，解络相盐酸浓度为 6mol/L，在膜相中P_{507}浓度为 5.0% 的条件下，改变原料相中$SnCl_2$浓度，提取 180min，对 Pt(Ⅳ) 的提取情况进行了测定，结果如图 3-10 所示。

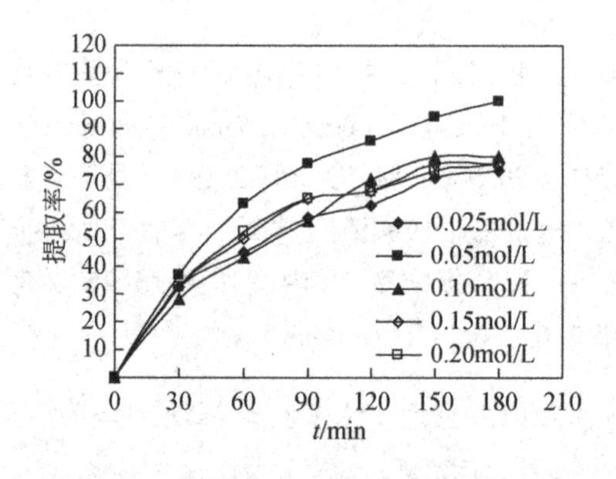

图 3-10　料液相中氯化亚锡浓度对 Pt(Ⅳ) 提取率的影响

由图 3-10 可以看出，Pt(Ⅳ) 的提取率随原料相中$SnCl_2$浓度的增大而先升高后降低。其中$SnCl_2$浓度为 0.05mol/L 时，Pt(Ⅳ) 提取率达 100%。在盐酸介质中，Pt(Ⅳ) 与过量$SnCl_2$形成黄色配合物。因为 Pt(Ⅳ) 浓度很低，$SnCl_2$一直是过量的，当其浓度升高时，在一定范围内，提取率会有所升高，但当其浓度过高时，会与 Pt(Ⅳ) 配合物产生竞争而使提取率下降，因此 $SnCl_2$ 的浓度定为 0.05mol/L。

3.3.2.5 载体浓度对 Pt(Ⅳ) 提取率的影响

选择原料相中 Pt(Ⅳ) 浓度为 1.0μg/ml，盐酸浓度为 1.0mol/L，$SnCl_2$ 的浓度为 0.05mol/L，解络相盐酸浓度为 6mol/L，改变载体浓度，提取 180min，对 Pt(Ⅳ)的提取情况进行了测定，结果如图 3-11 所示。

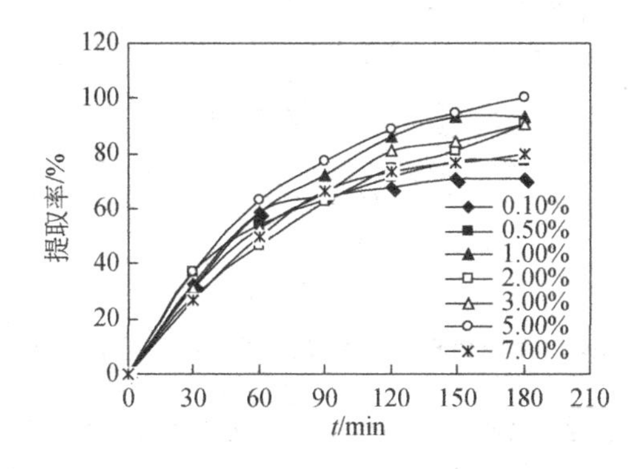

图 3-11 载体浓度对 Pt(Ⅳ) 提取率的影响

由图 3-11 可以看出，随着载体浓度的增大，Pt(Ⅳ) 的提取率先增大后减小，载体浓度为 1.0%、2.0%、3.0%时，Pt(Ⅳ) 提取率基本持平，当载体浓度增大到 5.0%时，Pt(Ⅳ) 提取率最高，Pt(Ⅳ) 提取率达 100%，但是当载体浓度达到 7.0%时，提取率反而降低，这是因为支撑液膜提取过程是由配合物与载体之间的化学反应及它们结合后的扩散过程联合控制的。当载体浓度较低时，Pt(Ⅳ)提取率主要由配合物与载体之间的化学反应控制，载体浓度越大，反应越充分，提取率越高，但是当载体浓度足够大时，膜内载体浓度接近饱和，提取率就主要由配合物-载体的扩散过程控制[5]。当膜内载体浓度过大时，它们就会在一定程度上堵塞膜孔[6]，从而导致 Pt(Ⅳ) 的提取率降低。

3.3.2.6 滞留现象

支撑液膜体系在金属离子的提取过程中存在滞留现象[7]。本实验采用的 P_{507}/煤油支撑液膜体系，选择原料相中 Pt(Ⅳ) 浓度为 1.0μg/ml，盐酸浓度为 1.0mol/L，$SnCl_2$ 的浓度为 0.05mol/L，解络相盐酸浓度为 6mol/L，载体浓度为 5.0%。在 Pt(Ⅳ) 提取过程中，也观察到滞留现象，即在反应时间为 60min 时，原料相和解络相中Pt(Ⅳ)的浓度之和出现一个最低值，如图3-12所示。这说明Pt(Ⅳ)在膜中有一定程度的滞留，但是当反应时间超过60min后，由于Pt(Ⅳ)通过膜的量逐渐增大，Pt(Ⅳ)在膜中的滞留量逐渐变小，原料相和解络相中Pt(Ⅳ)的浓度之和也逐渐增大，但最终膜中仍滞留少量Pt(Ⅳ)。

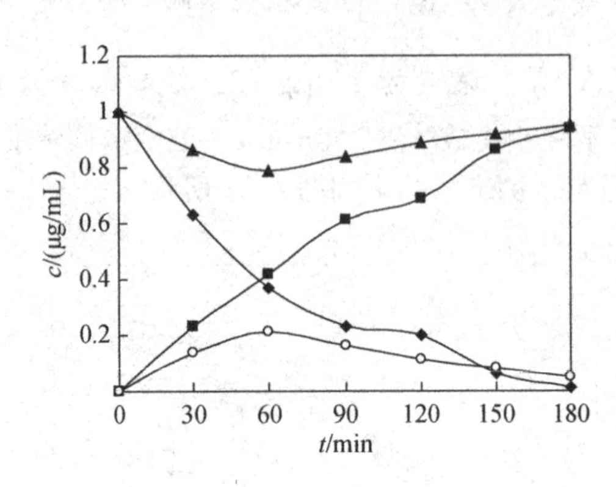

图3-12　滞留现象

◆原料相Pt(Ⅳ)浓度；■解络相Pt(Ⅳ)浓度；○液膜相Pt(Ⅳ)浓度；▲Pt(Ⅳ)总浓度

综上所述，我们系统地研究了P_{507}/煤油支撑液膜体系提取Pt(Ⅳ)的有效性，原料相盐酸浓度、解络相盐酸浓度、载体浓度、$SnCl_2$浓度对Pt(Ⅳ)提取率的影响及Pt(Ⅳ)在P_{507}/煤油支撑液膜体系中的滞留现象。实验结果表明，以5.0% P_{507}的煤油溶液为萃取剂的支撑液膜体系对Pt(Ⅳ)有明显的提取作用，适当增大原料相盐酸浓度、解络相盐酸浓度、载体浓度和$SnCl_2$浓度，Pt(Ⅳ)的提取率都会升高。当原料相中Pt(Ⅳ)浓度为1.0μg/ml，盐酸浓度为1.0mol/L，$SnCl_2$浓度为0.05mol/L，解络相盐酸浓度为6mol/L，载体浓度为5.0%时，Pt(Ⅳ)提取率可达100%。

3.4　N_{503}/煤油支撑液膜体系中Pd(Ⅱ)的提取

3.4.1　Pd(Ⅱ)的萃取和解络实验

为了获得最好的萃取和解络条件，本实验分别讨论了水相酸度、萃取剂浓度、稀释剂和解络剂对萃取率和解络率的影响。

萃取率和解络率按式(3-1)和式(3-2)进行计算。

3.4.1.1　盐酸浓度对萃取率的影响

以 N_{503}/煤油为有机相，萃取初始浓度为 6.754μg/mL 的 Pd(Ⅱ)，N_{503}浓度为 5.0%(*W/V*)，用 NaCl 调节水相离子强度为 0.5mol/kg，水相、有机相体积均为 5ml，改变 HCl 浓度，振荡 30min。实验结果如表 3-6 所示。

由表 3-6 可以看出，在 N_{503}浓度为 5.0%（*W/V*)，水相离子强度为 0.5mol/kg 时，随着 HCl 浓度的增大，Pd(Ⅱ) 的萃取率先升高后降低，在 HCl 浓度为 0.10mol/L，Pd(Ⅱ) 萃取率最高，达 94.7%，因此本实验选择 HCl 浓度为 0.10mol/L。

表 3-6　盐酸浓度对萃取率的影响　　（单位:%）

项目	HCl						
	0.01mol/L	0.05mol/L	0.10mol/L	0.20mol/L	0.30mol/L	0.40mol/L	0.50mol/L
E	83.6	87.7	94.7	91.7	88.1	84.0	83.3

3.4.1.2　离子强度对萃取率的影响

以 N_{503}/煤油为有机相，萃取初始浓度为 6.754μg/mL 的 Pd(Ⅱ)，水相 HCl 浓度为 0.10mol/L，N_{503}浓度为 5.0%（*W/V*)，水相有机相体积分别为 5mL，用 NaCl 调节水相离子强度，振荡 30min。实验结果如表 3-7 所示。

由表 3-7 可以看出，在离子强度低于 1.00mol/kg 时，其对 Pd(Ⅱ) 的萃取率影响不大，都能达到 90% 以上，但是当离子强度为 0.50mol/kg 时，萃取率最高，为 94.7%，因此本实验选择水相离子强度为 0.50mol/kg。

表 3-7　离子强度对萃取率的影响　　（单位:%）

项目	离子强度				
	0.10mol/kg	0.30mol/kg	0.50mol/kg	0.70mol/kg	1.00mol/kg
E	92.8	94.4	94.7	92.2	88.1

3.4.1.3　载体浓度对萃取率的影响

以 N_{503}/煤油为有机相，萃取初始浓度为 6.754μg/mL 的 Pd(Ⅱ)，水相 HCl 浓度为 0.10mol/L，用 NaCl 调节水相离子强度为 0.5mol/kg，水相、有机相体积均为 5mL，改变 N_{503}浓度，振荡 30min。实验结果如表 3-8 所示。

由表 3-8 可以看出，随着 N_{503}浓度的增大，Pd(Ⅱ) 的萃取率逐渐升高，但

是当 N_{503} 浓度超过 10.0% 时，Pd(Ⅱ) 的萃取率变化幅度不大，均在 99% 以上，考虑到 N_{503} 用量问题，本实验选择 N_{503} 的浓度为 10.0%。

表 3-8　载体浓度对萃取率的影响　　　　(单位:%)

项目	N_{503}						
	1.0%	2.5%	5.0%	7.5%	10.0%	12.5%	15.0%
E	85.2	90.5	94.7	96.4	99.2	99.3	99.5

3.4.1.4　稀释剂对萃取率的影响

分别以煤油、苯、甲苯、二甲苯、三氯甲烷、正己烷为稀释剂，N_{503} 浓度为 10.0%（*W/V*）。选择水相 Pd(Ⅱ) 的初始浓度为 6.754μg/mL，HCl 浓度为 0.10mol/L，离子强度为 0.5mol/kg（用 NaCl 调节），水相、有机相体积均为 5mL，振荡 30min。实验结果如表 3-9 所示。

由表 3-9 可以看出，在这几种稀释剂中，N_{503} 对 Pd(Ⅱ) 都有一定的萃取效果，尤其在煤油、苯、甲苯、二甲苯等溶剂中，萃取率都超过 95%，考虑到溶剂毒性及经济因素，本实验选择煤油作为稀释剂。

表 3-9　稀释剂对萃取率的影响　　　　(单位:%)

项目	苯	甲苯	二甲苯	三氯甲烷	正己烷	煤油
E	98.7	97.3	99.6	71.8	86.5	99.2

3.4.1.5　不同的解络剂对解络率的影响

以 10.0% N_{503} 煤油溶液为有机相，萃取初始浓度为 6.754μg/mL 的 Pd(Ⅱ)，HCl 浓度为 0.10mol/L，用 NaCl 调节水相离子强度为 0.5mol/kg，水相、有机相体积均为 30mL，振荡 30min。萃取平衡后，静置分离有机相，分别取 5mL 有机相于 5 支 10mL 的比色管中，然后分别利用 5mL 4mol/L 的盐酸、4mol/L 硝酸、4mol/L 高氯酸、0.1mol/L 的乙二胺四乙酸二钠（EDTA）和 0.1mol/L 硫氰酸钾（KSCN）对有机相进行解络实验，实验结果如表 3-10 所示。

由表 3-10 可以看出，仅用 0.1mol/L 的乙二胺四乙酸二钠和 0.1mol/L 硫氰酸钾能对 Pd(Ⅱ) 进行有效的解络，但是进一步实验发现常温下乙二胺四乙酸二钠溶解度较小（约 120g/L），仅能配制成 0.3mol/L 的溶液，并且，浓度在 0.05 ~ 0.3mol/L 的乙二胺四乙酸二钠溶液对 Pd(Ⅱ) 的解络率影响不大，解络率始终不到 90%。因此，本实验选择硫氰酸钾作为解络剂。

表 3-10　不同的解络剂对解络率的影响　　　　（单位：%）

项目	HCl	HNO_3	$HClO_4$	EDTA	KSCN
E'	11.7	0	0	87.4	88.3

3.4.1.6　硫氰酸钾浓度对解络率的影响

以 10.0% N_{503}煤油溶液为有机相，萃取初始浓度为 6.754μg/mL 的 Pd(Ⅱ)，HCl 浓度为 0.10mol/L，用 NaCl 调节水相离子强度为 0.5mol/kg，水相、有机相体积均为 30mL，振荡 30min。萃取平衡后，静置分离有机相，分别取 5mL 有机相于 5 支 10mL 的比色管中，然后分别利用 5mL 不同浓度的硫氰酸钾溶液对有机相进行解络实验，实验结果如表 3-11 所示。

由表 3-11 可以看出，当硫氰酸钾浓度大于或等于 0.2mol/L 时，其对Pd(Ⅱ)就有很好的解络效果，解络率高达 95%，因此我们选择 0.2mol/L 的硫氰酸钾作为解络剂。

表 3-11　硫氰酸钾浓度对解络率的影响　　　　（单位：%）

项目	KSCN 浓度				
	0.10mol/L	0.20mol/L	0.30mol/L	0.40mol/L	0.50mol/L
E'	88.3	95.4	95.1	94.8	95.3

综上所述，根据实验结果，我们初步确定了 Pd(Ⅱ) 的萃取和解络的最佳条件：在 Pd(Ⅱ) 初始浓度为 6.754μg/mL 的原料中，盐酸浓度为 0.10mol/L，有机相选择煤油作为稀释剂，N_{503}浓度为 10.0%，Pd(Ⅱ) 的萃取率可达 99.2%；选择 0.2mol/L 的硫氰酸钾作为解络液，解络率达 95% 以上。

3.4.2　Pd(Ⅱ) 的支撑液膜提取实验

本支撑液膜体系中，Pd(Ⅱ) 从原料相中被载体 N_{503}萃取进入膜相，所生成的配合物在膜相和解络相界面与解络液中的硫氰酸钾溶液发生化学反应，生成难以逆向扩散的产物。在原料相和解络相 SCN^- 及 Pd(Ⅱ) 的浓度梯度推动下，Pd(Ⅱ)由原料相有效地向解络相富集，从而达到分离 Pd(Ⅱ) 的目的。在 Pd(Ⅱ)的支撑液膜提取实验中，我们考察了原料相盐酸浓度、解络相硫氰酸钾浓度、载体浓度对 Pd(Ⅱ) 提取的影响，并对该体系分离、提取 Pd(Ⅱ) 的最佳条件进行了讨论，进一步确定了膜相的最佳组成和支撑液膜分离 Pd(Ⅱ) 的最佳条件。

其具体提取过程在2.3.2节中已经有所介绍，其提取的最终结果是：Pd(Ⅱ)由原料相向解络相富集，解络相中硫氰酸钾浓度逐渐降低，实现了原料相Pd(Ⅱ)和解络相SCN^-的逆向提取。

3.4.2.1　支撑液膜体系有效性分析

原料相选择Pd(Ⅱ)离子浓度为3.0μg/mL，盐酸浓度为0.1mol/L，解络相硫氰酸钾浓度为0.2mol/L，原料相和解络相离子强度都用NaCl调节，为0.5mol/L。分别利用空白膜、仅用煤油浸渍而无载体的膜及含10.0% N_{503}煤油溶液的膜进行对比实验，反应时间为180min，实验结果如图3-13所示。

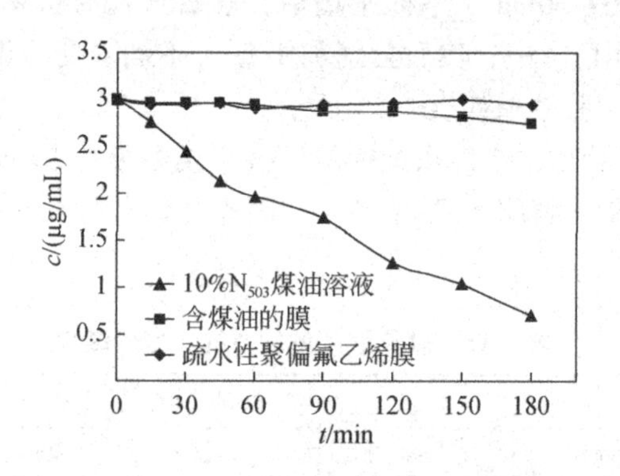

图3-13　支撑液膜体系有效性分析

由图3-13可以看出，对于疏水性聚偏氟乙烯膜来说，实验发现不发生提取反应，在含煤油的膜中原料相Pd(Ⅱ)浓度有少许波动，但在解络相中未检出Pd(Ⅱ)，据此，我们认为Pd(Ⅱ)不能穿过仅含煤油的膜；而在含10.0% N_{503}煤油溶液的支撑液膜中，Pd(Ⅱ)有明显的提取，180min后原料相中Pd(Ⅱ)浓度由3.0μg/mL降到0.71μg/mL，提取率达76.3%。以上实验结果充分说明在Pd(Ⅱ)通过膜的提取过程中，载体N_{503}不可缺少。

3.4.2.2　原料相盐酸浓度对Pd(Ⅱ)提取的影响

选择原料相中Pd(Ⅱ)浓度为3.0μg/mL，解络相中硫氰酸钾浓度为0.2mol/L，在膜相中N_{503}浓度为10.0%的条件下，改变原料相盐酸浓度，并用NaCl调节原料相和解络相离子强度，均为0.5mol/kg。提取240min，对Pd(Ⅱ)的提取情况进行了测定，实验结果如图3-14所示。

由图3-14可以看出，Pd(Ⅱ)的提取率随着原料相中盐酸浓度的增大而升高。但是当盐酸浓度大于0.20mol/L时，提取率变化不大。因此本实验选择原料相盐酸浓度为0.20mol/L。

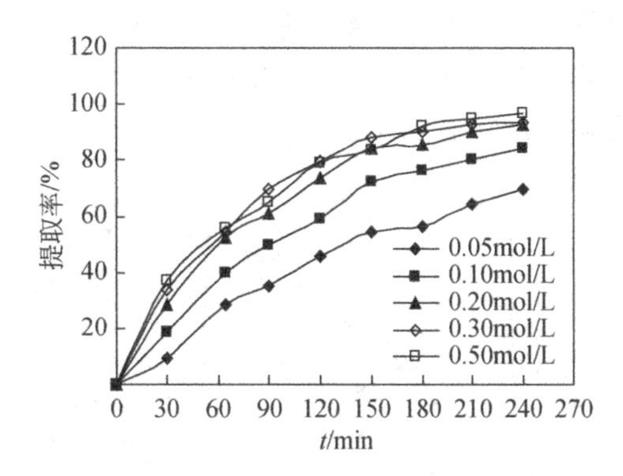

图 3-14 料液相中盐酸浓度对 Pd(Ⅱ) 提取率的影响

3.4.2.3 载体浓度对 Pd(Ⅱ) 提取的影响

选择原料相中 Pd(Ⅱ) 离子浓度为 3.0μg/mL，盐酸浓度为 0.2mol/L，解络相中硫氰酸钾浓度为 0.2mol/L，并用 NaCl 调节原料相和解络相离子强度，均为 0.5mol/kg。改变膜相中 N_{503} 浓度，提取 240min，对 Pd(Ⅱ) 的提取情况进行了测定，实验结果如图 3-15 所示。

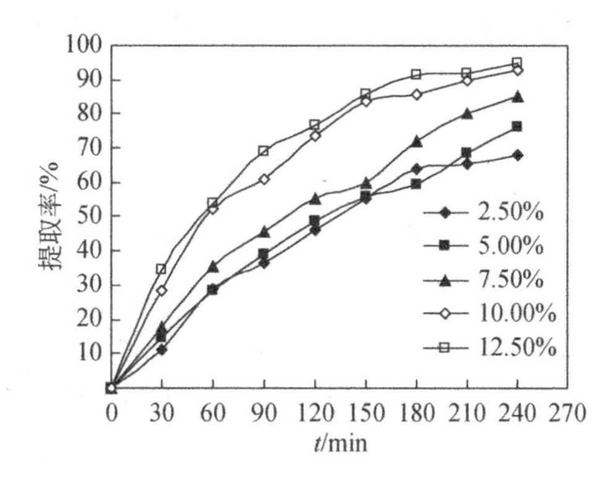

图 3-15 膜相载体浓度对 Pd(Ⅱ) 提取率的影响

由图 3-15 可以看出，当载体浓度在 2.5%~12.5% 时，随着载体浓度的增加，Pd(Ⅱ) 的提取率也逐渐升高。但当载体浓度超过 10.0% 时，Pd(Ⅱ) 提取率变化很小，表明 Pd(Ⅱ) 提取速率趋于稳定。因此本实验选择 N_{503} 浓度为 10.0%。

3.4.2.4 解络相硫氰酸钾浓度对 Pd(Ⅱ) 提取的影响

选择原料相中 Pd(Ⅱ) 浓度为 3.0μg/mL，盐酸浓度为 0.2mol/L，在膜相中

N_{503}浓度为10.0%的条件下，改变解络相硫氰酸钾浓度，并用NaCl调节原料相和解络相离子强度，均为0.5mol/kg。提取240min，考察解络相中硫氰酸钾浓度对Pd(Ⅱ)提取的影响，结果如图3-16所示。

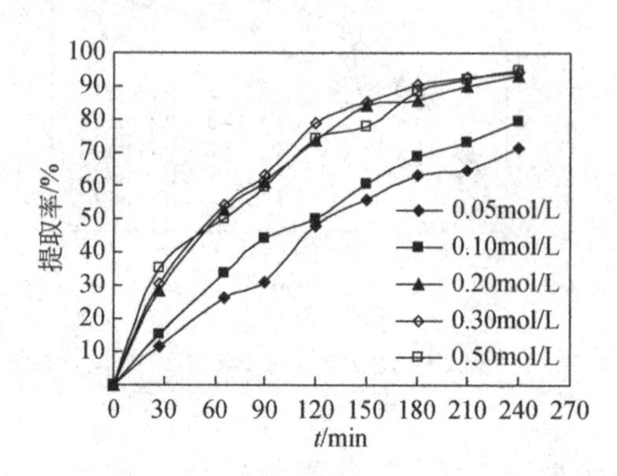

图3-16　解络相中硫氰酸钾浓度对Pd(Ⅱ)提取率的影响

由图3-16可以看出，当硫氰酸钾浓度在0.05%~0.5mol/L时，随着硫氰酸钾浓度的增加，Pd(Ⅱ)的提取率也逐渐增加。但当硫氰酸钾浓度超过0.20mol/L时，提取率变化很小，表明硫氰酸钾浓度超过0.20mol/L时Pd(Ⅱ)的提取情况趋于稳定，再增加其浓度对Pd(Ⅱ)的提取影响甚微。因此本实验选择硫氰酸钾浓度为0.20mol/L。

3.4.2.5　滞留现象

支撑液膜体系在金属离子的提取过程中存在滞留现象[8]。本实验采用N_{503}/煤油支撑液膜体系，选择原料相中Pd(Ⅱ)浓度为3.0μg/mL，盐酸浓度为0.20mol/L，解络相硫氰酸钾浓度为0.20mol/L，载体浓度为10.0%，原料相和解络相离子强度均用NaCl调节，为0.5mol/kg。在Pd(Ⅱ)提取过程中，也观察到滞留现象，即在反应时间为120min时，原料相和解络相中Pd(Ⅱ)浓度之和出现一个最低值，如图3-17所示。

由图3-17可以看出，Pd(Ⅱ)在膜中有一定程度的滞留，但是当反应时间超过120min后，由于Pd(Ⅱ)通过膜的量逐渐增大，Pd(Ⅱ)在膜中的滞留量逐渐变小，原料相和解络相中Pd(Ⅱ)浓度之和也逐渐增大，但最终膜中仍滞留少量Pd(Ⅱ)。

综上所述，我们系统地研究了N_{503}/煤油支撑液膜体系提取Pd(Ⅱ)的有效性，原料相盐酸浓度、载体浓度、解络相硫氰酸钾浓度对Pd(Ⅱ)提取的影响及Pd(Ⅱ)在N_{503}/煤油支撑液膜体系中的滞留现象。实验结果表明，以10.0% N_{503}

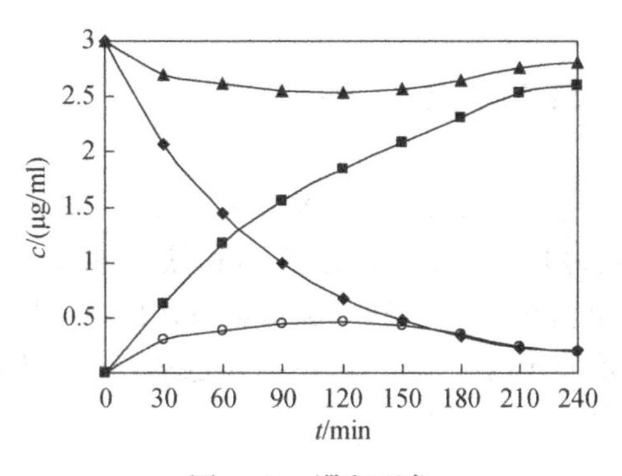

图 3-17 滞留现象

◆ 原料相 Pd(Ⅱ) 浓度；■ 解络相 Pd(Ⅱ) 浓度；○ 液膜相 Pd(Ⅱ) 浓度；▲Pd(Ⅱ) 总浓度

的煤油溶液为萃取剂的支撑液膜体系对 Pd(Ⅱ) 有明显的提取效果，适当增大原料相盐酸浓度、载体浓度和解络相硫氰酸钾浓度，Pd(Ⅱ) 的提取率都会增大，但是当原料相盐酸浓度、载体浓度和解络相硫氰酸钾浓度增大到一定程度后，其对 Pd(Ⅱ) 提取率的影响很小，因此要选择适宜的原料相盐酸浓度、载体浓度和解络相硫氰酸钾浓度。

实验结果表明，当原料相中 Pd(Ⅱ) 浓度为 3.0μg/mL，盐酸浓度为 0.20mol/L，解络相硫氰酸钾浓度为 0.20mol/L，载体浓度为 10.0% 时，Pd(Ⅱ) 的提取率可达 93%。

此外，鉴于在解络实验中发现乙二胺四乙酸二钠溶液对 Pd(Ⅱ) 也有不错的解络效果，并且 Gaikwad[9] 研究了以 N_{503} 为流动载体、以兰-113A 为表面活性剂、以煤油为膜溶剂，以乙二胺四乙酸二钠溶液为内相试剂的乳状液膜体系中钯的提取情况，在最佳条件下，98% 以上的钯迁入内相。我们试图把不同浓度的乙二胺四乙酸二钠溶液作为解络液用于 N_{503}/煤油支撑液膜体系，但是效果并不理想，反应 4h，钯基本不提取。这说明支撑液膜体系并不是溶剂萃取与解络的简单组合，其提取机理比较复杂，有待进一步研究。

3.5 Pt(Ⅳ) 的分离实验

在本章实验的基础上，结合镀铂溶液中常见的金属离子，我们对Pt(Ⅳ)与常见金属离子的支撑液膜分离进行了初步研究，取得了较满意的结果，下面分别予以讨论。

3.5.1 Pt(Ⅳ) 与 Ni(Ⅱ) 的分离

配制 Pt(Ⅳ) 浓度为 1.0μg/mL，Ni(Ⅱ) 浓度为 50μg/mL，盐酸浓度为 1.0mol/L，$SnCl_2$浓度为 0.05mol/L 的原料相和盐酸浓度为 6mol/L 的解络相各 180mL，膜相载体浓度为 5.0%，提取 180min，Pt(Ⅳ) 浓度仍采用氯化亚锡法进行测定，Ni(Ⅱ) 浓度测定时，用 PAR 作为显色剂，在 495nm 波长下进行测定。实验结果如表 3-12 和图 3-18 所示。

表 3-12 原料相与解络相中 Pt(Ⅳ) 和 Ni(Ⅱ) 的浓度

（单位：μg/mL）

c	t						
	0min	30min	60min	90min	120min	150min	180min
$F_{Pt(Ⅳ)}$	1.00	0.60	0.43	0.34	0.29	0.17	0.11
$S_{Pt(Ⅳ)}$	0.00	0.34	0.43	0.54	0.66	0.71	0.83
$F_{Ni(Ⅱ)}$	50.00	49.81	48.26	47.68	47.30	46.53	45.75

注：$F_{Pt(Ⅳ)}$为原料相 Pt(Ⅳ) 浓度；$S_{Pt(Ⅳ)}$为解络相 Pt(Ⅳ) 浓度；$F_{Ni(Ⅱ)}$为原料相 Ni(Ⅱ) 浓度

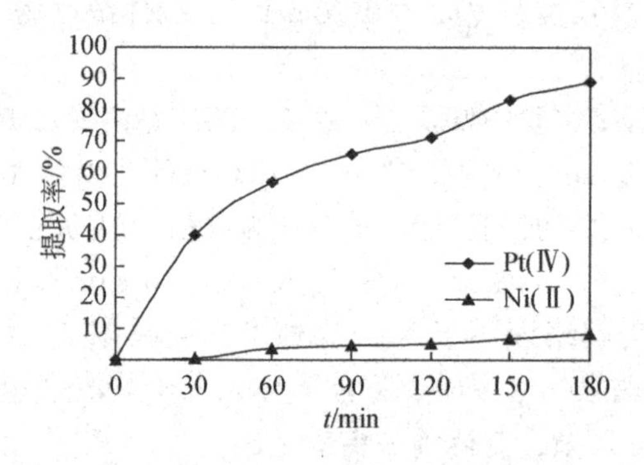

图 3-18 Pt(Ⅳ) 与 Ni(Ⅱ) 的分离

由图 3-18 可以看出，随着时间的增加，Pt(Ⅳ) 提取率不断升高，180min 后，Pt(Ⅳ) 提取率达 89%，而 Ni(Ⅱ) 提取率也不断升高，但是 180min 后，其提取率仅为 8.5%，并且在解络相中未检出 Ni(Ⅱ)。我们认为原料相中 Ni(Ⅱ) 的减少是因为少量 Ni(Ⅱ) 离子被萃取进入膜相。而进入膜相的 Pt(Ⅳ) 和 Ni(Ⅱ)只有 Pt(Ⅳ) 能被有效地解络出来，解络率达 93.3%，这样就实现了 Pt(Ⅳ)和 Ni(Ⅱ) 的有效分离。

3.5.2 Pt(Ⅳ) 与 Co(Ⅱ) 的分离

配制 Pt(Ⅳ) 浓度为 1.0μg/mL，Co(Ⅱ) 浓度为 100μg/mL，盐酸浓度为 1.0mol/L，$SnCl_2$的浓度为 0.05mol/L 的原料相和盐酸浓度为 6mol/L 的解络相各 180mL，膜相载体浓度为 5.0%，提取 180min，Pt(Ⅳ) 浓度仍采用氯化亚锡法进行测定，Co(Ⅱ) 浓度测定时，用 PAR 作为显色剂，在 505nm 波长下进行测定。实验结果如表 3-13 和图 3-19 所示。

表 3-13 原料相与解络相中 Pt(Ⅳ) 和 Co(Ⅱ) 的浓度

（单位：μg/mL）

c	t						
	0min	30min	60min	90min	120min	150min	180min
$F_{Pt(Ⅳ)}$	1.00	0.71	0.61	0.54	0.36	0.29	0.14
$S_{Pt(Ⅳ)}$	0.00	0.21	0.29	0.36	0.57	0.64	0.82
$F_{Co(Ⅱ)}$	100.00	99.08	98.72	97.43	96.51	95.96	94.86

注：$F_{Pt(Ⅳ)}$为原料相 Pt(Ⅳ) 浓度；$S_{Pt(Ⅳ)}$为解络相 Pt(Ⅳ) 浓度；$F_{Co(Ⅱ)}$为原料相 Co(Ⅱ) 浓度

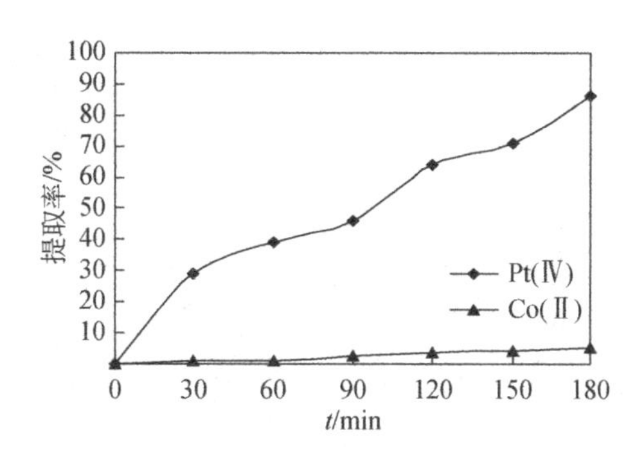

图 3-19 Pt(Ⅳ) 与 Co(Ⅱ) 的分离

由图 3-19 可以看出，随着时间的增加，Pt(Ⅳ) 提取率不断升高，180min 后，提取率达 86%，而 Co(Ⅱ) 提取率也不断升高，但是 180min 后，其提取率不足 5.5%，并且在解络相中未检出 Co(Ⅱ)。据此，我们认为原料相中 Co(Ⅱ) 的减少是因为少量 Co(Ⅱ) 被萃取进入膜相。而进入膜相的 Pt(Ⅳ) 和 Co(Ⅱ) 只有 Pt(Ⅳ) 能被有效地解络出来，解络率达 95.3%，这样就实现了 Pt(Ⅳ) 和 Co(Ⅱ) 的有效分离。

3.5.3 Pt(Ⅳ) 与 Cu(Ⅱ) 的分离

配制 Pt(Ⅳ) 浓度为 1.0μg/mL，Cu(Ⅱ) 浓度为 100μg/mL，盐酸浓度为 1.0mol/L，$SnCl_2$的浓度为 0.05mol/L 的原料相和盐酸浓度为 6mol/L 的解络相各 180mL，膜相载体浓度为 5.0%，提取 180min，Pt(Ⅳ) 浓度仍采用氯化亚锡法进行测定，Cu(Ⅱ) 浓度测定时，用 PAR 作为显色剂，在 510nm 波长下进行测定。实验结果如表 3-14 和图 3-20 所示。

表 3-14 原料相与解络相中 Pt(Ⅳ) 和 Cu(Ⅱ) 的浓度

(单位：μg/mL)

c	t						
	0min	30min	60min	90min	120min	150min	180min
$F_{Pt(Ⅳ)}$	1.00	0.74	0.58	0.48	0.39	0.32	0.19
$S_{Pt(Ⅳ)}$	0.00	0.16	0.23	0.35	0.52	0.61	0.77
$F_{Cu(Ⅱ)}$	100.00	99.55	99.09	98.87	98.53	97.96	96.72

注：$F_{Pt(Ⅳ)}$为原料相 Pt(Ⅳ) 浓度；$S_{Pt(Ⅳ)}$为解络相 Pt(Ⅳ) 浓度；$F_{Cu(Ⅱ)}$为原料相 Cu(Ⅱ) 浓度

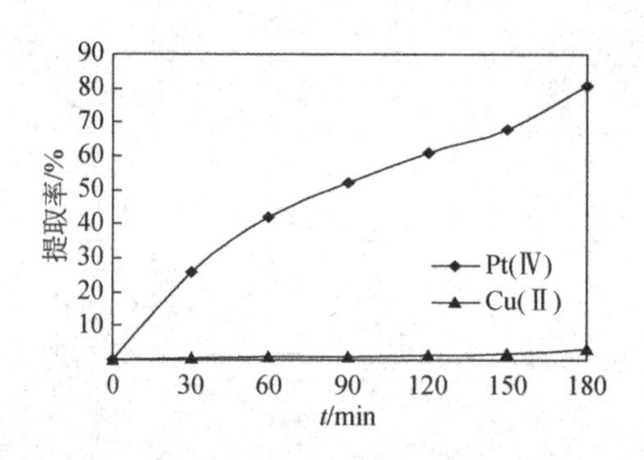

图 3-20 Pt(Ⅳ) 与 Cu(Ⅱ) 的分离

由图 3-20 可以看出，随着时间的增加，Pt(Ⅳ) 提取率不断升高，180min 后，提取率达 81%，而 Cu(Ⅱ) 提取率也不断升高，但是 180min 后，其提取率不足 3.5%，并且在解络相中未检出 Cu(Ⅱ) 离子，据此，我们认为原料相 Cu(Ⅱ)的减少是因为少量 Cu(Ⅱ) 被萃取进入膜相。而进入膜相的 Pt(Ⅳ) 和 Cu(Ⅱ) 只有 Pt(Ⅳ) 能被有效地解络出来，解络率达 95.1%，这样就实现了 Pt(Ⅳ)和 Cu(Ⅱ) 的有效分离。

3.5.4 Pt(Ⅳ)与Zn(Ⅱ)的分离

配制Pt(Ⅳ)浓度为1.0μg/mL，Zn(Ⅱ)浓度为150μg/mL，盐酸浓度为1.0mol/L，$SnCl_2$的浓度为0.05mol/L的原料相和盐酸浓度为6mol/L的解络相各180mL，膜相载体浓度为5.0%，提取180min，Pt(Ⅳ)浓度仍采用氯化亚锡法进行测定，Zn(Ⅱ)浓度测定时，用PAR作为显色剂，在525nm波长下进行测定。实验结果如表3-15和图3-21所示。

表3-15 原料相与解络相中Pt(Ⅳ)和Zn(Ⅱ)浓度

（单位：μg/mL）

c	t						
	0min	30min	60min	90min	120min	150min	180min
$F_{Pt(Ⅳ)}$	1.00	0.69	0.53	0.41	0.31	0.25	0.13
$S_{Pt(Ⅳ)}$	0.00	0.16	0.25	0.44	0.56	0.66	0.81
$F_{Zn(Ⅱ)}$	150.00	146.94	145.41	143.88	140.82	139.29	136.22

注：$F_{Pt(Ⅳ)}$为原料相Pt(Ⅳ)浓度；$S_{Pt(Ⅳ)}$为解络相Pt(Ⅳ)浓度；$F_{Zn(Ⅱ)}$为原料相Zn(Ⅱ)浓度。

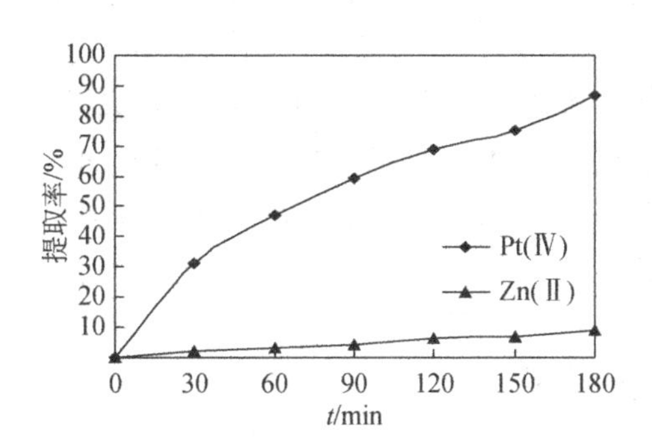

图3-21 Pt(Ⅳ)与Zn(Ⅱ)的分离

由图3-21可以看出，随着时间的增加，Pt(Ⅳ)提取率不断升高，180min后，提取率达87%，而Zn(Ⅱ)提取率也不断升高，但是180min后，其提取率不足9.5%，并且在解络相中未检出Zn(Ⅱ)，据此，我们认为原料相中Zn(Ⅱ)的减少是因为少量Zn(Ⅱ)被萃取进入膜相。而进入膜相的Pt(Ⅳ)和Zn(Ⅱ)，只有Pt(Ⅳ)能被有效地解络出来，解络率达93.1%，这样就实现了Pt(Ⅳ)和Zn(Ⅱ)的有效分离。

综上所述，我们分别对Pt(Ⅳ)与Ni(Ⅱ)、Pt(Ⅳ)与Co(Ⅱ)、Pt(Ⅳ)与

Cu(Ⅱ)、Pt(Ⅳ)与Zn(Ⅱ)的分离进行了研究，结果表明：当原料相中Pt(Ⅳ)浓度为1.0μg/mL，盐酸浓度为1.0mol/L，$SnCl_2$的浓度为0.05mol/L，解络相盐酸浓度为6mol/L，载体浓度为5.0%时，Pt(Ⅳ)能有效地从50μg/mL的Ni(Ⅱ)、100μg/mL的Co(Ⅱ)、100μg/mL的Cu(Ⅱ)、150μg/mL的Zn(Ⅱ)中分离出来，提取率超过80%，解络率达90%以上。

此外，考虑到实际生产中，Pt(Ⅳ)常与Ni(Ⅱ)、Co(Ⅱ)、Cu(Ⅱ)、Zn(Ⅱ)等离子共同存在，我们还进一步模拟配制了某车间镀铂废水，其组成为Pt(Ⅳ)(0.8μg/mL)、Cu(Ⅱ)(75μg/mL)、Zn(Ⅱ)(75μg/mL)、Co(Ⅱ)(75μg/mL)、Ni(Ⅱ)(75μg/mL)、SO_4^{2-}(75μg/mL)，在Pt(Ⅳ)的最佳提取条件下，提取180min，Pt(Ⅳ)的提取率达87.8%，解络率也达78.6%，因此该体系可以用来从镀铂废液中有效回收铂。

3.6 结论和建议

贵金属及其合金因具有许多优良性能，用途非常广泛，越来越得到人们的重视，需求量也越来越大，但在贵金属分离提取方面，以前人们研究较多的是用离子交换法和溶剂萃取法分离贵金属，用液膜法特别是支撑液膜法分离富集贵金属的研究报道较少。

本章在前人研究的基础上，通过萃取和解络实验选择出了优良的萃取剂和稀释剂，并把它们用于支撑液膜体系进行Pt(Ⅳ)和Pd(Ⅱ)的提取实验，分别考察了原料相、膜相和解络相组成对提取效果的影响，并在一定条件下对混合金属离子进行了分离实验。

3.6.1 主要研究结论

本章的主要研究结论如下。

(1) 通过溶剂萃取和解络实验，获得了Pt(Ⅳ)和Pd(Ⅱ)的最佳萃取和解络条件：选择5.0%(*W/V*)的P_{507}煤油溶液为有机相，水相组成为5μg/mL Pt(Ⅳ)、0.05mol/L $SnCl_2$和0.50mol/L HCl，体积比为1∶1，振荡30min，萃取率达100%，用等体积的4mol/L HCl对有机相进行解络，解络率超过99%；选择10.0%(*W/V*)的N_{503}/煤油溶液为有机相，水相组成为6.754μg/mL Pd(Ⅱ)和0.10mol/L HCl，体积比为1∶1，振荡30min，萃取率为99.2%，用等体积的0.20mol/L的硫氰酸钾对有机相进行解络，解络率超过95%。

(2) 原料相盐酸浓度、氯化亚锡浓度，膜相载体浓度，解络相盐酸浓度对

Pt(Ⅳ) 在支撑液膜体系中的提取均有影响，Pt(Ⅳ) 支撑液膜体系提取的最佳条件：原料相中 Pt(Ⅳ) 浓度为 1.0μg/mL，盐酸浓度为 1.0mol/L，$SnCl_2$浓度为 0.05mol/L，膜相中 P_{507}浓度为 5.0% (W/V)，解络相盐酸浓度为 6mol/L，反应 3h，Pt(Ⅳ) 的提取率可达 100%；原料相盐酸浓度，膜相载体浓度，解络相硫氰酸钾浓度对 Pd(Ⅱ) 在支撑液膜体系中的提取也均有影响，Pd(Ⅱ) 支撑液膜体系提取的最佳条件：原料相中 Pd(Ⅱ) 浓度为 3.0μg/mL，盐酸浓度为 0.20mol/L，膜相中 N_{503} 浓度为 10.0% (W/V)，解络相中硫氰酸钾浓度为 0.20mol/L，反应 4h，Pd(Ⅱ) 的提取率可达 93%。

(3) Pt(Ⅳ) 与 Ni(Ⅱ)、Pt(Ⅳ) 与 Co(Ⅱ)、Pt(Ⅳ) 与 Cu(Ⅱ)、Pt(Ⅳ) 与 Zn(Ⅱ) 的相互分离：使用 P_{507}/煤油支撑液膜体系，在 Pt(Ⅳ) 提取的最佳传质条件下，1.0μg/mL 的 Pt(Ⅳ) 能有效地从 50μg/mL 的 Ni(Ⅱ)、100μg/mL 的 Co(Ⅱ)、100μg/mL 的 Cu(Ⅱ)、150μg/mL 的 Zn(Ⅱ) 中分离出来，反应 3h，Pt(Ⅳ) 的提取率超过 80%，解络率达 90% 以上。另外，我们还进一步模拟配制了某车间镀铂废水，其组成为 Pt(Ⅳ)(0.8μg/mL)、Cu(Ⅱ)(75μg/mL)、Zn(Ⅱ)(75μg/mL)、Co(Ⅱ)(75μg/mL)、Ni(Ⅱ)(75μg/mL)、SO_4^{2-} (75μg/mL)，在 Pt(Ⅳ) 的最佳传质条件下，反应 3h，提取率达 87.8%，解络率也达 78.6%。

3.6.2 进一步研究的建议

本章确定了 Pt(Ⅳ) 和 Pd(Ⅱ) 在支撑液膜体系中的最佳传质条件，并对模拟镀铂废水中的铂进行了分离回收。但由于时间所限，还有不尽完善之处，现对今后的进一步研究工作提出如下建议。

(1) 我们在实验过程中发现，支撑液膜中膜溶剂存在流失现象，每次实验时支撑体都需要重新浸泡，并且 Pt(Ⅳ) 和 Pd(Ⅱ) 在膜相中存在滞留现象，这方面的问题尚需要进一步研究解决。

(2) 在 Pt(Ⅳ) 的支撑液膜提取体系中，原料相 $SnCl_2$与 Pt(Ⅳ) 的作用机理及其在 Pt(Ⅳ) 提取过程中的具体作用仍需进一步研究，还有就是它们一块进入解络相后如何进一步把 Pt(Ⅳ) 与 Sn (Ⅳ) 分离开来。

(3) 由于对实验中所研究的金属离子与载体之间条件萃取平衡常数等参数缺乏，本研究对某些实验结果的分析不够深入。因此，今后有必要对金属离子与相关载体之间的萃取反应进行进一步的研究，以获得有关萃取反应的平衡常数等参数。

(4) 本章实验中仅对单个金属离子与 Pt(Ⅳ) 的分离以及模拟镀铂废水进行了实验研究，并未对实际废水进行处理，这方面的工作有待进一步完善。

(5) 实验过程中，使用常规方法定量检测低含量的 Pt(Ⅳ) 和 Pd(Ⅱ) 遇到了不少困难，这是实验中首先需要解决的问题，需进一步研究解决。

参考文献

[1] 姚秉华，陈静，永长幸雄，等. 苯酚在 N-503/煤油支撑液膜体系中的传输分离 [J]. 分析科学学报，2006，22 (2)：129-132.

[2] Touaj K，Tbeur N，Hor M，et al. A supported liquid membrane (SLM) with resorcinarene for facilitated transport of methyl glycopyranosides：Parameters and mechanism relating to the transport [J]. Journal of Membrane Science，2009，337：28-38.

[3] Zhao G H，Liu J F，Nyman M，et al. Determination of short- chain fatty acids in serum by hollow fiber supported liquid membrane extraction coupled with gas chromatography [J]. Journal of Chromatography B，2007，846 (1-2)：202-208.

[4] Park S W，Choi B S，Kim S S，et al. Facilitated transport of organic acid through a supported liquid membrane with a carrier [J]. Desalination，2006，193 (1-3)：304-312.

[5] Liu Y，Shi B L. Hollow fiber supported liquid membrane for extraction of ethylbenzene and nitro-benzene from aqueous solution：A Hansen Solubility Parameter approach [J]. Separation and Purifcation Technology，2009，65：233-242.

[6] Michel M，Chimuka L，Cukrowska E，et al. Influence of temperature on mass transfer in an in-complete trapping single hollow fibre supported liquid membrane extraction of triazole fungicides [J]. Analytica Chimica Acta，2009，632 (1)：86-92.

[7] Hassoune H，Rhlalou T，Verchère J F. Mechanism of transport of sugars across a supported liquid membrane using methyl cholate as mobile arrier [J]. Desalination，2009，242 (1-3)：84-95.

[8] Hassoune H，Rhlalou T，Verchere J F. Studies on sugars extraction across a supported liquid membrane：Complexation site of glucose and galactose with methyl cholate [J]. Journal of Membrane Science，2008，315：180-186.

[9] Gaikwad A G. Studies on carbonate ion transport through supported liquid membrane using Primene JMT and Tributyl Phosphate [J]. Separation Science And Technology，2009，44 (11)：2626-2644.

第4章 解络分散组合液膜去除及提取废水二价重金属的研究

本章研究了以聚偏氟乙烯膜（PVDF）为支撑体，煤油为膜溶剂，有机膦酸为流动载体的解络分散组合液膜（SDHLM）中金属Ni(Ⅱ)的迁移行为；考察了载体种类、原料相pH、Ni(Ⅱ)起始浓度、解析相中H_2SO_4浓度以及萃取剂与H_2SO_4体积比对Ni(Ⅱ)迁移的影响，并对该体系富集、迁移Ni(Ⅱ)的最佳条件进行了讨论；从界面化学和扩散传质角度提出了Ni(Ⅱ)在SDHLM中传质动力学方程，采用直线斜率法对扩散系数进行了计算，取得了满意结果。

Ni(Ⅱ)是航空航天、石油化工、金属材料及电镀等化学工业废水中的主要污染物。含Ni(Ⅱ)废水常采用溶剂萃取法处理[1,2]，需要使用大量有机溶剂，不仅成本高，还会污染环境，溶剂挥发问题也很难解决。用支撑液膜法[3]处理含Ni(Ⅱ)废水，其载体流失严重，而且会出现膜孔道的黏污、阻塞等膜稳定性问题，膜的使用寿命短。使用乳化液膜法[4]处理含Ni(Ⅱ)废水，需要使用高活性表面活性剂，破乳工序复杂。

P_{507}和二-(2-乙基己基)膦酸（P_{204}）是萃取性能优良、水溶性小、无毒的金属离子萃取剂。以P_{204}和P_{507}为SDHLM流动载体处理含Ni(Ⅱ)废水尚未见报道。本章以此为液膜流动载体，选择PVDF为支撑体，以煤油为膜溶剂，研究Ni(Ⅱ)在有机膦酸-煤油-H_2SO_4 SDHLM体系中的迁移过程，探讨影响其迁移的各种因素及机理，建立了动力学方程，为有效治理含Ni(Ⅱ)废水提供理论依据。

4.1 实验部分

4.1.1 试剂和仪器

P_{507}商品名PC-88A，由日本大八化学工业公司提供，P_{204}商品名PIA-8，由中国医药上海化学试剂公司提供；$Ni(CH_3COO)_2 \cdot 4H_2O$、$NH_3H_2O$、$NH_4Cl$、$CH_3COOH$、$CH_3COONa$等均为分析纯试剂；实验用水全部为去离子水。

SDHLM 迁移池（自制）由原料池、解析池和支撑体组成。原料池和解析池的容量均为 200mL，并配有可调速电动搅拌器；支撑体为 PVDF，有效面积为 18cm^2；并配置 UV-1200 型分光光度计（上海惠普达仪器厂）和 JJ-1 型精密定时电动搅拌器（金坛区西城丹阳门石英玻璃厂）。

4.1.2 实验方法

首先将 PVDF 置于萃取剂中浸取吸附一定的时间，然后用滤纸吸干膜表面的液体，固定在 SDHLM 迁移池中。其次分别将事先配好的试样原料和萃取剂加到原料池和解析池中，开动原料池和解析池中的搅拌器，再将 H_2SO_4 加到解析池中，同时开始计时，间隔一定时间进行取样分析。Ni(Ⅱ) 浓度用分光光度法测定。

4.2 实验原理

图 4-1 描述了金属离子在 SDHLM 中的反应和迁移过程，以逆向耦合迁移为例，其迁移机理概述如下。

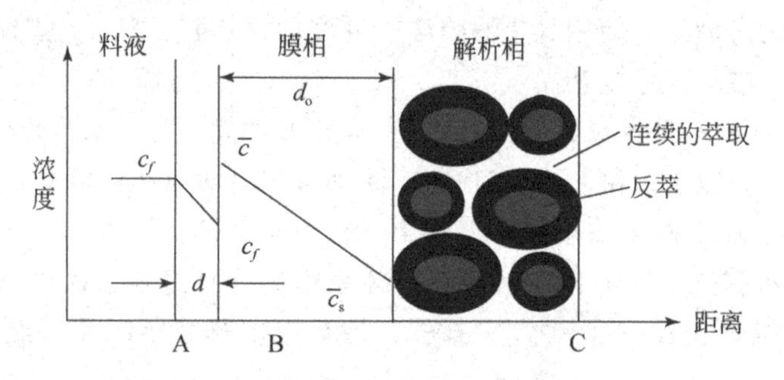

图 4-1　反萃分散组合液膜迁移示意图

迁移过程大致分为以下几个步骤。

（1）原料相中的金属离子通过原料相和膜相之间的水扩散层 AB。

（2）在水相-膜相界面，金属离子（M_f^{2+}）与载体（HR）发生如下的配合反应[5]：

$$M_f^{2+}+\frac{m+n}{2}(HR)_{2,org}\underset{K_{-1}}{\overset{K_1}{\rightleftharpoons}}MR_n\cdot mHR_{(org)}+nH_f^+ \tag{4-1}$$

式中，右下标 org 代表有机相；右下标 f 代表原料相；M_f^{2+} 为二价金属离子；$(HR)_2$为在非极性油中主要以二聚体形式存在的萃取剂。

(3) 反应生成的金属离子-载体配合物在膜相 BC 扩散。

(4) 金属离子-载体配合物扩散到解析相 CD，与解络剂发生如下解析反应：

$$MR_n \cdot mHR_{(org)} + nH_s^+ \underset{K_{-2}}{\overset{K_2}{\rightleftharpoons}} M_s^{2+} + \frac{m+n}{2}(HR)_{2,org} \tag{4-2}$$

式中，右下标 s 代表解析相。

(5) 载体返回原料相和膜相界面。

假设以上反应均为一级反应，用 K_1、K_{-1}、K_2、K_{-2}分别代表萃取反应与解络反应的正向与逆向反应的速率常数。引用相关文献[5-8]中同样的假设，（线性浓度梯度，进入低介电常数支撑液膜的带电物种的浓度可以忽略，渗透的金属物质的浓度较小，连续的界面上的化学反应和稳定状态），可以推导出金属离子在解络分散组合液膜中渗透系数方程[9]。

$$P_c = \frac{K_d}{K_d D_f^{-1} + D_0^{-1} + \frac{1}{K_2}\frac{V_s}{V_0}} \tag{4-3}$$

式中，K_d为原料相一侧金属离子的分配比；D_f为金属离子的扩散系数；D_0为膜相的厚度；V_0为膜相的体积；V_s为解析相体积。

由速率常数的定义及方程（4-1）可得

$$K_1 = \frac{[H^+]^n [MR_n \cdot mHR]}{[M^{2+}][(HR)_2]^{\frac{m+n}{2}}} = \frac{K_d \cdot [H^+]^n}{[(HR)_2]^{\frac{m+n}{2}}} \tag{4-4}$$

联立式（4-3）及式（4-4）得

$$\frac{1}{P_c} = D_f^{-1} + \left(D_0^{-1} + \frac{V_s}{K_2 V_0}\right)\frac{[H^+]^n}{[(HR)_2]^{\frac{m+n}{2}}} \tag{4-5}$$

定义 $K = D_0^{-1} + V_s/K_2V_0$，式（4-5）简化为

$$\frac{1}{P_c} = D_f^{-1} + K\frac{[H^+]^n}{[(HR)_2]^{\frac{m+n}{2}}} \tag{4-6}$$

可见，在一定的载体浓度条件下，$1/P_c$ 与 $[H^+]^n$ 为线性关系，通过直线斜率法可以求出扩散系数以及解析反应的速率常数。

另外，金属离子的传质通量可通过测定原料相中金属离子的浓度随时间 t 的变化速率 dc/dt 求得。

$$J = -\frac{V_f}{A}\left(\frac{dc_f}{dt}\right) = P_c \cdot c_f \tag{4-7}$$

式中，V_f为原料相体积；A 为膜的有效面积；c_f为原料相中迁移物质的浓度。

积分方程（4-6）得：

$$\ln\frac{c_{f(t)}}{c_{f(0)}} = -\frac{A}{V_f}P_c \cdot t \tag{4-8}$$

式中，$c_{f(t)}$ 和 $c_{f(0)}$ 分别为 t 时刻及起始时刻原料相中金属离子浓度。通过测定不同条件下金属离子的浓度，以 $-\ln(c_t/c_0)$ 对 t 作图，从直线斜率的大小分析各种因素对迁移速率的影响程度。

4.3 结果与讨论

4.3.1 载体种类对 Ni(Ⅱ) 迁移的影响

选择原料相 Ni(Ⅱ) 初始浓度为 3.0×10^{-4}mol/L、pH 为 5.0，解析相中 H_2SO_4 浓度为 3.0mol/L、萃取剂与 H_2SO_4 的体积比为 180/20。分别以 P_{507} 和 P_{204} 作流动载体，Ni(Ⅱ) 在两种载体中的迁移情况如图 4-2 所示。可见，P_{204}-煤油-H_2SO_4 更能有效地迁移 Ni(Ⅱ)，因此本实验选择 P_{204} 为流动载体。

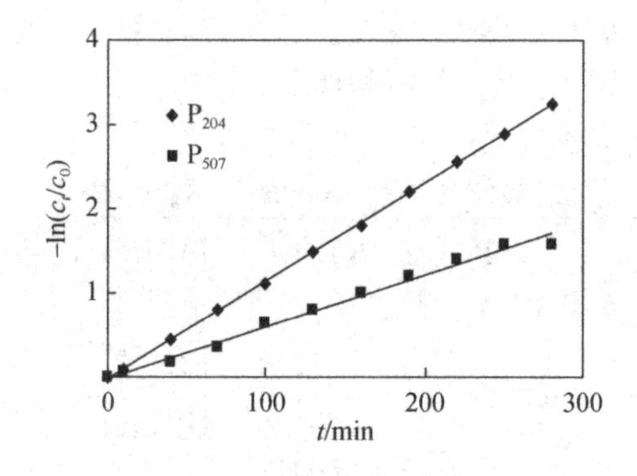

图 4-2 载体的种类对 Ni(Ⅱ) 迁移的影响

4.3.2 原料相 pH 对 Ni(Ⅱ) 迁移的影响

由 Ni(Ⅱ) 在 SDHLM 中的传质机理可知，H^+ 在原料相与解析相中的浓度差是 Ni(Ⅱ) 在 SDHLM 的传质动力。因此，原料相酸度越低，越有利于 Ni(Ⅱ) 的迁移。然而，由于解析相使用的解络剂为强酸，当原料相 pH 较高时，这样两相间较高的 H^+ 浓度差，加强了 H^+ 透过膜相的渗透作用，不仅严重影响液膜的稳定性，还会影响 Ni(Ⅱ) 在组合液膜中的迁移速率。因此，原料相与解析相的酸度差是影响 Ni(Ⅱ) 传质速率的重要因素之一。

选择原料相 Ni(Ⅱ) 初始浓度为 3.0×10^{-4}mol/L，解析相中 H_2SO_4 浓度为

3.0mol/L，萃取剂与 H_2SO_4体积比为 180/20，不同 pH 下 Ni(Ⅱ) 的迁移情况如图 4-2 所示。可见$-\ln(c_t/c_0)$ 与迁移时间 t 为良好的线性关系，且随原料相中 pH 的升高，其斜率逐渐增大。结果表明：当原料相中 pH 高于 5.0 时，曲线斜率下降，Ni(Ⅱ) 迁移速率降低。因此，原料相中适宜的 pH 一般选择在 5.0 左右。

4.3.3 Ni(Ⅱ) 的初始浓度对 Ni(Ⅱ) 迁移的影响

由方程式 (4-1) 可知，在原料相与膜相的界面处，Ni(Ⅱ) 与 P_{204}发生化学反应形成络合物。当 Ni(Ⅱ) 浓度较小时，平衡左移，导致 Ni(Ⅱ) 迁移率降低，随 Ni(Ⅱ) 浓度的增大，平衡向右移动，Ni(Ⅱ) 迁移率逐渐增大。但是 Ni(Ⅱ) 的迁移率还受载体浓度及膜面积的影响。当载体浓度及膜面积一定时，在单位时间迁移的 Ni(Ⅱ) 的数目也是一定的，所以 Ni(Ⅱ) 的迁移率并不随 Ni(Ⅱ) 初始浓度的增大而无限制地增大。因此，Ni(Ⅱ) 初始浓度的高低也是影响 Ni(Ⅱ) 迁移速率大小的重要因素之一。

选择原料相 pH 为 5.0，萃取剂与 H_2SO_4的体积比为 180/20，H_2SO_4的浓度为 3.0mol/L。不同 Ni(Ⅱ) 初始浓度下 Ni(Ⅱ) 的迁移情况如图 4-3 所示。可见，$-\ln(c_t/c_0)$与迁移时间 t 为良好的线性关系，且随 Ni(Ⅱ) 初始浓度的增大，其斜率逐渐增大。结果表明：当 Ni(Ⅱ) 浓度高于 3.0×10^{-4}mol/L 时，曲线斜率下降，Ni(Ⅱ) 迁移速率降低。因此，Ni(Ⅱ) 适宜的初始浓度一般选择在 3.0×10^{-4} mol/L 左右。

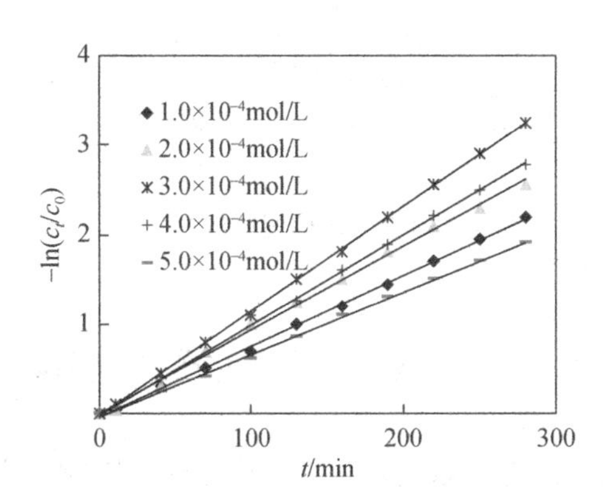

图 4-3 Ni(Ⅱ) 的初始浓度对 Ni(Ⅱ) 迁移的影响

4.3.4 萃取剂与H_2SO_4的体积比对Ni(Ⅱ)迁移的影响

由于解析相是将H_2SO_4均匀地分散在萃取剂中形成的，萃取剂与H_2SO_4的体积比直接影响Ni(Ⅱ)的萃取和解析速率。H_2SO_4在解析相中占的比例越大，所形成的乳化液越不稳定，不利于Ni(Ⅱ)的迁移。该比例越小，所提供的额外的解络面积也越小，降低了Ni(Ⅱ)的迁移速率。因此，萃取剂与H_2SO_4体积比的大小也是影响Ni(Ⅱ)迁移速率大小的重要因素之一。

选择原料相pH为5.0，Ni(Ⅱ)初始浓度为3.0×10^{-4}mol/L，H_2SO_4浓度为3.0mol/L。不同萃取剂与H_2SO_4体积比下Ni(Ⅱ)的迁移情况如图4-4所示。可见，$-\ln(c_t/c_0)$与迁移时间t为良好的线性关系，且随不同萃取剂与H_2SO_4体积比的增大，曲线的斜率呈增大趋势，当不同萃取剂与H_2SO_4体积比大于180/20时，曲线斜率下降，Ni(Ⅱ)迁移速率降低。因此，适宜的萃取剂与H_2SO_4体积比应选择在180/20左右。

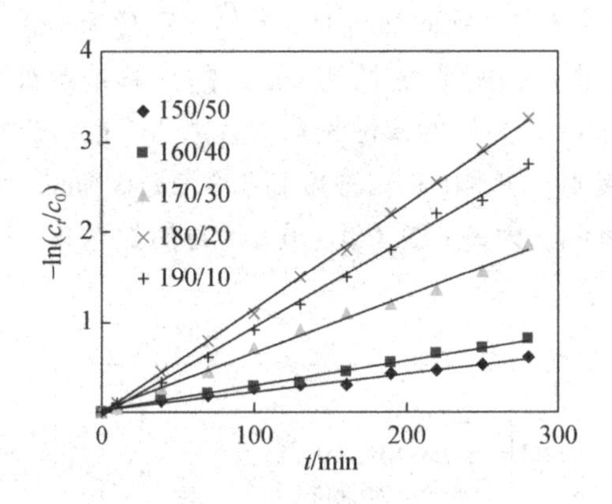

图4-4　萃取剂与H_2SO_4的体积比对Ni(Ⅱ)迁移的影响

4.3.5 H_2SO_4的浓度对Ni(Ⅱ)迁移的影响

为考察解析相中H_2SO_4的浓度对Ni(Ⅱ)迁移的影响，实验中固定了原料相pH为5.0、Ni(Ⅱ)初始浓度为3.0×10^{-4}mol/L，解析相中萃取剂与H_2SO_4体积比为180/20，H_2SO_4浓度分别为0.5mol/L、1.0mol/L、2.0mol/L、3.0mol/L、4.0mol/L。不同浓度下Ni(Ⅱ)的迁移情况如图4-5所示。可见，$-\ln(c_t/c_0)$与迁移时间t为良好的线性关系，且随H_2SO_4浓度的增大，曲线的斜率呈增大趋势。当H_2SO_4为3.0mol/L和4.0mol/L时，两条曲线的斜率几乎相等，从经济方面考

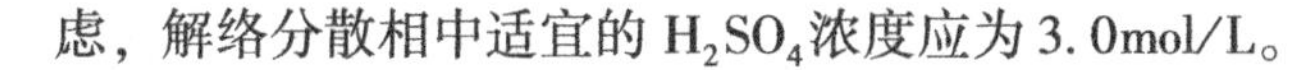
虑，解络分散相中适宜的 H_2SO_4 浓度应为 3. 0mol/L。

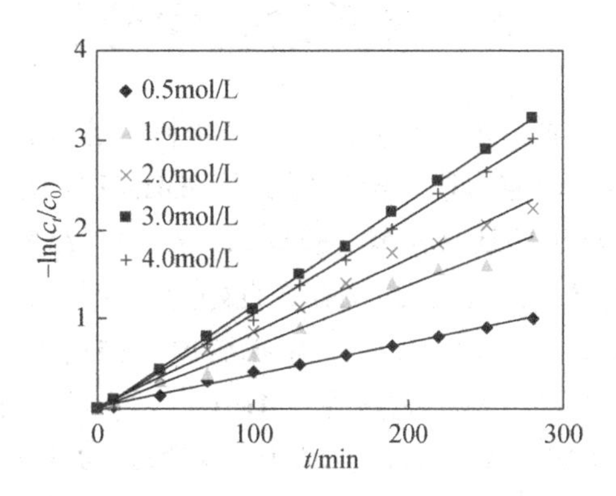

图 4-5　H_2SO_4 的浓度对 Ni(Ⅱ) 迁移的影响

4. 3. 6　离子强度对 Ni(Ⅱ) 迁移的影响

在 SDHLM 中，考察离子强度对金属离子迁移率的影响目前尚无报道。本实验在支撑液膜的基础上，探讨和研究了离子强度对 Ni(Ⅱ) 迁移的影响。原料相 pH 为 5. 0、Ni(Ⅱ) 初始浓度为 3.0×10^{-4}mol/L、解析相中 H_2SO_4 浓度为 3. 0mol/L、萃取剂与 H_2SO_4 的体积比为 180/20。分别以 0. 5mol/L、1. 0mol/L Na_2SO_4 以及 2. 0mol/L Na_2SO_4 和 K_2SO_4 混合液作离子强度调节剂，调节原料相离子强度为 0. 5mol/L、0. 8mol/L、1. 1mol/L 及 1. 8mol/L，迁移 280min。以 Ni(Ⅱ) 的迁移率（η）为纵坐标，离子强度（I）为横坐标作图，其结果如图 4-6 所示。可见，在 SDHLM 中，离子强度对 Ni(Ⅱ) 迁移率的影响不大。

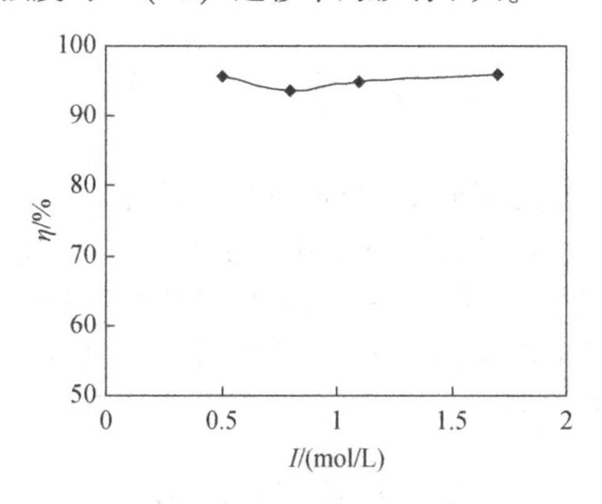

图 4-6　离子强度对 Ni(Ⅱ) 迁移的影响

4.4 传质动力学分析

由上述讨论可知，在一定的载体浓度下，原料相的 pH 是影响金属离子迁移的主要因素，为了进一步定量描述金属离子在 SDHLM 中的迁移过程，本实验进行了不同 pH 下金属离子的迁移实验。按照式（4-6），绘制 $1/P_c$ 与 $[H^+]^2$ 的关系曲线，结果表明 $1/P_c$ 与 $[H^+]^2$ 之间存在良好的线性关系（$R^2=0.9967$），其斜率和截距分别为 5.29×10^{12} 和 6.1×10^4。根据膜厚（65μm）以及式（4-6）求出扩散系数为 1.66×10^{-4}m/s，解析常数为 $1.4\times10^{-11}s^{-1}$。将所求参数代入式（4-6）可得 Ni(Ⅱ）在 SDHLM 体系中的传质动力学方程，为 $P_c=1/(6.1\times10^4+5.29\times10^{12}[H^+]^2)$（图 4-7）。

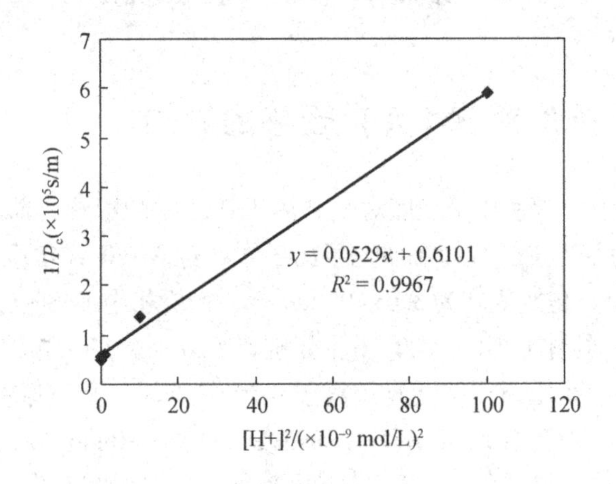

图 4-7 理论与试验比较

4.5 结 论

（1）实验表明，P_{204}-煤油-H_2SO_4 SDHLM 体系对 Ni(Ⅱ）有显著的富集迁移作用。原料相 pH、Ni(Ⅱ）初始浓度，解析相中 H_2SO_4 浓度、萃取剂与 H_2SO_4 的体积比都会影响 Ni(Ⅱ）的迁移。Ni(Ⅱ）的最佳传质条件：解析相 H_2SO_4 浓度为 3.0mol/L，萃取剂与 H_2SO_4 体积比为 180/20；原料相中 Ni(Ⅱ）的初始浓度为 3.0×10^{-4} mol/L、pH 控制在 5 左右。在最佳条件下，迁移 280min，迁移率为 95.7%。

（2）建立了金属离子在 SDHLM 中反应和迁移的模型，推导出了新的动力学方程，由此求得 Ni(Ⅱ）的扩散系数为 1.66×10^{-4}m/s，解析常数为 $1.4\times10^{-11}s^{-1}$。

（3）在以 P_{204} 为流动载体 SDHLM 体系中，解析相中大量使用萃取剂解决了支撑液膜中流动载体的流失问题，提高了 Ni(Ⅱ) 的迁移率，增加了膜的稳定性，延长了膜的使用寿命。

参考文献

[1] 姚秉华，陈静，永长幸雄，等. 苯酚在 N-503/煤油支撑液膜体系中的传输分离 [J]. 分析科学学报，2006，22（2）：129-132.

[2] 卿春霞，宗刚，张建民，等. 应用厚体液膜法处理含镍废水 [J]. 过滤与分离，2006，16（4）：14-16.

[3] van de Voorde I，Pinoy L，de Ketelaere R F. Recovery of nickel ions by supported liquid membrane（SLM）extraction [J]. Journal of Membrane Science，2004，234：11-21.

[4] 余晓皎，姚秉华，周孝德. 液膜法迁移及分离镍(Ⅱ) 的研究 [J]. 水处理技术，2003，29（4）：203-205.

[5] Danesi P R，Horwitz E P，Vandegrift G F，et al. Mass transfer rate through liquid membranes：Interfacial chemical reactions and diffusion as simultaneous permeability controlling factors [J]. Separation Science and Technology，1981，16（2）：201-211.

[6] He D S，Luo X J，Yang C M，et al. Study of transport and separation of Zn(Ⅱ) by a combined supported liquid membrane/strip dispersion process containing D2EHPA in kerosene as the carrier [J]. Desalination，2006，194：40-51.

[7] Danesi P R. Separation of metal species by supported liquidmembranes [J]. Separation Science and Technology，1984，19：857-894.

[8] Danesi P R，Horwitz E P，Rickert P G. Transported of Eu^{2+} through a bis（2- ethylhexyl）phosphoric acid，n-dodecanol solid supported liquid membrane [J]. Separation Science and Technology，1982，17：1183-1192.

[9] 何鼎胜，马铭，曾鑫华，等. 二-(2-乙基己基) 磷酸–煤油液膜萃取锌(Ⅱ) 的动力学分析 [J]. 应用化学，2000，17（1）：47-50.

第5章 分散支撑液膜体系去除及提取废水二价重金属的研究

P_{507}是萃取性能优良、水溶性小、无毒的金属离子萃取剂[1-5]。本章以P_{507}为液膜流动载体，选择PVDF为支撑体，以煤油为膜溶剂，研究了Co(Ⅱ)在有机膦酸-煤油-HCl的分散支撑液膜体系中的迁移过程，探讨影响其迁移的各种因素及机理，为有效治理含Co(Ⅱ)废水提供理论基础。

5.1 实验部分

5.1.1 试剂和仪器

P_{507}商品名PC-88A，由日本大八化学工业公司提供；$CoSO_4$、$NH_3 \cdot H_2O$、NH_4Cl、CH_3COOH、CH_3COONa等均为分析纯；实验用水全部为去离子水。

分散支撑液膜迁移池（自制）由原料池、解析池和支撑体组成。原料池和解析池的容积均为200mL，并配有可调速电动搅拌器；支撑体为PVDF，有效面积为18cm^2；并配置UV-1200型分光光度计（上海惠普达仪器厂）；JJ-1型精密定时电动搅拌器（金坛区西域丹阳门石英玻璃厂）。

5.1.2 实验方法

首先将PVDF置于萃取剂中浸泡吸附一定时间，取出让膜溶剂自然挥发，然后将其固定在迁移池中。其次分别将事先配好的试样原料和萃取剂加到原料池和解析池中，开动原料池和解析池中的搅拌器，再将适量HCl加到解析池中，并开始计时，间隔一定时间进行取样分析。Co(Ⅱ)浓度用分光光度法测定。

5.2 实验原理

金属离子在分散支撑液膜体系中的反应和迁移过程，大致分以下几步。

（1）原料相中的金属离子通过原料相和膜相之间的水扩散层。

（2）在水相-膜相界面，金属离子（Co^{2+}）与载体（HR）发生如下配合反应：

$$M_f^{2+}+\frac{m+n}{2}(HR)_{2,org}\underset{K_{-1}}{\overset{K_1}{\rightleftharpoons}}MR_n\cdot mHR_{(org)}+nH_f^+ \tag{5-1}$$

式中，下标 f 代表水相；下标 org 代表膜相；M_f^{2+}为二价金属离子；$(HR)_2$为在非极性油中主要以二聚体形式存在的萃取剂。

（3）上一步生成的金属离子-载体配合物在膜相扩散。

（4）金属离子-载体配合物扩散到解析相，与解络剂发生如下反应：

$$MR_n\cdot mHR_{(org)}+nH_s^+\underset{K_{-2}}{\overset{K_2}{\rightleftharpoons}}M_s^{2+}+\frac{m+n}{2}(HR)_{2,org} \tag{5-2}$$

式中，右下标 s 代表解络分散相。

（5）载体返回原料相和膜相界面。

假设以上反应均为一级反应，用 K_1、K_{-1}、K_2、K_{-2}分别代表萃取反应与解络反应的正向与逆向反应的速率常数。引用相关文献[5-8]中同样的假设（线性浓度梯度，进入低介电常数支撑液膜的带电物种的浓度可以忽略，渗透的金属物质的浓度较小，连续的界面上的化学反应和稳定状态），可以推导出描述分散支撑液膜中金属离子渗透系数的新方程[9]。

$$P_c=\frac{K_d}{K_dD_f^{-1}+D_0^{-1}+\frac{1}{K_2}\frac{V_s}{V_0}} \tag{5-3}$$

式中，K_d为原料相一侧金属离子的分配比；D_f为金属离子的扩散系数；D_0为膜相的厚度；V_0为膜相的体积；V_s为解络相体积。

由速率常数的定义及方程（5-1）可得

$$K_1=\frac{[H^+]^n[MR_n\cdot mHR]}{[M^{2+}][(HR)_2]^{\frac{m+n}{2}}}=\frac{K_d\cdot[H^+]^n}{[(HR)_2]^{\frac{m+n}{2}}} \tag{5-4}$$

联立式（5-3）及式（5-4）得

$$\frac{1}{P_c}=D_f^{-1}+\left(D_0{}^{-1}+\frac{V_s}{K_2V_0}\right)\frac{[H^+]^n}{[(HR)_2]^{\frac{m+n}{2}}} \tag{5-5}$$

可见，在一定的载体浓度条件下，$1/P_c$ 与 $[H^+]^n$为线性关系，通过直线斜率法可以求出扩散系数以及解析反应的速率常数。

另外，金属离子的传质通量可通过测定原料相中金属离子的浓度随时间 t 的变化速率 dc/dt 而求得。

$$J=-\frac{V_f}{A}\left(\frac{dc_f}{dt}\right)=P_c\cdot c_f \tag{5-6}$$

式中，V_f为原料相体积；A 为膜的有效面积；c_f为原料相中迁移物质的浓度。

积分方程（5-6）得

$$\ln\frac{c_{f(t)}}{c_{f(0)}}=-\frac{A}{V_f}P_c\cdot t \tag{5-7}$$

式中，$c_{f(t)}$和 $c_{f(0)}$分别为 t 时刻及起始时刻原料相中金属离子浓度。通过测定不同条件下金属离子的浓度，以$-\ln(c_t/c_0)$ 对 t 作图，从直线斜率的大小分析各种因素对迁移速率的影响程度。

5.3 结果与讨论

5.3.1 萃取剂与 HCl 体积比对 Co(Ⅱ) 迁移的影响

实验选择原料相 pH=6.0，Co(Ⅱ) 初始浓度为 3.0×10^{-4}mol/L，HCl 浓度为 3.0mol/L，膜溶剂与解络液体积比分别取 180/20、170/30、160/40、150/50、140/60 时对 Co(Ⅱ) 迁移的影响。实验结果如图 5-1 所示。

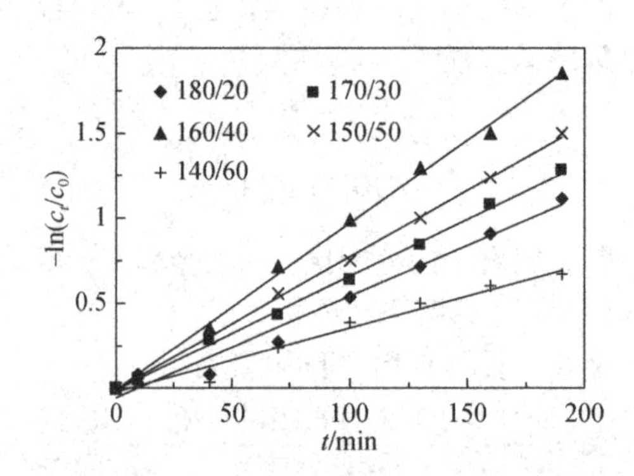

图 5-1　萃取剂与 HCl 体积比对 Co(Ⅱ) 迁移的影响

实验结果表明，在膜溶剂与解络液体积比为 160/40 时，Co(Ⅱ) 得到了很好的迁移，这是因为在分散支撑液膜体系中解络液 HCl 是均匀地分散在萃取剂中的，萃取剂与 HCl 的体积比直接影响 Co(Ⅱ) 的迁移和解络速率。HCl 在解络分散相中占的比例越大，所形成的乳化液越不稳定，不利于 Co(Ⅱ) 的迁移。比例越小，所提供的额外的解络面积也越小，降低了 Co(Ⅱ) 的迁移速率。因此，萃取剂与 HCl 体积比的大小也是影响 Co(Ⅱ) 迁移速率大小的重要因素之一。

5.3.2 HCl 浓度对 Co(Ⅱ) 迁移的影响

实验选择原料相 pH=6.0，Co(Ⅱ) 初始浓度为 3.0×10^{-4}mol/L，解络相中萃取剂与 HCl 体积比为 160/40，考察了解络相中 HCl 浓度分别为 1.0mol/L、2.0mol/L、3.0mol/L、4.0mol/L、5.0mol/L 时对 Co(Ⅱ) 迁移的影响。实验结果如图 5-2 所示。

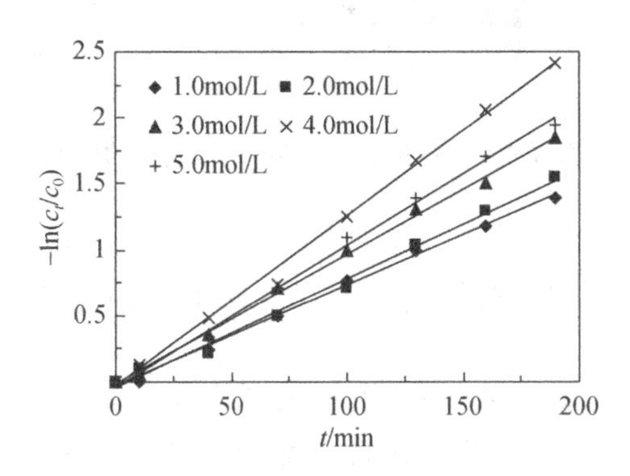

图 5-2 HCl 浓度对 Co(Ⅱ) 迁移的影响

实验结果表明，当解络相中盐酸浓度为 4.0mol/L 时，Co(Ⅱ) 得到了很好的迁移，这是因为 HCl 浓度过大，在解络相中形成的乳化液越不稳定，不利于 Co(Ⅱ) 的迁移。HCl 浓度过小，解络面积减小，不利于 Co(Ⅱ) 的迁移。

5.3.3 原料相 pH 对 Co(Ⅱ) 迁移的影响

实验选取原料相 Co(Ⅱ) 初始浓度为 3.0×10^{-4} mol/L，解络相中萃取剂与 HCl 体积比为 160/40，解络相中 HCl 浓度为 4.0mol/L，萃取剂与 HCl 体积比为 160/40，考察了原料相 pH 分别为 4.5、5.0、5.5、6.0、6.5 时 Co(Ⅱ) 的迁移情况。实验结果如图 5-3 所示。

实验结果表明，当原料相 pH=6. 0 时，Co(Ⅱ) 得到了很好的迁移，这是因为 H^+在原料相与解络相中的浓度差是 Co(Ⅱ) 在分散支撑液膜体系的传质动力，原料相酸度越低，越有利于 Co(Ⅱ) 的迁移。然而，由于解络相使用的解络剂为强酸，当原料相 pH 较高时，两相间较高的 H^+浓度差增强了 H^+透过膜相的渗透作用，不仅严重影响液膜的稳定性，还会影响 Co(Ⅱ) 在组合液膜中的迁移速率。因此，原料相与解络分散相的酸度差是影响 Co(Ⅱ) 传质速率的重要因素之一。

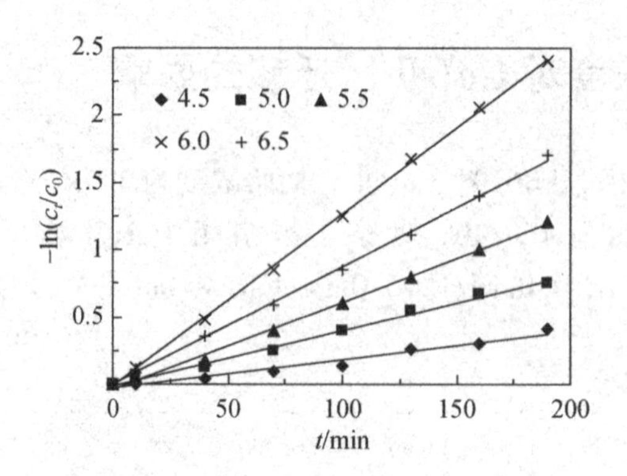

图 5-3 原料相 pH 对 Co(Ⅱ) 迁移的影响

5.3.4 Co(Ⅱ) 初始浓度对 Co(Ⅱ) 迁移的影响

实验选取原料相 pH=6.0、解络相中 HCl 浓度为 4.0mol/L、萃取剂与 HCl 的体积比为 160/40。考察 Co(Ⅱ) 初始浓度为分别取 1.0×10^{-4} mol/L、2.0×10^{-4} mol/L、2.5×10^{-4} mol/L、3.0×10^{-4} mol/L、4.0×10^{-4} mol/L 时 Co(Ⅱ) 的迁移情况，实验结果如图 5-4 所示。

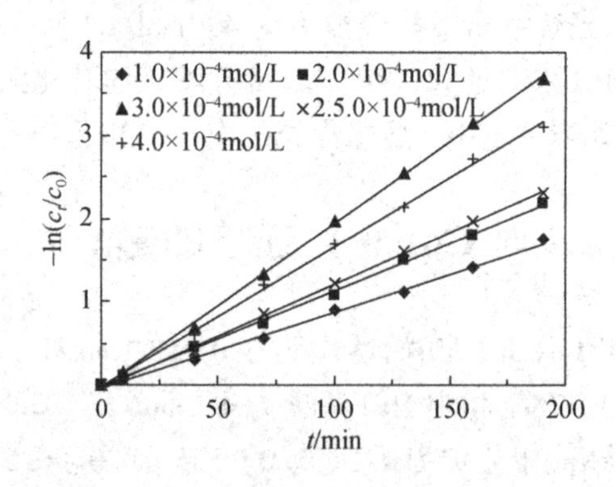

图 5-4 原料相起始浓度对 Co(Ⅱ) 迁移的影响

实验结果表明，当原料相 Co(Ⅱ) 初始浓度为 3.0×10^{-4} mol/L 时 Co(Ⅱ) 迁移效果最好，这是因为由方程式（5-1）可知，在原料相与膜相的界面处，Co(Ⅱ)与 P_{507} 发生化学反应形成络合物。当 Co(Ⅱ) 浓度较小时，平衡左移，导致 Co(Ⅱ) 迁移速率降低，随 Co(Ⅱ) 浓度的增大，平衡向右移动，Co(Ⅱ) 迁移速率逐渐增大。但是 Co(Ⅱ) 的迁移速率还受载体浓度及膜面积的影响。当载体浓度及膜面积一定时，在单位时间迁移的 Co(Ⅱ) 的数目也是一定的，所以 Co(Ⅱ) 的迁移率并不随 Co(Ⅱ) 初始浓度的增大而无限制地增大。因此，Co(Ⅱ)初始浓度的大小也是影响 Co(Ⅱ) 迁移速率大小的重要因素之一。

可见，$-\ln(c_t/c_0)$ 与迁移时间 t 为良好的线性关系，且随 Co(Ⅱ) 初始浓度的增大，其斜率呈增大趋势。结果表明：当 Co(Ⅱ) 浓度高于 3.0×10^{-4}mol/L 时，曲线斜率下降，Co(Ⅱ) 迁移速率降低。因此，Co(Ⅱ) 适宜的初始浓度一般选择在 3.0×10^{-4}mol/L 左右。

5.4 结　　论

(1) 实验表明，P_{507}-煤油-HCl 分散支撑液膜体系对 Co(Ⅱ) 有明显的迁移作用。在该体系中，原料相 pH、Co(Ⅱ) 初始浓度，解络相中 HCl 浓度、萃取剂与 HCl 的体积比都会影响 Co(Ⅱ) 的迁移。

(2) 实验结果表明，当原料 pH=6.0，Co(Ⅱ) 起始浓度为 3.0×10^{-3}mol/L，解络分散相中 HCl 浓度为 4.0mol/L，萃取剂与 HCl 体积比为 160/40 时，Co(Ⅱ) 的迁移效果很好，迁移 190min，迁移速率达到 95%。

(3) 以 P_{507} 为流动载体的分散支撑液膜体系，在解络相中大量使用萃取剂解决了支撑液膜中流动载体的流失问题，提高了 Co(Ⅱ) 的迁移速率，增加了膜的稳定性，延长了膜的使用寿命。

参考文献

[1] 姚秉华，陈静，永长幸雄，等．苯酚在 N-503/煤油支撑液膜体系中的传输分离 [J]．分析科学学报，2006，22 (2)：129-132.

[2] 卿春霞，宗刚，张建民，等．应用厚体液膜法处理含镍废水 [J]．过滤与分离，2006，16 (4)：14-16.

[3] van de Voorde I, Pinoy L, de Ketelaere R F. Recovery of nickel ions by supported liquid membrane (SLM) extraction [J]. Journal of Membrane Science, 2004, 234: 11-21.

[4] 余晓皎，姚秉华，周孝德．液膜法迁移及分离镍(Ⅱ) 的研究 [J]．水处理技术，2003，29 (4)：203-205.

[5] Danesi P R, Horwitz E P, Vandegrift G F, et al. Mass transfer rate through liquid membranes: Interfacial chemical reactions and diffusion as simultaneous permeability controlling factors [J]. Separation Science and Technology, 1981, 16 (2): 201-211.

[6] He D S, Luo X J, Yang C M, et al. Study of transport and separation of Zn(Ⅱ) by a combined supported liquid membrane/strip dispersion process containing D2EHPA in kerosene as the carrier [J]. Desalination, 2006, 194: 40-51.

[7] Danesi P R. Separation of metal species by supported liquidmembranes [J]. Separation Science

and Technology, 1984, 19: 857-894.

[8] Danesi P R, Horwitz E P, Rickert P G. Transported of Eu^{2+} through a bis (2-ethylhexyl) phosphoric acid, n-dodecanol solid supported liquid membrane [J]. Separation Science and Technology, 1982, 17: 1183-1192.

[9] 何鼎胜，马铭，曾鑫华，等. 二-(2-乙基己基) 磷酸-煤油液膜萃取锌(Ⅱ) 的动力学分析 [J]. 应用化学, 2000, 17 (1): 47-50.

第6章 重金属离子在室温熔融盐大块液膜中的提取分离规律

含高浓度的重金属废水进入水体后，会影响水体，危害水生生物，同时会严重危害到人体的健康。因此，研究重金属分离回收技术具有重要的现实意义。室温熔融盐（ILs）是一种新型“绿色溶剂”。本章设计合成了1-丁基-3-甲基咪唑六氟磷酸盐（[BMIM] PF_6）和1-丁基-3-乙基咪唑六氟磷酸盐（[BEIM] PF_6）两种室温熔融盐，并以此代替传统挥发性有机溶剂作为膜溶剂，以 P_{507} 为载体，研究了重金属离子中的Pb(Ⅱ)、Cd(Ⅱ) 和Zn(Ⅱ) 在 P_{507}/室温熔融盐内耦合大块液膜提取体系中的提取规律，考察了不同膜溶剂、原料相pH、膜相载体浓度和解络剂对提取的影响。

液膜分离技术是一种新型的分离技术，但在传统的液膜分离中都要使用有机溶剂，而大多数有机溶剂都具有挥发性，对环境有很大危害，因此影响了它的实际应用。本章针对水体中常见的重金属离子Pb(Ⅱ)、Zn(Ⅱ)、Cd(Ⅱ)，使用室温熔融盐为膜溶剂，进行了内耦合大块液膜分离研究。具体研究内容如下。

（1）以*N*-甲基咪唑、*N*-乙基咪唑、溴代正丁烷、六氟磷酸氨为原料，合成了[BMIM] Br、[BEIM] Br、室温熔融盐[BMIM] PF_4及[BEIM] PF_6，并对中间产物和最终产物进行了红外光谱表征。

（2）将疏水性室温熔融盐用于内耦合液膜中，分别研究Pb(Ⅱ)、Cd(Ⅱ)和Zn(Ⅱ) 的提取规律，考察原料相酸度、初始浓度、膜相溶剂等因素对金属离子提取的影响，优化实验条件，寻找出各自的最佳提取条件。

（3）在单个金属离子提取实验基础上，通过条件的选择和优化，进行共存金属离子之间的分离研究，建立最佳分离条件和方法。

6.1 本章的创新点

（1）建立了微波合成法合成室温熔融盐1-丁基-3-乙基咪唑六氟磷酸盐的新方法，操作简单、省时，有良好的应用前景。

（2）将室温熔融盐这种“绿色溶剂”应用于内耦合大块液膜中，选择 P_{507} 为载体，建立了 P_{507}/室温熔融盐内耦合大块液膜新体系，研究了三种金属离子的提取，取得了较为满意的结果。

6.2 室温熔融盐的制备

在各种室温熔融盐的阳离子中，1-3-二烷基取代咪唑离子研究较早，且其各方面理化性质相关报道较多，因此在用于化学反应的室温熔融盐中，以烷基咪唑类居多。阴离子部分以氟硼酸根、氟磷酸根最为常用。传统的合成室温熔融盐的方法有直接合成法及两步合成法，但是耗时长，产量不高。本节重点介绍烷基咪唑类氟磷酸盐的微波合成。

6.2.1 试剂与仪器

6.2.1.1 实验试剂

溴代正丁烷（化学纯）由上海山浦化工有限公司提供；*N*-甲基咪唑（化学纯）由台州海源化工科技有限公司提供；乙酸乙酯（分析纯）由天津市津北精细化工有限公司提供；六氟磷酸铵（分析纯）由成都科龙化工试剂厂提供；*N*-乙基咪唑（分析纯）由台州海源科技化工有限公司提供。实验所用水均为去离子水。

6.2.1.2 实验仪器

实验所用仪器包括微波合成仪（MAS-Ⅰ，上海新仪微波化学科技有限公司）；旋转蒸发仪（RE-52A，上海亚荣生化仪器厂）；数显恒温磁力搅拌器（HJ-3，常州国华电器有限公司）；红外分析仪（FTIR-8900，日本岛津公司）；紫外可见分光光度计（UV-1200，上海美谱达仪器有限公司）；电热恒温干燥箱（202-1AB，上海亚荣生化仪器厂）；电子分析天平（AY-120，日本岛津公司）。

6.2.2 实验原理

6.2.2.1 中间体［BMIM］Br 和［BEIM］Br 的合成

N-烷基咪唑与溴代正丁烷合成反应实质上是在*N*-烷基咪唑中的三级氮原子上生成四级铵盐的季铵化反应。由于*N*-烷基咪唑环上的三级氮原子有一对孤对电子，因此其本身就是亲核体，合成反应又可看作亲核体（*N*-烷基咪唑）与中

性极化分子（C_4H_9Br）之间的反应。C_4H_9Br 的 C—Br 键可以发生均裂和异裂，分别生成自由基 · C_4H_9 或碳正离子 $C_4H_9^+$，它们都能马上受到亲核体（*N*-烷基咪唑）的进攻，生成稳定的产物溴化1-丁基-3-甲基咪唑盐。

由于反应体系的极性较大，随着反应产物［BMIM］Br 或［BEIM］Br 的生成，反应体系极性增加，使由自由基发生反应的可能性迅速减小，因此合成反应主要以碳阳离子与亲核体反应生成产物（图6-1，图6-2）。

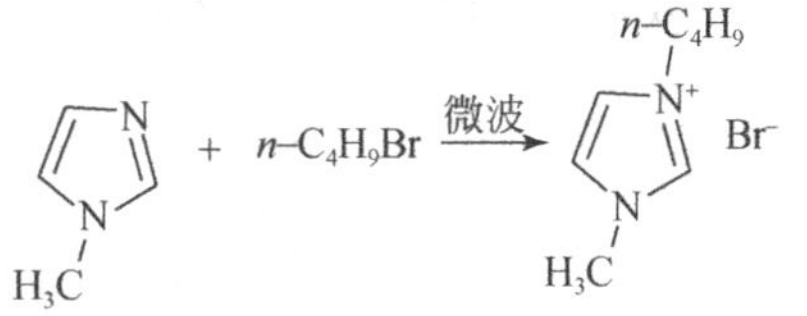

图6-1　中间体［BMIM］Br 的合成路线

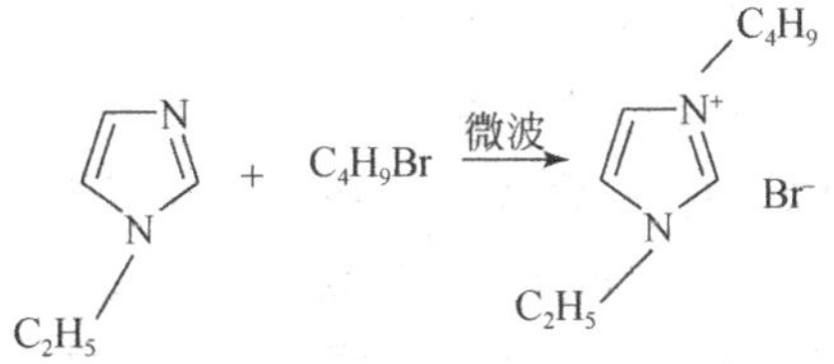

图6-2　中间体［BEIM］Br 的合成路线

6.2.2.2　室温熔融盐［BMIM］PF_6的合成

憎水性室温熔融盐［BMIM］PF_6的合成是中间体［BMIM］Br 与 NH_4PF_6发生置换反应（图6-3）。

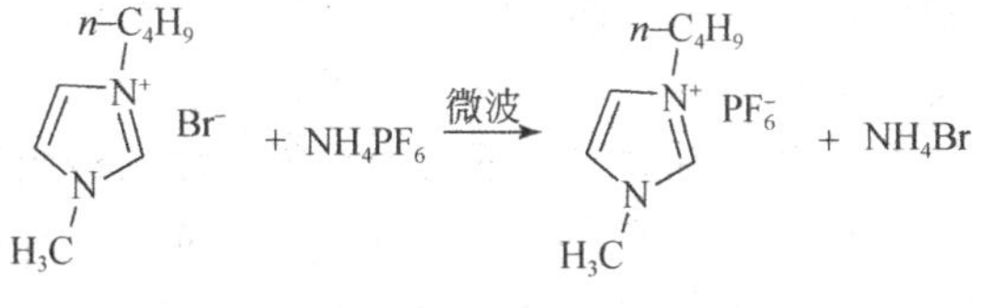

图6-3　［BMIM］PF_6的合成路线

6.2.2.3　室温熔融盐［BEIM］PF_6的合成

室温熔融盐［BEIM］PF_6的合成也是中间体［BEIM］Br 与 NH_4PF_6发生置换

反应（图6-4）。

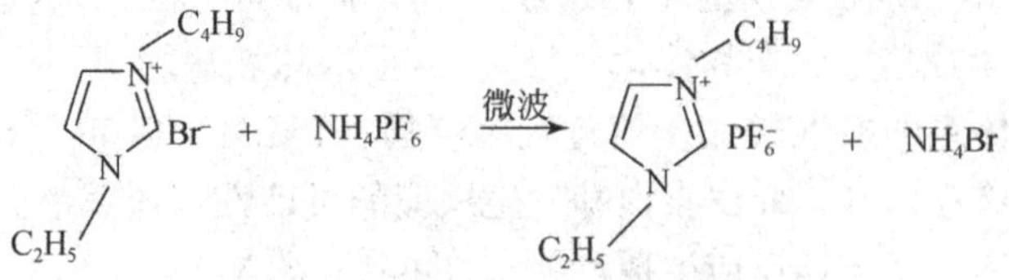

图6-4　［BEIM］PF_6的合成路线

6.2.3　实验步骤

6.2.3.1　室温熔融盐的制备

（1）实验原料的预处理：*N*-甲基咪唑和*N*-乙基咪唑放入恒温电热干燥箱干燥脱水；溴代正丁烷用五氧化二磷干燥蒸馏后备用。

（2）中间体［BMIM］Br的合成[1]：在100mL圆底烧瓶中加入8.21g *N*-甲基咪唑（0.1mol，8mL），15.01g溴代正丁烷（0.11mol，12mL），二者物质的量比为1∶1.1，放入微波合成仪中，冷凝回流。反应条件：时间3min，温度70℃，功率400W。

（3）中间体［BEIM］Br的合成：100mL圆底烧瓶中加入*N*-乙基咪唑、溴代正丁烷，二者物质的量比为1∶1.1，放入微波合成仪中，冷凝回流。反应条件：时间3min，温度75℃，功率300W[2]。

两者合成现象类似，开始反应2min内溶液基本无变化，随着温度升高，烧瓶内的溶液开始沸腾，液体颜色由淡黄色透明变为棕黄色透明。温度继续升高，剧烈反应一次，溶液颜色进一步加深，同时变得黏稠，颜色变为深色，直至反应完毕。待圆底烧瓶冷却后拿出，可以观察到圆底烧瓶内的液体分两层，上层为极少的白色浑浊液体，为未反应的原料，下层为颜色较深的透明液体。将产物用乙酸乙酯洗3次，除去未反应完的物质，然后放入旋转蒸发仪减压蒸馏，温度设置为70℃，蒸出乙酸乙酯，最终得到［BMIM］Br的颜色为深黄色，而［BEIM］Br的颜色为深棕色，比［BMIM］Br颜色略深。

（4）［BMIM］PF_6的合成：称取与制得的［BMIM］Br等物质的量的NH_4PF_6，加去离子水使其充分溶解，与［BMIM］Br一同放入100mL圆底烧瓶中，振荡摇匀，溶液分为两层，上层为白色浑浊水层，下层为黏稠的棕黄色油状液体。置入微波合成仪中，冷凝回流。反应条件：时间5min，温度90℃，功率300W。得到的产物后用水洗多次，除去生成的无机盐 NH_4Br 和未反应的原料，直至无浑浊现象，放入旋转蒸发仪中，温度设置为86℃，蒸出多余的水分，得到黄色黏稠液体，即为最终产物。

（5）［BEIM］PF_6的合成。称取与制得的［BEIM］Br等物质的量的 NH_4PF_6，加去离子水使其充分溶解，一同放入圆底烧瓶中，摇匀使其充分混合，置入微波合成仪中。反应条件：时间4min，温度95℃，功率300W。得到的产物后用水洗多次，直至无浑浊现象，蒸出多余的水分，得到比［BMIM］PF_6颜色略深的金黄色黏稠液体，即为最终产物。

6.2.3.2 室温熔融盐的红外光谱表征

为确定最终产物为所需的室温熔融盐，本章对最终产物进行了红外光谱表征。在之前的文献中，红外表征最多的即咪唑类室温熔融盐中的［BMIM］PF_6及其中间体。所以本章首先选择了已发表文献中的［BMIM］PF_6[3]及其中间体[4]的红外光谱图作为标准光谱图，然后将其与本章所作光谱图进行对照分析（图6-5）。

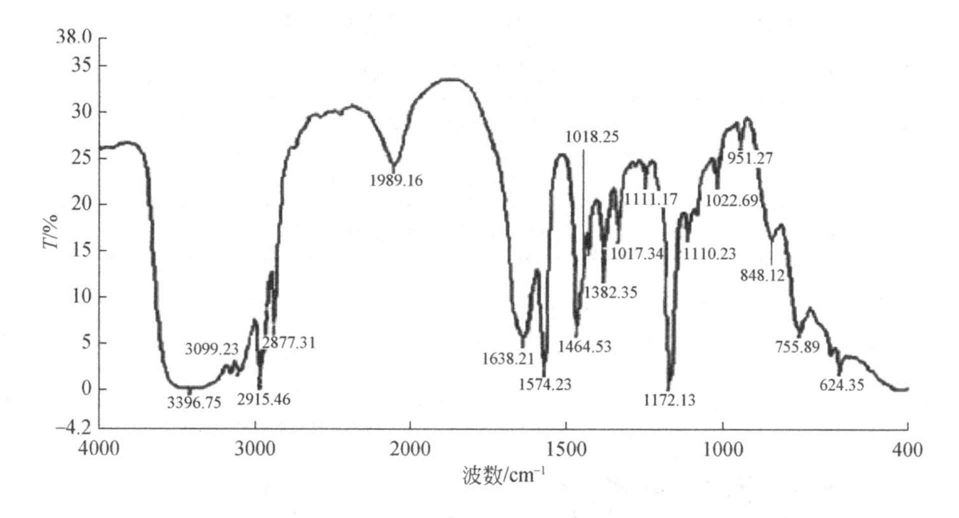

图6-5 ［BMIM］Br的标准红外谱图

实验过程中采用KBr压片法制备试样，测定波数范围4000～400cm^{-1}。［BEIM］Br、［BMIM］PF_6和［BEIM］PF_6的实验结果如表6-1、表6-2及图6-6～图6-8所示。实验证明最终产物即为所需室温熔融盐。

表 6-1 室温熔融盐［BEIM］Br 的红外光谱数据

吸收带的波数/cm^{-1}	谱带归属
3440	O—H 伸缩振动和 Br…H 分子间氢键
1571、1464	咪唑环上 C═N 的伸缩振动和芳香骨架振动
1170	咪唑环的伸缩振动
3140、3072	咪唑环上 C—H 伸缩振动
750	咪唑环上的 C—H 面外摇摆弯曲振动
875	咪唑环上的 C—H 面内摇摆弯曲振动
2960、2870	咪唑环取代基上 C—H 伸缩振动

表 6-2 室温熔融盐［BEIM］PF_6 的红外光谱数据

吸收带的波数/cm^{-1}	谱带归属
3170、3124	咪唑环上 C—H 伸缩振动的特征峰
2934、2877、2966	脂肪链上 C—H 的伸缩振动吸收峰
1569、1457	芳香骨架振动的吸收峰
1467、1385	MeC—H 变形振动
1169	咪唑环 C—H 面内变形振动
839	P—F 的典型特征吸收峰

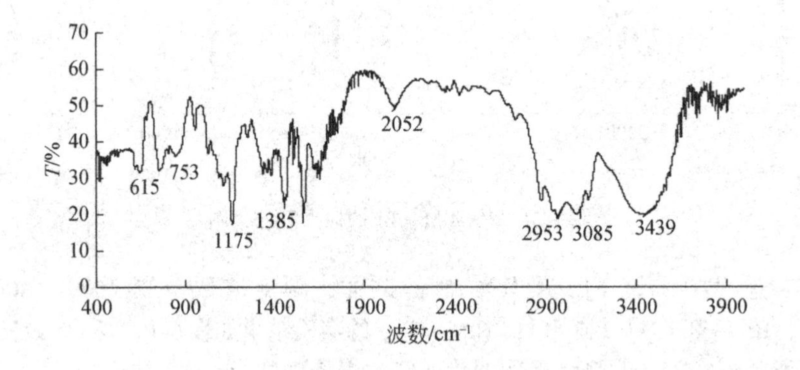

图 6-6 ［BEIM］Br 的红外光谱图

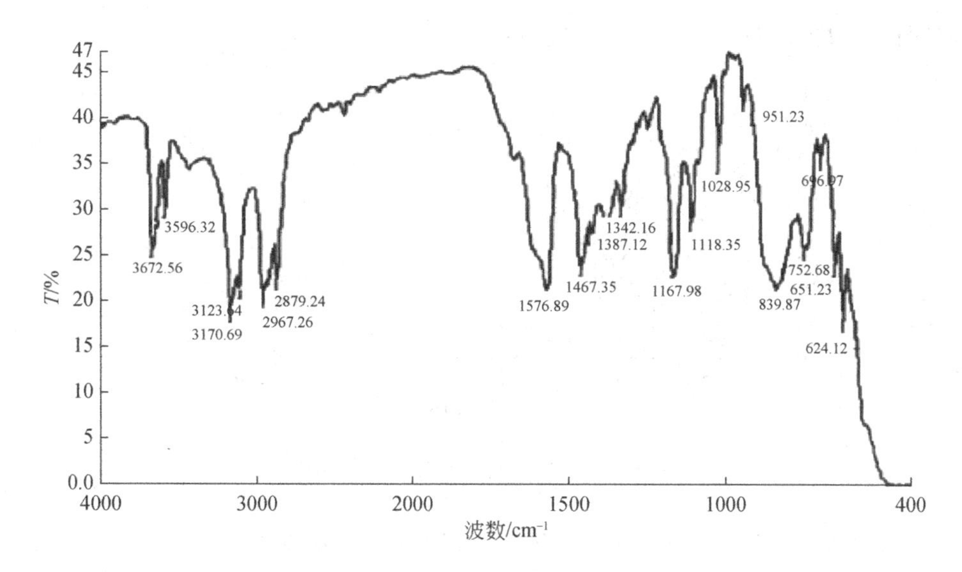

图 6-7 ［BMIM］PF_6的标准谱图

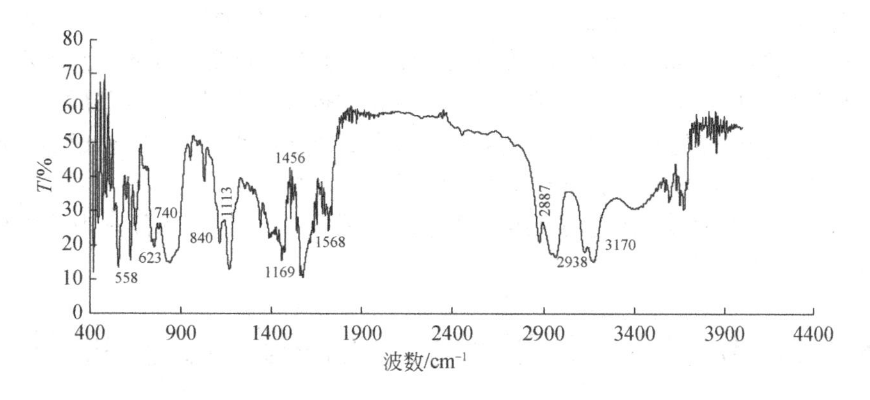

图 6-8 ［BMIM］PF_6的红外光谱图

将实验所得红外谱图与标准谱图进行对照分析。［BEIM］Br 的红外光谱图在 3450cm^{-1}有吸收谱带，同时看到与一般 O—H 吸收峰相比，吸收谱带变窄变强，故推测除了 O—H 特征吸收外，是由于［BMIM］Br 内还存在 Br⋯H 分子间氢键。两幅图 3400cm^{-1}附近均能观察到此峰。在 4000～2000cm^{-1}波数范围能观察到的 C—H 伸缩振动吸收谱带中，大于 3000cm^{-1}处的峰是芳香不饱和 C—H 伸缩振动引起的，而 3000～2800cm^{-1}波数范围是饱和的 C—H 伸缩振动频率区。

从［BMIM］PF_6的标准红外谱图中可以看到芳香环骨架振动、环内 C—H 键的面内变形振动等特征吸收峰。与本章实验中所得红外谱图对比，同样可以看到其特征吸收峰，如图 6-8 和图 6-9 所示。

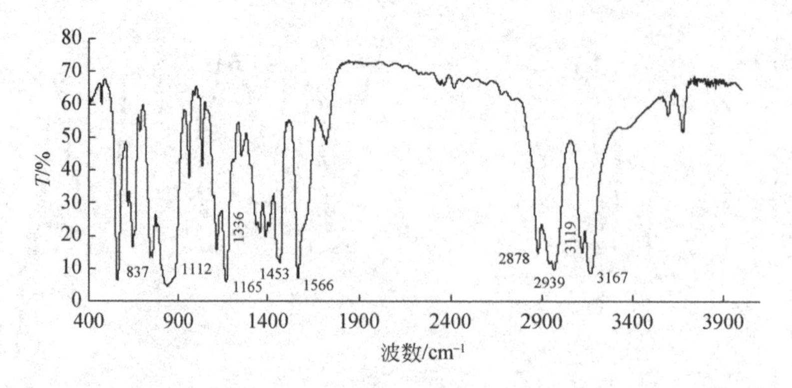

图 6-9　[BMIM] PF_6的红外光谱图

与中间产物类似，在 4000 ~ 2000cm^{-1}波数范围可观察到的 C—H 伸缩振动吸收谱带中，大于 3100cm^{-1}的峰是芳香不饱和 C—H 的伸缩振动引起的，而 3000 ~ 2700cm^{-1}波数范围为饱和的 C—H 伸缩振动频率区。

PF_6^-是一种配合性较弱的阴离子，不能与其他离子形成强的氢键。[BMIM] PF_6的红外光谱图在 3100 ~ 3000cm^{-1}波数范围没有氢键吸收谱带。因此，红外谱图的结果与产物 [BMIM] PF_6无氢键相一致。这就意味着，阴阳离子间的库仑力将影响整个结构，局部的空间定位影响离子的最终定位，这使 PF_6^-的定位成为室温熔融盐磷酸类室温熔融盐具有憎水特性的原因。

以上将实验所得谱图与标准谱图相比较可得，合成的产物分别为 [BMIM] PF_6及 [BEIM] PF_6。

6.3　Pb(Ⅱ) 在内耦合大块液膜中的提取研究

铅是人类最早使用的金属之一，主要用于制造铅蓄电池、放射性辐射的防护设备。但是铅无法再降解，一旦排入环境很长时间仍然保持其可用性。铅由于对许多生命组织有较强的潜在毒性，因此一直被列为强污染物范围。急性铅中毒症状为胃疼、头痛、颤抖，严重情况下，可致死亡。在低浓度下，铅的慢性长期健康效应表现为影响大脑和神经系统。因此，对日常排放水中Pb(Ⅱ)浓度进行严格控制尤为重要。

6.3.1　实验试剂

室温熔融盐为自制提供；邻苯二甲酸氢钾（分析纯）为西安化学试剂厂提

供；硝酸铅（分析纯）为天津市耀华化学试剂有限责任公司提供；P_{507}（分析纯）为日本八大化学工业公司提供；4-(2-吡啶偶氮)-间苯二酚钠（分析纯）为西安化学试剂厂提供；$NH_3 \cdot H_2O$（分析纯）为西安三浦精细化工厂提供；NH_4Cl（分析纯）为西安三浦精细化工厂提供；盐酸（分析纯）为西安三浦精细化工厂提供。实验用水均为去离子水。

6.3.2 实验仪器

实验仪器包括电子分析天平（AY-120，日本岛津公司）；电子天平（JD1000-2，沈阳龙腾电子有限公司）；电热恒温干燥箱（202-1AB，上海亚荣生化仪器厂）；酸度计（PHS-3C，上海康仪仪器有限公司）；可见分光光度计［WFJ2100，尤尼柯（上海）仪器有限公司］；纯净水装置［MUL-9000，总馨（台湾）企业有限公司］；控温磁力搅拌器（85-2，江苏丹阳门科教仪器厂）；内耦合液膜实验装置（自制）(图6-10)。

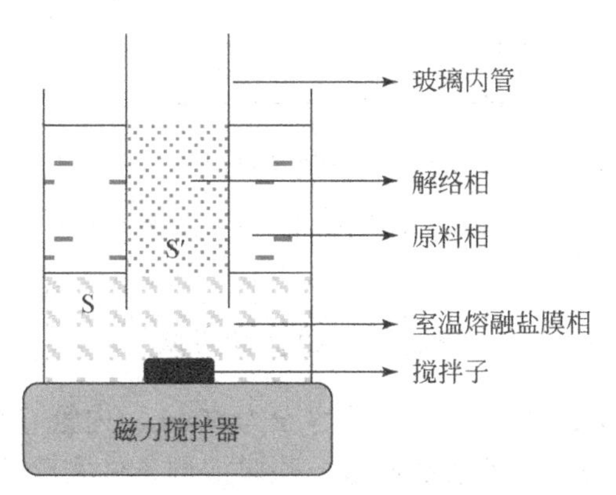

图6-10 大块液膜提取装置示意图

6.3.3 实验原理

二阶重金属在液膜体系中的提取机理如第4章和第5章所述。

6.3.4 实验步骤

6.3.4.1 Pb(Ⅱ) 的分光光度法测定

在5个10mL比色管中分别配置 1×10^{-5}mol/L、3×10^{-5}mol/L、5×10^{-5}mol/L、

7×10^{-5}mol/L、1×10^{-4}mol/L浓度的金属离子溶液，分别加入1mL 3×10^{-3}mol/L浓度的4-(2-吡啶偶氮)-间苯二酚钠（PAR，棕红色粉末（易溶于水、酸性和碱性溶液，在碱溶液中不稳定；溶于醇，在乙醇溶液中很稳定；不溶于三氯甲烷、甲苯；能与多种金属生成红色络合物)。用作络合滴定的指示剂的5mL NH_3-NH_4Cl缓冲溶液5mL pH为9.2的NH_3-NH_4Cl缓冲溶液，稀释至10mL。参比溶液为1mL同浓度的PAR、5mL NH_3-NH_4Cl缓冲溶液，稀释至10mL。Pb(Ⅱ)最大吸收波长为520nm，定量方法采用标准曲线法。实验表明，金属离子在测定浓度范围内，吸光度（A）与浓度为良好的线性关系，如图6-11所示。

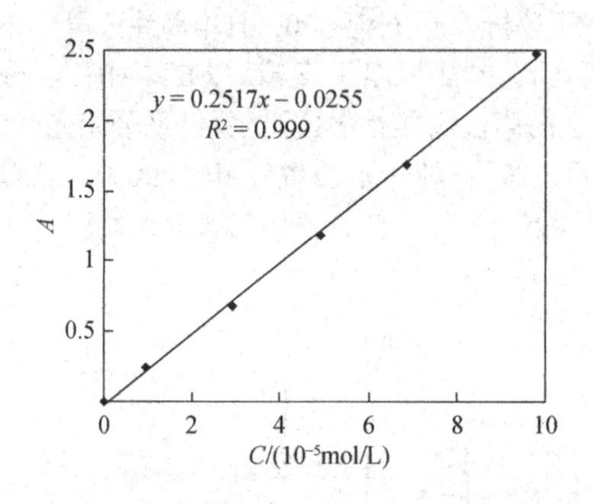

图6-11　Pb(Ⅱ)标准曲线

6.3.4.2　Pb(Ⅱ)在大块液膜中的提取实验

提取装置如图6-10所示，反应器容量为50mL，内管直径为25mm，膜相体积为20mL（含P_{507}的室温熔融盐溶液，除膜溶剂条件实验外，膜相室温熔融盐均使用［BMIM］PF_6，同时加1mL三氯甲烷促溶)，原料相体积为15mL，解络相体积为5mL。金属离子与载体在界面S络合，通过室温熔融盐相到达界面S′，在界面S′发生解络反应，金属离子进入解络相，而载体因浓度差异又回到界面S。同时为加快金属离子的提取速率，室温熔融盐相使用磁力搅拌，提取体系温度为室温。原料相使用邻苯二甲酸氢钾-盐酸（浓度均为0.5mol/L）来调节原料相所需pH。实验前原料相和解络相均用室温熔融盐平衡，每隔20min进行一次取样分析。

室温熔融盐可反复使用，使用前用2mol/L盐酸，相比为1∶1，振荡平衡1h。

6.3.5 结果与讨论

载体的选择：实验最初尝试了铅试剂二硫腙作为大块液膜的载体，但二硫腙溶液溶于室温熔融盐后由之前的深绿色立刻变为红色，与室温熔融盐反应较明显。综合在室温熔融盐中的溶解度、萃取性能、解络等因素，最后选择了有机膦试剂 P_{507} 作为载体。

P_{507} 对许多金属离子来说具有良好的萃取性能，且在一定的解络条件下，金属离子较易从载体形成的配合物中解析出来[5]。P_{507} 的分子结构式如图 6-12 所示。

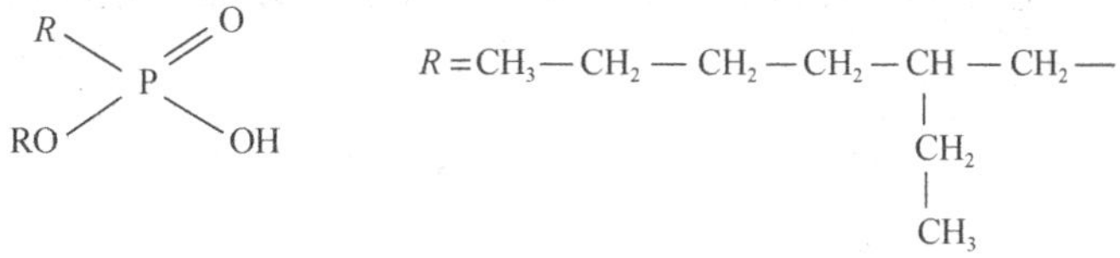

R(RO)P(=O)OH　　$R = CH_3—CH_2—CH_2—CH_2—CH(CH_2CH_3)—CH_2—$

图 6-12　P_{507} 的分子结构式

6.3.5.1　不同溶剂对 Pb(Ⅱ) 提取率的影响

分别选取［BMIM］PF_6、［BEIM］PF_6 作为金属离子提取膜溶剂。在两种提取体系中，选择 Pb(Ⅱ) 初始浓度为 2.5×10^{-4} mol/L，pH 为 3.6，载体浓度为 0.015mol/L，解络相为 2mol/L 的 HNO_3，提取时间为 120min，考察不同膜溶剂时 Pb(Ⅱ) 的提取率，结果如图 6-13 所示。

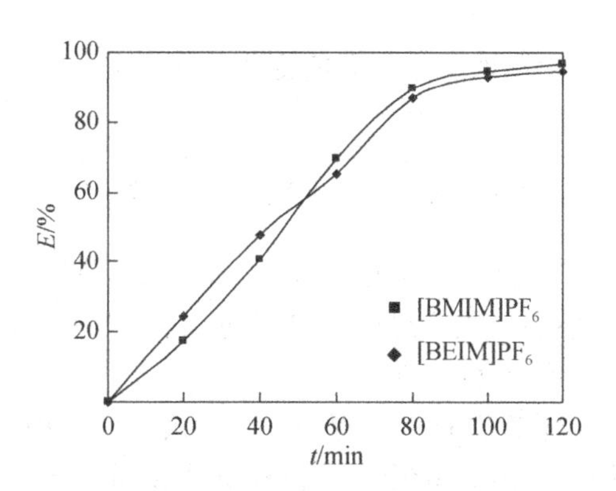

图 6-13　膜溶剂对 Pb(Ⅱ) 提取率的影响

由图 6-13 可以看出，提取的初始阶段，在以［BEIM］PF_6 为膜溶剂的提取体系中，Pb(Ⅱ) 的提取率要略低于以［BMIM］PF_6 为膜溶剂的提取体系；在提取的最后阶段，即80min后，［BEIM］PF_6提取体系中，Pb(Ⅱ）的提取率略高于［BMIM］PF_6提取体系。这是因为［BEIM］PF_6在咪唑环上的碳链比［BMIM］PF_6长，从而疏水性更强。随着提取的进行，金属离子络合物更趋于进入膜相，更有利于金属离子的提取。但是，由于其疏水性强，金属离子在以［BEIM］PF_6为膜相溶剂时，其解络效果不好，从而导致金属离子在［BEIM］PF_6膜相中的残留较多。因此，本试验选择［BMIM］PF_6为膜相溶剂。

6.3.5.2 提取时间的确立

选择原料相Pb(Ⅱ）初始浓度为2.5×10^{-4}mol/L，载体浓度为0.01mol/L，pH为3.1，在室温下进行提取，对Pb(Ⅱ）的提取随时间的变化进行了测定，结果如图6-14所示。

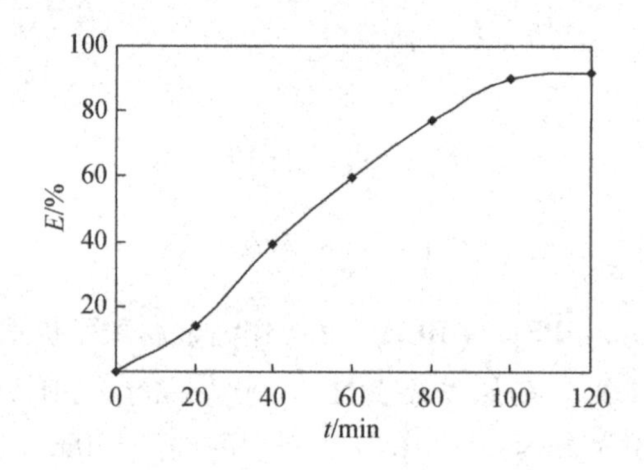

图6-14 迁移时间对Pb(Ⅱ）提取率的影响

结果表明，Pb(Ⅱ）提取率随时间的变化逐渐增大，在$t>100$min时，提取率增长缓慢。最终确定提取时间为120min。

6.3.5.3 原料相pH对Pb(Ⅱ）提取率的影响

选择原料相Pb(Ⅱ）初始浓度为2.5×10^{-4}mol/L，载体浓度为0.01mol/L，提取时间为120min，在室温下进行提取，对不同pH条件下Pb(Ⅱ）提取率随时间的变化进行分析，结果如图6-15所示。

结果表明，在不同酸度条件下，保持载体浓度不同，提取时间相同，在室温下进行提取，Pb(Ⅱ）的提取率随原料相pH的变化而变化。测得在不同pH条件下的提取率如下：$E=65.5\%$，pH=2.0；$E=72.4\%$，pH=2.5；$E=92\%$，pH=3.1；$E=94.4\%$，pH=3.6；$E=87.8\%$，pH=4.3。可以看出，Pb(Ⅱ）的提取率先随pH的增大而增大，但当pH>4时，提取率反而降低，Pb(Ⅱ）水解生成$Pb(OH)_n^{2-n}$影响提取。因此，本实验选择3.6为最佳pH条件。

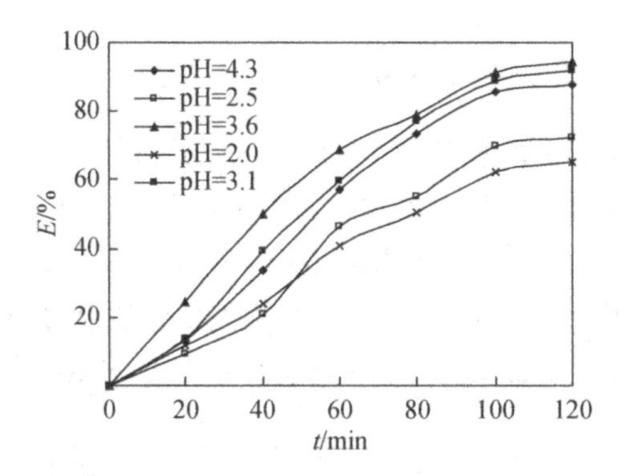

图6-15 料液相 pH 对 Pb(Ⅱ) 提取率的影响

6.3.5.4 载体浓度对 Pb(Ⅱ) 提取率的影响

选择原料相 Pb(Ⅱ) 初始浓度为 2.5×10^{-4} mol/L，pH 为 3.6，提取时间为 120min，在室温下进行提取，对不同载体浓度条件下 Pb(Ⅱ) 提取率随时间的变化进行分析，结果如图 6-16 所示。

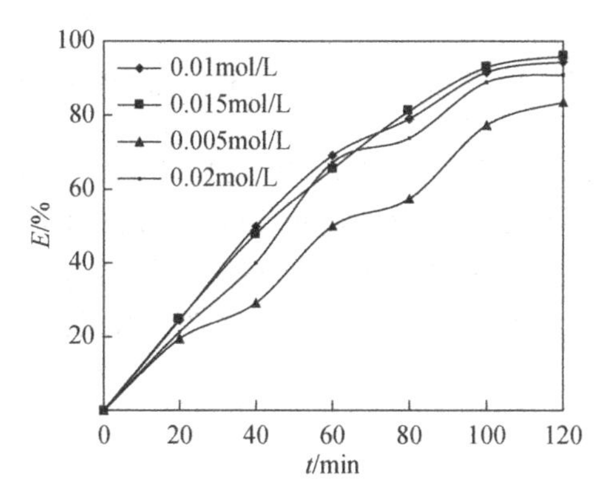

图6-16 载体浓度对 Pb(Ⅱ) 提取率的影响

结果表明，在原料相 Pb(Ⅱ) 初始浓度一定，pH 相同，提取时间为 120min，室温下进行提取，Pb(Ⅱ) 的提取率随载体浓度增大而增大，因为当载体体积分数过低时，载体与 Pb(Ⅱ) 反应形成的络合物大量减少，造成液膜相内络合物的浓度梯度减缓，从而导致整个传质过程变得十分缓慢。而当载体浓度继续增大，增大到大于 0.02mol/L 时，提取率明显减小。这是因为当载体浓度达到一定值时，界面浓度接近饱和，扩散过程将起决定作用，载体浓度的增加反而影响了金属离子的提取，所以最终选择载体浓度为 0.015mol/L。

6.3.5.5 解络剂酸度对 Pb(Ⅱ) 提取率的影响

在实验最初选择了3种酸对 Pb(Ⅱ) 的提取进行了考察。其中，H_2SO_4中的SO_4^{2-}与Pb(Ⅱ) 会生成沉淀，盐酸中Cl^-与Pb(Ⅱ) 发生络合，影响分光光度法对Pb(Ⅱ) 的测定。最终，选择HNO_3作为解络剂。但是浓度太大的HNO_3氧化性较强，特别是，当HNO_3浓度大于3mol/L时，会将室温熔融盐中的PF_6^-氧化为PO_4^{3-}[6]，所以最终选取0.5mol/L、1mol/L、1.5mol/L、2mol/L的HNO_3进行实验（图6-17）。

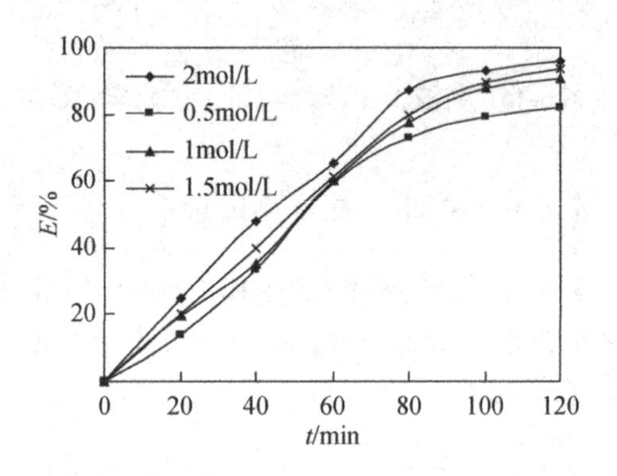

图6-17 解络相酸度对 Pb(Ⅱ) 提取率的影响

当解络剂HNO_3浓度在1.5～2.0mol/L变化时，其浓度对原料相中Pb(Ⅱ) 浓度随时间变化关系影响不大。由物料衡算可知，Pb(Ⅱ) 在液膜相中的积累也较少，Pb(Ⅱ) 更多地从原料相中进入解络相。当解络剂HNO_3浓度为0.5mol/L时，液膜相中Pb(Ⅱ) 积累较多，传质速率下降。因此，解络剂HNO_3的适宜浓度为2.0mol/L。

6.3.5.6 滞留实验

大块液膜体系在对金属离子的提取过程中存在滞留现象。

本实验采用P_{507}/［BMIM］PF_6室温熔融盐体系对Pb(Ⅱ) 提取进行了滞留实验。选择原料相中Pb(Ⅱ) 浓度为2.5×10^{-4} mol/L，pH为3.6，载体浓度为0.015mol/L，解络相HNO_3浓度为2mol/L。在Pb(Ⅱ) 提取过程中观察滞留现象，即在提取时间为120min内，原料相和解络相中Pb(Ⅱ) 浓度之和在大约20min时出现了一个最低值，这说明Pb(Ⅱ) 在室温熔融盐相中有一定程度的滞留，但当反应超过40min时，由于Pb(Ⅱ) 通过膜的量逐渐增大，Pb(Ⅱ) 在膜的滞留量逐渐减小，但提取结束后，仍有少量金属离子滞留在膜中。滞留现象如图6-18所示。

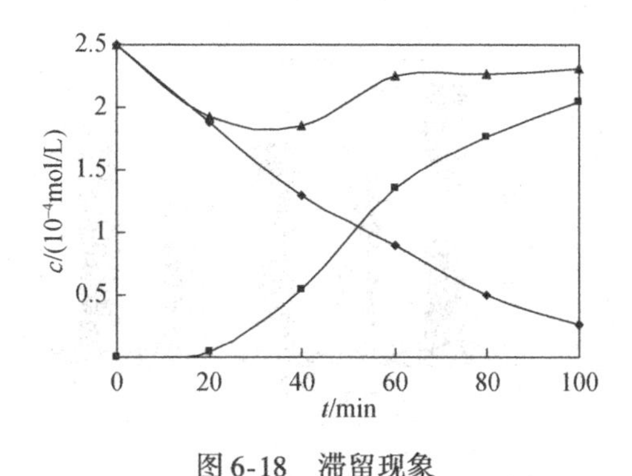

图6-18 滞留现象

◆原料相 Pb(Ⅱ)浓度；■解络相 Pb(Ⅱ)浓度；▲Pb(Ⅱ)总浓度

6.3.5.7 室温熔融盐的循环使用

与其他溶剂相比，室温熔融盐具有很多特点。它无毒、无显著蒸气压、对环境友好、无可燃性、导电性好且电化学窗口宽、熔点低且液态区间宽、热稳定性好、可溶解多种有机物及无机物，因而被誉为绿色溶剂。但由于与传统挥发性溶剂相比，室温熔融盐的合成成本较高，限制了它的广泛应用，因此对室温熔融盐的循环再利用具有很重要的现实意义。本章针对这点在提取金属离子的同时对室温熔融盐的循环使用进行了实验。

选择之前条件实验所确定的最佳条件，即 pH 为3.7，载体浓度为0.015mol/L，原料相 Pb(Ⅱ)初始浓度为2.5×10^{-4}mol/L，提取时间为120min，在同样的提取条件下做5次提取实验，在室温下进行。

由图6-19可以看出，在使用4次后室温熔融盐对金属离子的提取能力出现了明显的降低，甚至提取率刚过半。但若对使用4次后的室温熔融盐进行旋转蒸发，以除去其中的水，其对金属离子的提取率有很大的回升。因此，在此类水相-室温熔融盐的两相萃取体系中室温熔融盐可作为萃取相被循环利用，有利于室温熔融盐在金属离子萃取应用中的深入研究。

综上所述，我们系统地研究了P_{507}/室温熔融盐大块液膜体系提取 Pb(Ⅱ)所需要的时间，原料相酸度、解络相HNO_3浓度、载体浓度、对 Pb(Ⅱ)提取率的影响及 Pb(Ⅱ)在P_{507}/室温熔融盐液膜体系中的滞留现象；对使用后且处理后的室温熔融盐进行了红外光谱表征，并考察了其循环利用情况。实验结果表明，P_{507}/室温熔融盐大块液膜体系对 Pb(Ⅱ)有显著的富集作用；在最佳提取条件下，Pb(Ⅱ)的最大提取率可达95%。P_{507}的浓度、外水相 pH、解络相HNO_3浓度均会影响 Pb(Ⅱ)的提取率。增加载体浓度，提取率可明显提高。外水相 pH 控制在3.5左右，载体浓度为0.015mol/L，解络相HNO_3浓度为2mol/L 可获得较

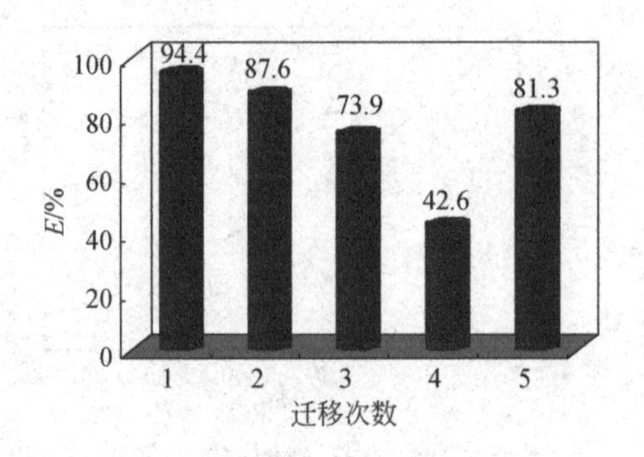

图6-19　提取次数对迁移率的影响

高的提取率。使用后的室温熔融盐经过一系列处理后，从其红外光谱可以看出其成分结构均未改变，并且其可以被反复利用，对其工业普及具有重要意义。

6.4　Cd(Ⅱ) 在室温熔融盐大块液膜中的提取研究

镉与它的同族元素汞和锌相比，被发现的时间晚得多。镉是一种剧毒的重金属。但是镉在工业中广泛用于电镀，并用于充电电池、电视映像管、黄色颜料及塑料的安定剂等。镉化合物可用于杀虫剂、杀菌剂、颜料、油漆等制造业。绝大多数淡水的含镉量低于 1μg/L，海水中镉的平均溶度为 0.15μg/L。镉的主要污染源是电镀、采矿、冶炼、染料、电池和化学工业等排放的废水。

6.4.1　实验试剂

硝酸镉（分析纯）由天津市耀华化学试剂有限责任公司提供；NaOH（分析纯）由天津市化学试剂六厂提供。其他同 6.3.1 节。

6.4.2　实验仪器

同 6.3.2 节。

6.4.3　实验原理

实验原理同 3.2.3 节。

6.4.4 实验步骤

在5个10mL比色管中分别配置1×10^{-5}mol/L、2×10^{-5}mol/L、4×10^{-5}mol/L、8×10^{-5}mol/L、1×10^{-4}mol/L浓度的金属离子溶液，分别加入1mL 3×10^{-3}mol/L浓度的PAR，用pH为9.2的NH_3-NH_4Cl缓冲溶液定容至10mL。参比溶液为1mL同浓度的PAR，缓冲溶液NH_3-NH_4Cl定容至10mL。Cd(Ⅱ)最大吸收波长为500nm，定量方法采用标准曲线法。实验表明，金属离子在测定浓度范围内，吸光度与浓度表现出良好的线性关系（图6-20），能满足实验要求。

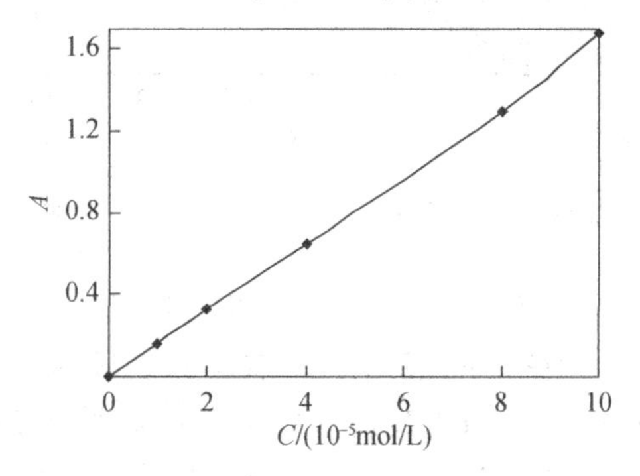

图6-20 Cd(Ⅱ)标准曲线

提取装置如图6-10所示，金属离子与载体在界面S络合，通过室温熔融盐相到达界面S′，在界面S′发生解络反应，金属离子进入解络相，而载体因浓度差异又回到界面S。同时为加快金属离子的提取速率，室温熔融盐相使用磁力搅拌，提取体系温度为室温。原料相使用邻苯二甲酸氢钾–氢氧化钠（浓度均为0.5mol/L）来调节原料相所需的不同pH。实验前原料相和解络相均用室温熔融盐平衡，每隔20min进行一次取样分析。

反应器容量为50mL，内管直径为25mm，膜相体积为20mL（含P_{507}的[BMIM] PF_6室温熔融盐溶液，同时加1mL三氯甲烷溶液促溶），原料相体积为15mL，解络相体积为5mL。提取后金属离子浓度采用分光光度法分析测定。室温熔融盐可反复使用，使用前用2mol/L HCl，相比为1:1，振荡平衡1h。

6.4.5 结果与讨论

6.4.5.1 不同膜溶剂对Cd(Ⅱ)提取率的影响

在此Cd(Ⅱ)提取实验中，膜相室温熔融盐分别选取[BMIM] PF_6、

［BEIM］PF_6作为金属离子提取膜溶剂。在两种提取体系中，选择 Cd(Ⅱ) 初始浓度为2.5×10^{-4}mol/L，pH 为 5.2，载体浓度为 0.02mol/L，解络相为 2mol/L H_2SO_4，提取时间为120min，考察不同膜溶剂时 Cd(Ⅱ) 的提取率（图6-21）。

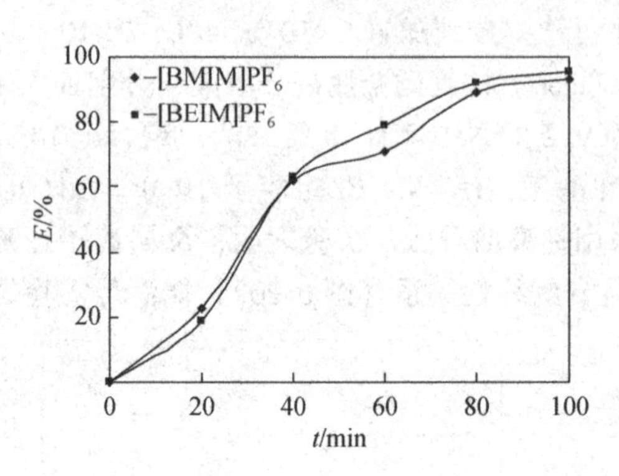

图6-21　膜溶剂对 Cd(Ⅱ) 提取率的影响

如图6-21所示，Cd(Ⅱ) 在［BMIM］PF_6和［BEIM］PF_6两种提取体系中的提取情况与 Pb(Ⅱ) 在不同溶剂下提取率条件实验相似，进一步证明了［BMIM］PF_6和［BEIM］PF_6由于其疏水性不同对金属离子提取率影响的不同：［BEIM］PF_6疏水性强，从而有利于金属离子的提取，但是它们的提取率相差并不大。但从解络率来看，选择［BMIM］PF_6作为膜溶剂时要明显高于［BEIM］PF_6，这说明金属离子最后在［BEIM］PF_6作为溶剂时在膜相中的残留较为严重，所以在以后 Cd(Ⅱ) 的提取实验中均选取［BMIM］PF_6作为膜相溶剂。

6.4.5.2　原料相酸度对 Cd(Ⅱ) 提取率的影响

选择原料相 Cd(Ⅱ) 初始浓度为2.5×10^{-4}mol/L，载体浓度为0.02mol/L，提取时间为100min，在室温下进行提取，对不同载体浓度条件下 Cd(Ⅱ) 提取率随时间的变化进行析，结果如图6-22所示。

由图6-22可知，Cd(Ⅱ) 的提取速率随原料 pH 增大而逐渐加快。根据化学平衡移动原理，原料相 pH 升高（H^+浓度减小）使反应的平衡向右边移动（参考第3章至第5章中的反应式），因而有利于 Cd(Ⅱ) 的提取。当 pH>5.5 时，液膜开始出现乳化现象，因此在此体系 Cd(Ⅱ) 的提取中最佳 pH 范围在5.0～5.5。

6.4.5.3　载体浓度对 Cd(Ⅱ) 提取率的影响

载体浓度是影响金属离子提取速率的重要因素。图6-23考察了室温熔融盐膜相中 P_{507}浓度对 Cd(Ⅱ) 提取率的影响。除了载体浓度外，其他条件均相同：

初始浓度为 2.5×10^{-4}mol/L，pH 为 5.2，离子强度通过缓冲溶液来调节，提取时间为 100min。

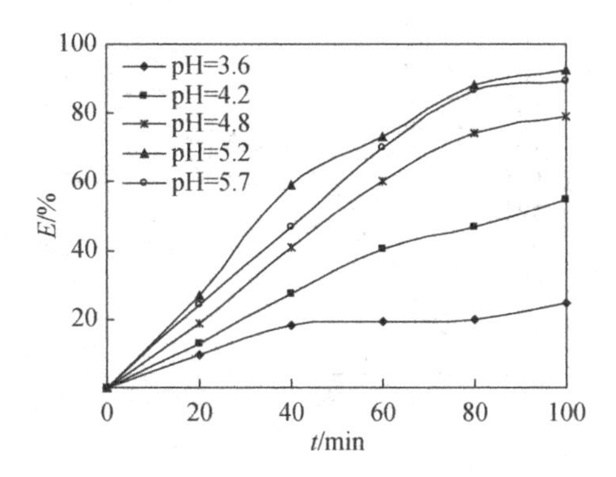

图 6-22　料液相 pH 对 Cd(Ⅱ) 提取率的影响

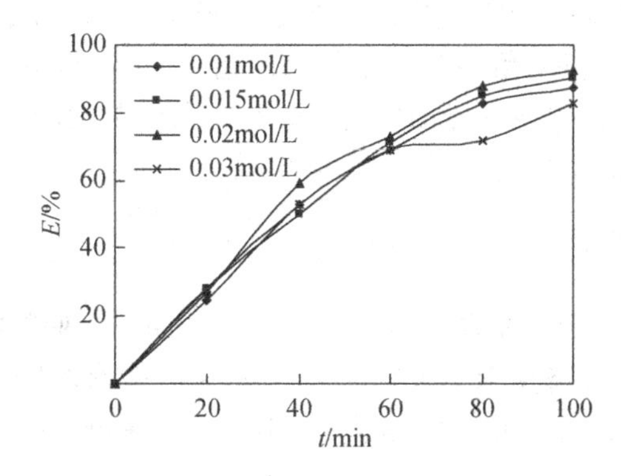

图 6-23　载体浓度对 Cd(Ⅱ) 提取率的影响

从图 6-23 可以看出：随着 P_{507}浓度的增大，Cd(Ⅱ) 的提取率增加，但 P_{507}浓度从 0.01mol/L 大幅度提升到 0.02mol/L 对 Cd(Ⅱ) 的提取率影响很小。当载体浓度达到一定值时，载体浓度继续增加，界面浓度接近饱和，扩散过程将起决定作用，载体浓度的增加反而影响了金属离子的提取，提取率反而减小。因此，最终选择载体浓度为 0.02mol/L。

6.4.5.4　解络相酸度对 Cd(Ⅱ) 提取率的影响

解络剂分别用 H_2SO_4 和 HCl 溶液作为解络相。结果表明，当用高浓度(3mol/L 以上) HCl 溶液时，由于金属离子与 Cl^-作用，形成了 $CdCl_4^{2-}$等络离子，影响了 Cd(Ⅱ) 的分光光度法测定。最终选取解络相为 H_2SO_4。图 6-24 为不同

H_2SO_4浓度时 Cd(Ⅱ) 的提取率。选择其他条件相同：初始浓度为2.5×10^{-4}mol/L，pH 为5.2，载体浓度为0.02mol/L，提取时间为100min。

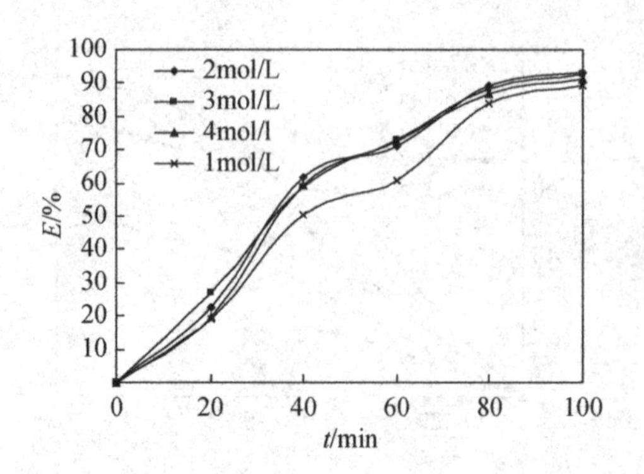

图6-24 反萃相 H_2SO_4 浓度对 Cd(Ⅱ) 提取率的影响

在本实验中选取的H_2SO_4的浓度分别为1mol/L、2mol/L、3mol/L和4mol/L。由图6-24可以看出，随着解络相酸度的逐渐增大，其对 Cd(Ⅱ) 的提取率的影响不甚明显，Cd(Ⅱ) 提取率增加幅度很微小。考虑节约酸用量等，最后确定选取H_2SO_4浓度为1mol/L。

6.4.5.5 滞留实验

如图6-25所示。选择原料相初始浓度为2.5mol/L，原料相pH为5.2，载体浓度为0.02mol/L，解络相H_2SO_4浓度为2mol/L，提取时间为100min。对P_{507}/[BMIM] PF_6室温熔融盐大块液膜体系中 Cd(Ⅱ) 的提取同样进行了滞留实验。

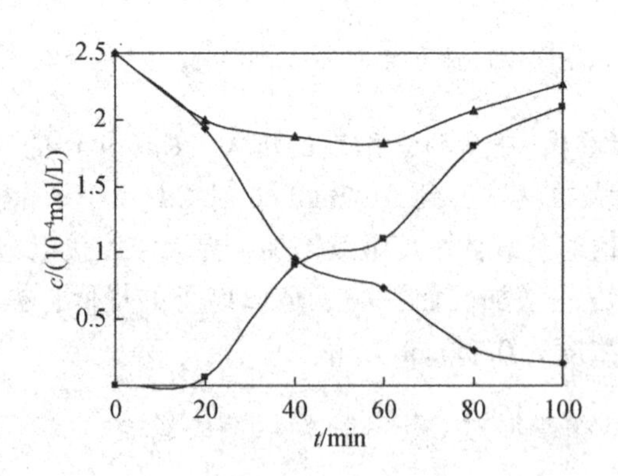

图6-25 滞留现象

◆原料相 Cd(Ⅱ) 浓度；■解络相 Cd(Ⅱ) 浓度；▲Cd(Ⅱ) 总浓度

由 Cd(Ⅱ) 在 P_{507}/室温熔融盐大块液膜体系中的滞留实验可以看出，与传统的有机溶剂一样，室温熔融盐作为膜溶剂时对所提取的金属离子也存在滞留现象，在前一过程中会出现一个原料相与解络相的金属离子浓度之和的最小值，在提取过程结束后，仍有部分金属离子会留在膜相内。而在如三氯甲烷等挥发溶剂中，提取过程结束后，膜相通常无残留。考虑到室温熔融盐这种新型“绿色溶剂”的前景，在 Cd(Ⅱ) 的提取实验中使用室温熔融盐作为膜相溶剂仍存在诸多缺点。

综上所述，我们系统地研究了 P_{507}/室温熔融盐大块液膜体系提取 Cd(Ⅱ) 所需要的时间，原料相酸度、解络相 H_2SO_4浓度、载体浓度对 Cd(Ⅱ) 提取率的影响及 Cd(Ⅱ) 在 P_{507}/室温熔融盐液膜体系中的滞留现象。实验结果表明，P_{507}/室温熔融盐大块液膜体系对 Cd(Ⅱ) 有显著的富集作用。P_{507}的浓度、外水相 pH、解络相 H_2SO_4浓度均会影响 Cd(Ⅱ) 的提取率，但解络相 H_2SO_4浓度对 Cd(Ⅱ) 的提取率影响很小。增加载体浓度，提取率明显提高。外水相 pH 控制在 5.0 ~ 5.5 左右，载体浓度为 0.02mol/L，解络相 H_2SO_4 浓度为 2mol/L，Cd(Ⅱ) 的最大提取率可达 93%。

6.5 Zn(Ⅱ) 在室温熔融盐大块液膜中的提取研究

锌是一种在地球上储量较为丰富的重金属资源。我国锌矿资源储量居世界第二位[6]。无论是在现代工业生产中，还是对生物体本身来说，锌都是不可或缺的重要资源。在工业中，锌可用于电镀、冶金、油漆、铸造、冶炼等各工业部门以及制药及食品行业中[7]。另外，对生物体来说，锌是维持机体正常生长发育及新陈代谢的重要物质，它参与蛋白质合成，促进细胞分裂、生长和再生。但是高浓度含锌废水进入水体后，会影响水体水质，危害水生生物。含锌废水的排放对人体健康和工农业活动具有严重危害，具有持久性、毒性大、污染严重等特点，一旦进入环境后不能被生物降解，大多数参与食物链循环，并最终在生物体内积累，破坏生物体正常生理代谢活动，危害人体健康。因此，锌浓度大大超过我国含锌废水排放标准的工业废水在排放前必须进行除锌处理。

6.5.1 实验试剂

[BMIM] PF_6，自制；硫酸（分析纯），由西安三浦精细化工厂提供；硫酸锌（分析纯），由天津市耀华化学试剂有限责任公司提供；柠檬酸（分析纯），由西安化学试剂厂提供；柠檬酸钠（分析纯），由西安三浦精细化工厂提供。其

他参考6.3.1节。

6.5.2 实验仪器

参考6.3.2节。

6.5.3 实验原理

参考第3章至第5章内容。

6.5.4 实验步骤

6.5.4.1 Zn(Ⅱ)的分光光度法测定

在5个10mL比色管中分别配置5×10^{-6}mol/L、1×10^{-5}mol/L、2×10^{-5}mol/L、3×10^{-5}mol/L、4×10^{-5}mol/L浓度的金属离子溶液，分别加入1mL 3×10^{-3}mol/L浓度的PAR，用pH为9.2的NH_3-NH_4Cl缓冲溶液定容至10mL。参比溶液为1mL同浓度的PAR，缓冲溶液定容至10mL。Zn(Ⅱ)最大吸收波长为495nm，定量方法采用标准曲线法。实验表明，金属离子在测定浓度范围内，吸光度与浓度表现出良好的线性关系，如图6-26所示。

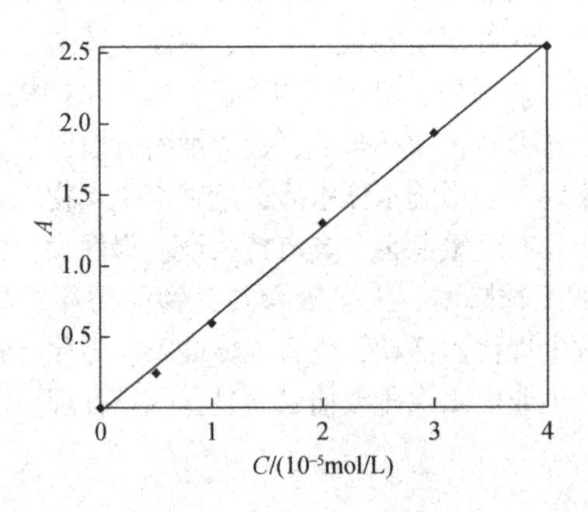

图6-26 Zn(Ⅱ)标准曲线

6.5.4.2 Zn(Ⅱ)在大块液膜中的提取实验

提取装置如图6-10所示，金属离子与载体在界面S络合，通过室温熔融盐相到达界面 S′，在界面 S′发生解络反应，金属离子进入解络相，而载体因浓度差异又回到界面 S。同时为加快金属离子的提取速率，室温熔融盐相使用磁力搅拌，提取体系温度为室温。原料相使用柠檬酸-柠檬酸钠来调节原料相所需的 pH。实验前原料相和解络相均用室温熔融盐平衡，每隔 20min 进行一次取样分析。

反应器容量为 50mL，内管直径为 25mm，膜相体积为 20mL（含 P_{507} 的 [BMIM] PF_6 室温熔融盐溶液，同时加 1mL 三氯甲烷溶液促溶），原料相体积为 15mL，解络相体积为 5mL。提取后金属离子浓度采用分光光度法分析测定。室温熔融盐可反复使用，使用前用 4mol/L H_2SO_4，相比为 1∶1，振荡平衡 1h。

6.5.5 结果与讨论

6.5.5.1 不同溶剂对 Zn(Ⅱ) 提取率的影响

本章比较了 Zn(Ⅱ) 在三种不同溶剂中的提取率，分别为 $CHCl_3$、[BMIM] PF_6 和 [BEIM] PF_6。选择原料相 Zn(Ⅱ) 初始浓度为 2.0×10^{-4}mol/L，载体浓度为 0.02mol/L，pH 为 3.0，在室温下进行提取，提取时间为 100min，结果如图 6-27 所示。

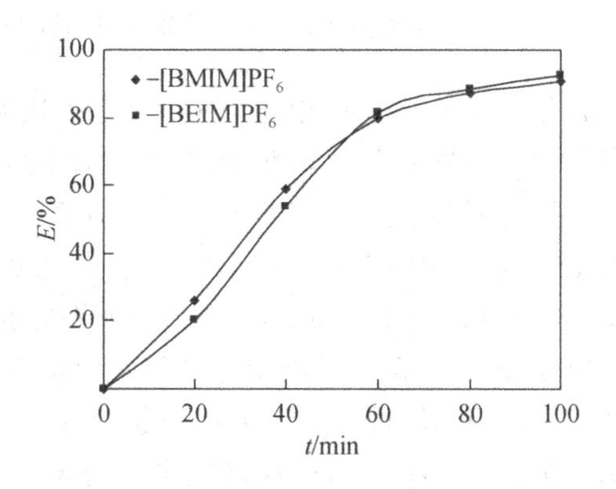

图 6-27 膜溶剂对 Zn(Ⅱ) 提取率的影响

在相同提取条件下，Zn(Ⅱ) 在 CH_3Cl、[BMIM] PF_6、[BEIM] PF_6 三种溶剂中的最大提取率分别为 100%[7]、91.2%、92.4%。以室温熔融盐为膜溶剂时在实验中可观察到膜相有滞留现象，解析速率滞后于 Zn(Ⅱ) 从原料相向膜相的提取速率，以 CH_3Cl_3 为溶剂时，Zn(Ⅱ) 几乎全部转移到解析相，膜相无 Zn(Ⅱ)残留。由实验可以看出，金属离子在传统挥发性有机溶剂中的提取率略高于室温熔融盐膜溶剂，而同为室温熔融盐溶剂，金属离子在 [BEIM] PF_6 中的提取率要略高于在［BMIM］PF_6中的提取率，这是因为［BEIM］PF_6的碳链更长，所以其疏水性更强。但是这同时也导致了金属离子在［BEIM］PF_6中的残留比［BMIM］PF_6更加严重，所以本实验选择［BMIM］PF_6作为膜相溶剂。

6.5.5.2 原料相 pH 对 Zn(Ⅱ) 提取率的影响

选择原料相 Zn(Ⅱ) 初始浓度为 2.0×10^{-4}mol/L，载体浓度为 0.02mol/L，提取时间为 100min，在室温下进行提取，对不同载体浓度条件下 Zn(Ⅱ) 提取率随时间的变化进行析，结果如图 6-28 所示。

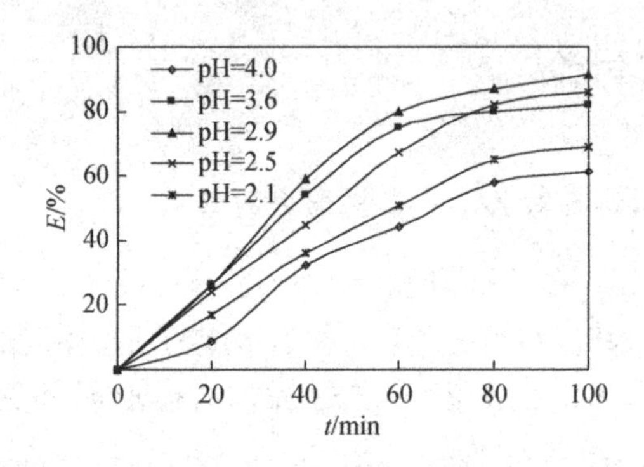

图 6-28 不同 pH 条件下 Zn(Ⅱ) 提取率随时间变化

结果表明，与 Pb(Ⅱ) 和 Cd(Ⅱ) 相同，在内耦合大块液膜体系中，当采用有机膦酸作为流动载体时，原料相与解析相中的 H^+浓度差仍是 Zn(Ⅱ) 传输的动力。提取 100min 之后，测得在不同 pH 条件下的 Zn(Ⅱ) 提取率分别为：E=69%，pH=2.1；E=85.5%，pH=2.9；E=91%，pH=2.9；E=81.3%，pH=3.6；E=61%，pH=4.0。可以看出，Zn(Ⅱ) 的提取率先随 pH 的增大而增大，但当 pH>3.0 时，提取率反而降低，原料相与解络相之间的 pH 梯度是影响 Zn(Ⅱ) 提取的重要原因。pH 梯度越大，离子提取越易进行。pH 继续增大，Zn(Ⅱ) 水解。当 pH=4.0 时，液膜开始出现轻微乳化现象，因此本实验选择 pH 的最佳条件为 2.9。

6.5.5.3 载体浓度对 Zn(Ⅱ) 提取率的影响

选择原料相 Zn(Ⅱ) 初始浓度为 2.0×10^{-4}mol/L，pH 为 3.0，提取时间为 100min，在室温下进行提取，对不同载体浓度条件下 Zn(Ⅱ) 提取率随时间的变化进行分析，结果如图 6-29 所示。

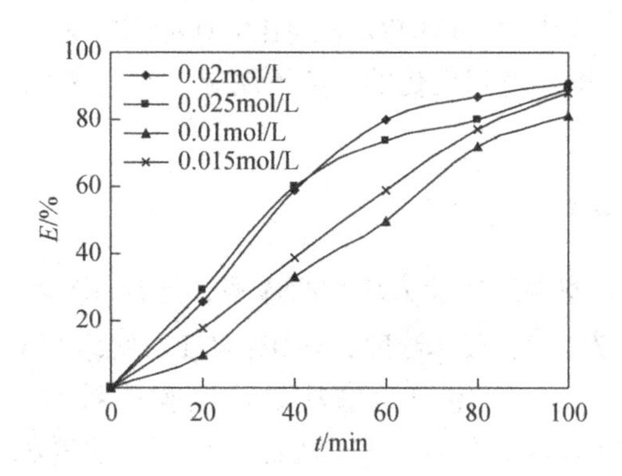

图 6-29 载体浓度对 Zn(Ⅱ) 提取率的影响

结果表明，pH 相同，在室温下进行提取，Zn(Ⅱ) 的提取率随载体浓度增大呈现增大趋势，因为当载体体积分数过低时，载体与 Zn(Ⅱ) 反应形成的络合物大量减少，造成液膜相内络合物的浓度梯度减缓，从而导致整个传质过程变得十分缓慢。当载体浓度>0.015mol/L 时，Zn(Ⅱ) 提取率变化不大。但是当载体浓度继续增加时，Zn(Ⅱ) 提取率减小，这是因为膜相体积与传质界面是一定的，当载体浓度增加到一定程度后，界面饱和，所以载体浓度过高反而影响了金属离子的提取。因此，最终选择载体浓度为 0.02mol/L。

6.5.5.4 解络剂酸浓度对提取率的影响

解络剂的影响研究，分别用 H_2SO_4 和 HCl 溶液作为解络相来进行。结果表明，当用高浓度（3mol/L 以上）HCl 溶液时，由于金属离子与 Cl^- 作用，形成了 $ZnCl_4^{2-}$ 等络离子，影响了 Zn(Ⅱ) 的分光光度法测定。因此，最终选取解络相为 H_2SO_4。图 6-30 为不同 H_2SO_4 浓度时 Zn(Ⅱ) 的提取率。

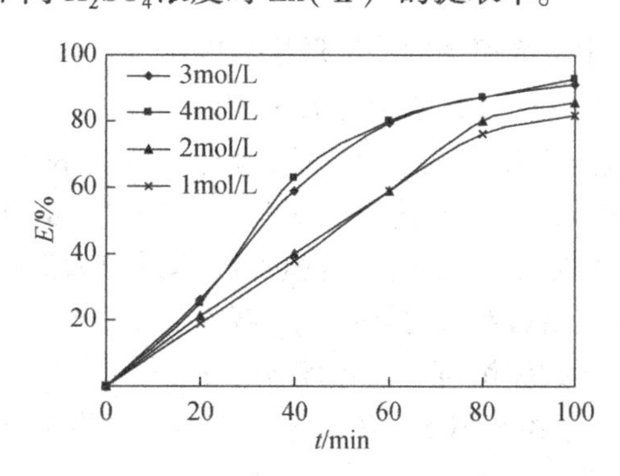

图 6-30 解络相酸浓度对 Zn(Ⅱ) 提取率的影响

如图6-30所示，当解络剂 H_2SO_4浓度在1.0～4.0mol/L变化时，其浓度对原料相中Zn(Ⅱ)提取率随时间变化的影响不明显，综合考虑，最终选择解络相为3mol/L H_2SO_4。

6.5.5.5　Zn(Ⅱ)滞留实验

本实验采用 P_{507}/室温熔融盐大块液膜体系，选择原料相Zn(Ⅱ)初始浓度为 2.0×10^{-4}mol/L，pH为3.0，载体浓度为0.02mol/L，解络相 H_2SO_4浓度为3mol/L，提取时间为100min，在 P_{507}/室温熔融盐大块液膜体系中，观察了以[BMIM][PF_6]为膜溶剂时提取体系中Zn(Ⅱ)的滞留现象。原料相和解络相中Zn(Ⅱ)浓度之和均出现一个最低值，但出现的时间因膜溶剂不同而不同。当反应时间过半后，由于Zn(Ⅱ)通过膜的量逐渐增大，Zn(Ⅱ)在膜中的滞留量逐渐变小，原料相和解络相中Zn(Ⅱ)浓度之和也逐渐增大，但最终膜中仍滞留少量Zn(Ⅱ)。结果如图6-31所示。

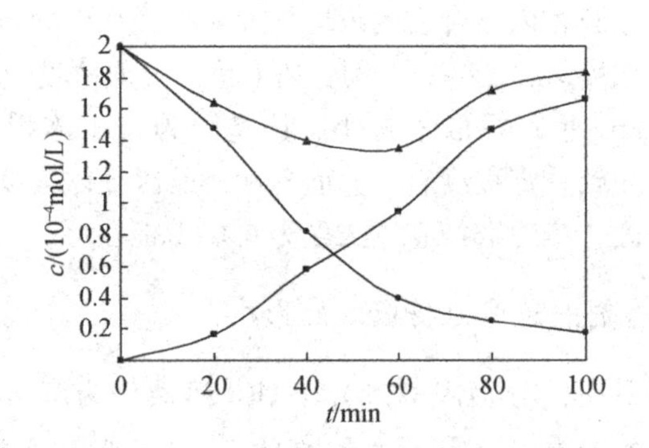

图6-31　[BMIM] PF_6 中的滞留现象

◆原料相Zn(Ⅱ)浓度；■解络相Zn(Ⅱ)浓度；▲Zn(Ⅱ)总浓度

通过室温熔融盐中金属离子的滞留现象可以得出，在[BMIM] PF_6作为膜溶剂时，在膜相中最后的Zn(Ⅱ)浓度为 1.6×10^{-5}mol/L。

综上所述，在 P_{507}/室温熔融盐大块液膜体系中，我们系统地研究了提取Zn(Ⅱ)所需要的时间，原料相酸度、解络相硫酸浓度、载体浓度对Zn(Ⅱ)提取率的影响及Zn(Ⅱ)在 P_{507}/室温熔融盐液膜体系中的滞留现象。实验结果表明，Zn(Ⅱ)在 P_{507}/室温熔融盐内耦合大块液膜提取实验中，体系对Zn(Ⅱ)有显著的富集作用。增加载体浓度，提取率明显提高。外水相pH控制在3.0，载体浓度为0.02mol/L，解络相 H_2SO_4浓度为3mol/L，提取时间为100min，Zn(Ⅱ)最大提取率可达94.4%。

6.6 金属离子在室温熔融盐大块液膜中的分离实验

铅、锌、镉三种金属离子都是工业所排放的废水中常见的重金属离子。例如，电镀、印刷、电缆、机械制造、电子轻工、航空航天、石油化工等工业废水中，这三种金属离子均是混合在一起排放，且含量均不高。大块液膜技术对金属离子的处理具备针对性强的特点，并且对于处理低含量废水有很大优势。所以将液膜技术应用于这三种金属离子分离富集，无论对环境还是金属离子在工业方面的再利用都显得十分重要。

在对单个金属离子分别进行大块液膜传输实验研究的基础上，本节对金属离子的混合体系进行液膜分离实验研究。下面分别予以讨论。

6.6.1 实验试剂

乙酸锌（分析纯）由天津市耀华化学试剂有限责任公司提供；其他同 6.3.1 节。

6.6.2 实验仪器

原子发射光谱仪由长春吉大·小天鹅仪器有限公司提供；其他同 6.3.2 节。

6.6.3 分离原理

两种被分离物质在同一液膜体系及同样液膜条件下的分离效果用分离因子 β 来衡量，分离因子 β 的定义为

$$\beta=\frac{[M_1^{n_1+}]_1/[M_1^{n_1+}]_2}{[M_2^{n_2+}]_1/[M_2^{n_2+}]_2} \tag{6-1}$$

式中，下标“1”和“2”分别代表 t 时刻解络相和原料相相应的金属离子浓度。令 M_1 代表易萃取金属离子，M_2 代表难萃取金属离子，则当两种物质分配比相等，即 $\beta=1$ 时，说明两种物质在萃取过程中根本不能分离；β 远大于或远小于 1，则两种物质越容易分离。

6.6.4 Pb(Ⅱ) 与 Cd(Ⅱ) 的分离

6.6.4.1 混合金属离子的原子发射光谱法测定

在 10 个 10mL 比色管中分别配置 2×10^{-5}mol/L、6×10^{-5}mol/L、1×10^{-4}mol/L、1.4×10^{-4}mol/L、2×10^{-4}mol/L 浓度的 Pb(Ⅱ) 以及 Cd(Ⅱ) 溶液，加入 1% 的 HNO_3定容至 10mL，利用原子发射光谱仪测定金属离子。实验表明，金属离子在测定浓度范围内，强度与浓度表现出良好的线性关系，如图 6-32 所示。

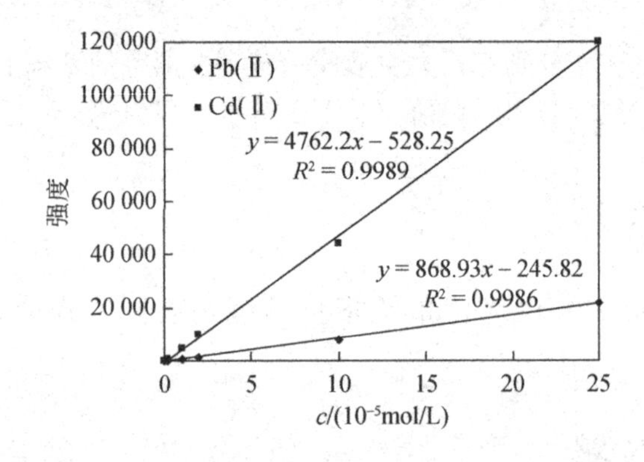

图 6-32 Cd(Ⅱ) 与 Pb(Ⅱ) 的原子发射光谱测定标准曲线

6.6.4.2 结果与讨论

为了实现 Pb(Ⅱ) 从 Cd(Ⅱ) 原料中的分离，原料的 pH 必须利于 Pb(Ⅱ) 的提取而抑制 Cd(Ⅱ) 的提取。图 6-33 显示，原料相在 pH 为 3.5 条件下Pb(Ⅱ) 的提取率比 Cd(Ⅱ) 高得多，这就为 Pb(Ⅱ) 与 Cd(Ⅱ) 分离提供了可能。因此，选取二者混合溶液分离实验条件：原料相 Pb(Ⅱ) 和 Cd(Ⅱ) 初始浓度均为 2.5×10^{-4}mol/L，pH 为 3.5，P_{507}浓度为 0.02mol/L，解络相为 2mol/L 的 HNO_3，提取时间为 100min，室温下选择 P_{507}/［BMIM］PF_6室温熔融盐提取体系对混合金属离子溶液进行提取。样品分析采用原子发射光谱仪器。混合溶液中 Pb(Ⅱ) 与 Cd(Ⅱ) 提取率随时间变化的结果如图 6-33 所示。

原料含 2.5×10^{-4}mol/L 的 Pb(Ⅱ) 和 2.5×10^{-4}mol/L 的 Cd(Ⅱ)，pH 为 3.5，P_{507}浓度为 0.02mol/L，提取 120min 后原料相和解络液中的 Pb(Ⅱ) 与 Cd(Ⅱ) 的浓度及分离因子如表 6-3 所示。

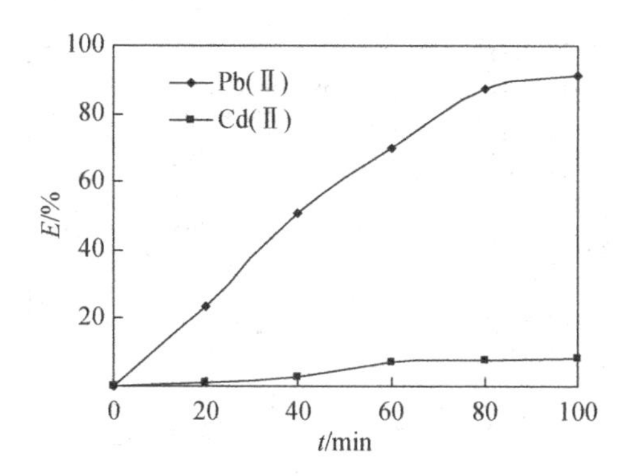

图 6-33 混合溶液中 Pb(Ⅱ) 与 Cd(Ⅱ) 提取率随时间的变化

表 6-3 Pb(Ⅱ) 和 Cd(Ⅱ) 混合物的分离

原料相 pH	原料金属离子浓度/ $(10^{-4}mol/L)$		解络金属离子浓度/ $(10^{-4}mol/L)$		分离因子 (β)
	Pb(Ⅱ)	Cd(Ⅱ)	Pb(Ⅱ)	Cd(Ⅱ)	
1.5	1.3	2.4	1.1	0.04	53
2.5	0.7	2.3	1.7	0.05	116
3.5	0.2	2.1	2.2	0.07	352

由表 6-3 可知，当原料 pH 为 3.5 时，提取 100min，分离因子为 352，Pb(Ⅱ) 提取率为 92%，而 Cd(Ⅱ) 只提取 8%，铅和镉实现了分离。如果将此含较高浓度 Pb(Ⅱ) 的解络液再应用于此 P_{507}/室温熔融盐大块液膜体系中，继续提取此原料相，则解络液中 Pb(Ⅱ) 的浓度会更高。

6.6.5 Pb(Ⅱ) 与 Zn(Ⅱ) 的分离

6.6.5.1 混合金属离子的原子发射光谱法测定

在 10 个 10mL 2×10^{-6}mol/L、1×10^{-5}mol/L、2×10^{-5}mol/L、1.0×10^{-4}mol/L、2×10^{-4}mol/L浓度的 Pb(Ⅱ) 以及 Cd(Ⅱ) 溶液，加入 1% 的 HNO_3定容至 10mL，利用原子发射光谱仪测定金属离子。实验表明，金属离子在测定浓度范围内，强度与浓度表现出良好的线性关系，结果如图 6-34 所示。

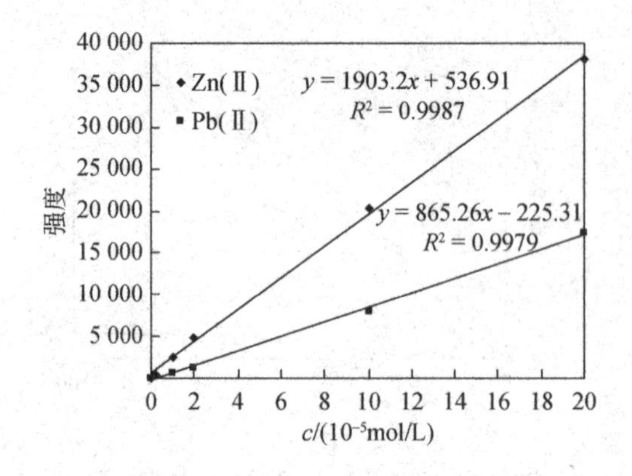

图6-34　Pb(Ⅱ)与Zn(Ⅱ)的原子发射光谱标准曲线

6.6.5.2　结果与讨论

选择原料相Pb(Ⅱ)和Zn(Ⅱ)浓度均为2.0×10^{-4}mol/L，pH控制在2.9，缓冲溶液调节离子强度$I=0.5$，解络相分别选择2mo1/L H_2SO_4、HNO_3溶液，载体浓度为0.02mol/L。室温下选择P_{507}/［BMIM］PF_6室温熔融盐提取体系对混合金属离子溶液提取120min（表6-4）。

由表6-4可以看出，其他条件相同，改变解络相，实验结果变化很大。当选择HNO_3作为解络酸时，解络相最终Zn(Ⅱ)浓度为Pb(Ⅱ)浓度的2倍左右。保持其他条件不变，选择H_2SO_4作为解络酸，Zn(Ⅱ)的提取率为89%，Pb(Ⅱ)的解络率仅为11%，部分Pb(Ⅱ)在膜相中滞留，滞留现象严重。最终解络相中Zn(Ⅱ)浓度占总浓度的89%，如此循环，可实现二者有效分离。

表6-4　Pb(Ⅱ)与Cd(Ⅱ)的分离

解络相酸(2mol/L)	原料金属离子浓度/(10^{-4}mol/L)		解络金属离子浓度/(10^{-4}mol/L)		解络相中金属离子比例/%	
	Pb(Ⅱ)	Zn(Ⅱ)	Pb(Ⅱ)	Zn(Ⅱ)	Pb(Ⅱ)	Zn(Ⅱ)
H_2SO_4	0.9	0.2	0.1	1.6	11	89
HNO_3	0.7	0.2	0.8	1.6	33.3	66.7

6.6.6　Cd(Ⅱ)与Zn(Ⅱ)的分离

Zn和Cd同属周期表中ⅡB族元素，其物理化学性质相似，相互之间分离较为困难。由 P_{507}与 Zn(Ⅱ) 和 Cd(Ⅱ) 的络合反应可知，它们的最佳萃取 pH 分别为2.9 和5.5。当 Zn(Ⅱ) 与 Cd(Ⅱ) 共存时，P_{507}与 Zn(Ⅱ) 有较强的络合能力，会优先络合 Zn(Ⅱ) 而将其先萃取出来，选择适宜的萃取酸度条件可达到 Zn(Ⅱ) 和 Cd(Ⅱ) 的分离目的。

6.6.6.1 混合金属离子的原子发射光谱法测定

在 10 个 10mL 比色管中分别配置 2×10^{-6}mol/L、1×10^{-5}mol/L、2×10^{-5}mol/L、1.0×10^{-4}mol/L、2×10^{-4}mol/L 浓度的 Zn(Ⅱ) 以及 Cd(Ⅱ) 溶液，加入 1% 的 HNO_3定容至 10mL，利用原子发射光谱仪测定金属离子。实验表明，金属离子在测定浓度范围内，强度与浓度表现出良好的线性关系，结果如图 6-35 所示。

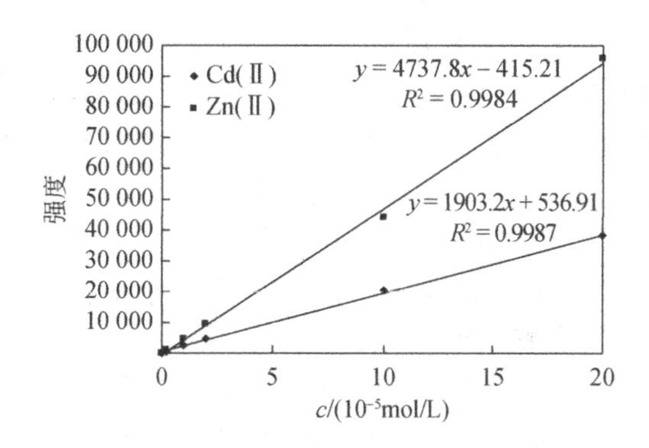

图 6-35 Zn(Ⅱ) 和 Cd(Ⅱ) 的原子发射光谱标准曲线

6.6.6.2 分离实验与结果讨论

选择原料相 Cd(Ⅱ) 和 Zn(Ⅱ) 浓度均为 2.0×10^{-4}mol/L，pH 控制在 3.0，缓冲溶液调节离子强度 $I=0.5$，解络相选择 2mol/L H_2SO_4、载体浓度为 0.02mol/L。室温下选择 P_{507}/［BMIM］PF_6室温熔融盐提取体系对混合金属离子溶液进行提取，提取时间为120min，由原子发射光谱仪分别测定提取后原料相、解络相中的混合金属离子浓度。结果如表 6-5 所示。

表 6-5 表明，当原料 pH 为 3.0 时，分离因子为 457，Zn(Ⅱ) 提取率为 94%，而 Cd(Ⅱ) 只提取不到 10%，Cd(Ⅱ) 和 Zn(Ⅱ) 几乎完全分离。可见，利用 P_{507}与金属离子的络合能力不同对混合金属离子进行分离效果良好。如果将此含较高浓度 Zn(Ⅱ) 的解络液再应用于此 P_{507}/室温熔融盐大块液膜体系中，继续提取此原料相，则解络液中 Zn(Ⅱ) 的浓度会更高。

表 6-5 Zn(Ⅱ) 与 Cd(Ⅱ) 混合物的分离

解络相酸 (2mol/L)	原料金属离子浓度/ (10^{-4}mol/L)		解络金属离子浓度/ (10^{-4}mol/L)		分离因子 (β)
	Cd(Ⅱ)	Zn(Ⅱ)	Cd(Ⅱ)	Zn(Ⅱ)	
H_2SO_4	1.8	0.1	0.07	1.7	457

综上所述，在单个金属离子大块液膜提取实验的基础上，利用控制酸度条件，对 Zn(Ⅱ) 和 Cd(Ⅱ)、Zn(Ⅱ) 和 Pb(Ⅱ)、Cd(Ⅱ) 和 Pb(Ⅱ) 分别进行了分离实验，结论如下。

(1) 载体浓度为 0.02mol/L，控制原料相 pH 为 3.5，解络相为 2mol/L HNO_3，可实现 Cd(Ⅱ) 和 Pb(Ⅱ) 之间的分离，分离因子 352，此时 Pb(Ⅱ) 提取率为 90%，Cd(Ⅱ) 提取率为 15%。

(2) 载体浓度为 0.02mol/L，控制原料相 pH 为 2.9，解络相为 2mol/L H_2SO_4，此时在解络相中 Pb(Ⅱ) 和 Zn(Ⅱ) 所占比例分别为 10% 和 90%，分离因子 72，可实现 Pb(Ⅱ) 与 Zn(Ⅱ) 之间的分离。

(3) 载体浓度为 0.02mol/L，控制原料相 pH 为 3.0，解络相为 2mol/L H_2SO_4，可实现 Cd(Ⅱ) 和 Zn(Ⅱ) 之间的分离，分离因子 457，此时 Zn(Ⅱ) 提取率为 94%，Cd(Ⅱ) 提取率为 10%。

以上实验结果表明，在本章的实验条件下，通过 Pb(Ⅱ) 和 Cd(Ⅱ)、Zn(Ⅱ) 和 Cd(Ⅱ) 与载体 P_{507} 的络合能力的差异，故在 P_{507} 作为载体的液膜体系中仅靠控制原料相酸度，实现了 Zn(Ⅱ) 与 Cd(Ⅱ) 以及 Pb(Ⅱ) 与 Cd(Ⅱ) 两对重金属离子间的分离。而 Pb(Ⅱ) 与 Zn(Ⅱ) 与 P_{507} 的络合能力相近，所以通过尝试不同的解络酸，最终也实现了其分离。

6.7 结论与建议

本章在前人研究的基础上，用微波合成法，首先合成了中间体溴化 1-丁基-3-甲基咪唑 ([BMIM] Br)、溴化 1-丁基-3-乙基咪唑 ([BEIM] Br)，然后中间体和六氟磷酸铵反应，合成疏水性室温熔融盐 1-丁基-3-甲基咪唑六氟磷酸盐 ([BMIM] PF_6)、1-丁基-3-乙基咪唑六氟磷酸盐 ([BEIM] PF_6)，同时对室温熔融盐进行了红外光谱表征。其次，将室温熔融盐应用于内耦合大块液膜中，进行 Pb(Ⅱ)、Cd(Ⅱ) 及 Zn(Ⅱ) 的提取实验，分别考察了原料相、膜相和解络相对提取效果的影响，获得了它们的最佳提取条件，并对提取过程进行了讨论。此外，还考察了将提取体系应用于这三种金属离子间的分离研究，取得了较为满意的效果。

6.7.1 主要研究结论

(1) 采用微波合成法，合成了疏水性室温熔融盐［BMIM］PF_6、［BEIM］PF_6，并使用红外光谱进行了红外表征。

(2) 以 P_{507}为流动载体，以室温熔融盐为膜溶剂，分别研究了 Pb(Ⅱ)、Cd(Ⅱ)及 Zn(Ⅱ) 在大块液膜中的提取规律。

Pb(Ⅱ) 的提取实验：适当增大原料相 pH、膜相载体浓度和解络相 HNO_3浓度均能提高 Pb(Ⅱ) 的提取率，但浓度过高，Pb(Ⅱ) 的提取率反而下降。Pb(Ⅱ)的最佳提取条件如下：原料相 pH 为 3.6，膜相载体 P_{507}浓度为 0.015mol/L，解络相为2mol/L HNO_3，对初始浓度为 2.5×10^{-4} mol/L 的 Pb(Ⅱ) 进行提取，提取时间为 100min，Pb(Ⅱ) 提取率可达 95%。

Cd(Ⅱ) 的提取实验：适当增大原料相 pH、膜相载体浓度和解络相 H_2SO_4浓度均能提高 Cd(Ⅱ) 的提取率，但浓度过高，Cd(Ⅱ) 的提取率反而下降。Cd(Ⅱ)的最佳提取条件如下：原料相 pH 为 5.2，膜相中载体 P_{507} 浓度为 0.02mol/L，解络相中 H_2SO_4浓度为 1mol/L。对初始浓度为 2.5×10^{-4} mol/L 的 Cd(Ⅱ)进行提取，提取时间为 100min，Cd(Ⅱ) 提取率可达 93%以上。

Zn(Ⅱ) 的提取实验：适当增大原料相 pH、膜相载体浓度和解络相 H_2SO_4浓度均能提高 Zn(Ⅱ) 的提取率，但浓度过高，Zn(Ⅱ) 的提取率反而下降。Zn(Ⅱ)的最佳提取条件如下：原料相 pH 为 2.9，膜相中载体 P_{507} 浓度为 0.02mol/L，解络相中 H_2SO_4浓度为 3mol/L。对初始浓度为 2.0×10^{-4} mol/L 的 Zn(Ⅱ)进行提取，提取时间为 100min，Zn(Ⅱ) 提取率可达 94%以上。

本章分别对三种金属离子在膜相为［BMIM］PF_6和［BEIM］PF_6的大块液膜体系中进行了滞留实验，结果显示，由于［BEIM］PF_6的疏水性较大，金属离子在其作为膜溶剂时滞留现象较［BMIM］PF_6严重。但仅对提取率来说，金属离子提取率在［BEIM］PF_6为膜溶剂时较高。

(3) 在 P_{507}/室温熔融盐大块液膜提取研究的基础上，使用此提取体系，对金属离子进行了分离实验，结论如下。

载体浓度为 0.02mol/L，控制原料相 pH 为 3.5，解络相为 2mol/L HNO_3，可实现 Cd(Ⅱ) 和 Pb(Ⅱ) 之间的分离，分离因子 352，此时 Pb(Ⅱ) 提取率为 90%，Cd(Ⅱ) 提取率为 15%。

载体浓度为 0.02mol/L，控制原料相 pH 为 2.9，解络相为 2mol/L H_2SO_4，此时在解络相中 Pb(Ⅱ)、Zn(Ⅱ) 所占比例分别为 10%、90%，可实现 Pb(Ⅱ) 与 Zn(Ⅱ) 之间的分离。

载体浓度为0.02mol/L，控制原料相pH为3.0，解络相为2mol/L H_2SO_4，可实现Cd(Ⅱ)和Zn(Ⅱ)之间的分离，分离因子457，此时Zn(Ⅱ)提取率为94%，Cd(Ⅱ)提取率为10%。

6.7.2 进一步研究的建议

本章在溶剂萃取的基础上，确定了Pb(Ⅱ)、Cd(Ⅱ)及Zn(Ⅱ)在大块液膜体系中的最佳提取条件，并对混合金属离子溶液进行了分离实验。但由于时间所限，还有不尽完善之处，现对今后的进一步研究工作提出如下建议。

(1) 在本实验中曾经选取二硫腙以及乙酸络合物方式使金属离子进入膜相，但是效果都不好，最终选取P_{507}。但是P_{507}溶于室温熔融盐时需加入少量三氯甲烷溶液促溶并全面搅拌才能达到很好的溶解效果。在以后的工作中，可以寻找在室温熔融盐中溶解度更大的萃取剂来代替，同时需要进一步研究室温熔融盐对不同有机物的溶解能力。

(2) 本章以三种重金属离子为目标离子对P_{507}/室温熔融盐大块液膜对金属离子的提取能力进行了初步研究。但室温熔融盐本身为高成本溶剂，当实验条件逐渐成熟后，在今后的工作中将其应用于贵重稀有金属离子的分离富集具有更重要的现实意义及经济意义。

(3) 室温熔融盐反复使用后，含水量增大严重影响了其对金属离子的提取能力。今后可以考虑增加侧链链长，或用憎水性更强的阴离子，制备出一些疏水性更强的室温熔融盐，使其在以水为介质的环境下实现更优化的应用。

(4) 本章实验中仅通过改变原料相pH对金属离子进行了分离，虽然取得了不错的分离效果，但改变pH为最基本的分离方法，在今后的研究中可考虑通过改变载体以及解络相酸的种类对金属离子进行分离，相信可以取得更好的分离效果。

参考文献

[1] 于颖敏. 离子液体 [BM Im] Br的光谱表征 [J]. 中国石油大学胜利学院学报, 2007, 21 (4): 21-22.

[2] 刘红霞, 徐群. 微波法合成烷基咪唑类离子液体 [J]. 化学试剂, 2006, 28 (10): 581-582, 607.

[3] 刘建连. 典型的咪唑类离子液体的合成与表征 [D]. 西安: 西北大学, 2006.

[4] 郭攀峰. 贵金属离子铂 (Ⅳ) 和钯(Ⅱ) 的支撑液膜的迁移规律研究 [D]. 西安: 西安理工大学, 2008.

[5] 沈兴海, 徐超, 刘新起, 等. 离子液体在金属离子萃取分离中的应用 [J]. 核化学与放射

化学, 2006, 28 (3): 129-138.
[6] 方艳, 闵小波, 唐宁, 等. 含锌废水处理技术的研究进展 [J]. 工业安全与环保, 2006, 32 (7): 5-8.
[7] Sahoo G C, Ghosh A C, Dutta N N. Recovery of cephalexin from dilute solution in a bulk liquid membrane [J]. Process Biochemistry, 1997, 32 (4): 265-272.

第7章 P_{507}-煤油-HCl分散支撑液膜体系中二价重金属离子的提取

锌因具有良好的压延性、耐磨性和抗腐性，且能与多种金属制成物理与化学性能更加优良的合金而在汽车、建筑、船舶、机械、轻工等行业得到了广泛应用。锌在制造使用等过程中会向水环境排放，直接或间接进入人体，会引起呕吐、头痛、腹泻、抽搐、贫血、血脂代谢紊乱及免疫功能下降等症状，锌过量有诱变性及致癌作用[1-3]。锌的过量摄入会导致机体一系列代谢紊乱，特别是会对脑造成损害。本章采用分散支撑液膜技术对锌离子进行富集与分离[4,5]。P_{507}是萃取性能优良、水溶性小、无毒的金属离子萃取剂[6,7]。本章以P_{507}为支撑液膜流动载体，以PVDF为支撑体，以煤油为膜溶剂，研究了Zn(Ⅱ)在P507-煤油-HCl分散支撑液膜体系中的提取过程，探讨影响其提取的各种因素及机理，并对含Zn(Ⅱ)混合离子进行了富集与分离，为有效治理含Zn(Ⅱ)废水提供理论基础。

7.1 实验部分

7.1.1 仪器和试剂

实验仪器包括520MPT光谱仪（长春吉大·小天鹅仪器有限公司）；UV-1200型分光光度计（上海惠普达仪器厂）；JJ-1型精密定时电动搅拌器（金坛区西城丹阳门石英玻璃厂）；P_{507}商品名PC-88A，由日本大八化学工业公司提供；$Zn(CH_3COO)_2 \cdot 2H_2O$、$NH_3 \cdot H_2O$、$NH_4Cl$、$CH_3COOH$、$CH_3COONa$等均为分析纯；实验用水全部为去离子水。

分散支撑液膜提取装置（自制）由原料池、分散池和支撑膜组成。原料池和分散池的容积均为200mL，并配有可调速电动搅拌器；支撑膜为PVDF，有效面积为18cm^2。

7.1.2 实验原理

金属离子在分散支撑液膜体系中的反应和提取过程大致分以下几个过程。

原料相中的 Zn(Ⅱ) 通过原料相和膜相之间的水扩散层。在水相-膜相界面，金属离子（Zn^{2+}）与载体 P_{507}（简写为 HR）发生如下配合反应：

$$\mathrm{Zn(II)}_{\mathrm{f}}^{2+}+\frac{m+n}{2}(\mathrm{HR})_{2,\mathrm{org}}=\mathrm{ZnR}_{n}\cdot m\mathrm{HR}_{(\mathrm{org})}+n\mathrm{H}_{\mathrm{f}}^{+} \tag{7-1}$$

式中，下标 f 代表水相；下标 org 代表膜相；$(HR)_2$ 为在非极性油中主要以二聚体形式存在的萃取剂。

反应生成的金属离子-载体配合物从原料相-膜相界面向膜内侧扩散，然后在膜相中扩散，在膜相-分散相界面与解析剂发生如下解析反应：

$$\mathrm{ZnR}_{n}\cdot m\mathrm{HR}_{(\mathrm{org})}+n\mathrm{H}_{\mathrm{s}}{}^{+}=\mathrm{Zn(II)}_{\mathrm{s}}^{2+}+\frac{m+n}{2}(\mathrm{HR})_{2,\mathrm{org}} \tag{7-2}$$

式中，右下标 s 代表解析相。搅拌作用为金属离子-载体配合物和解析剂充分接触提供了机会，保证了萃取和解络过程的持续进行，有效地提高了金属离子的提取速率和液膜体系的稳定性。通过改变解析液和萃取剂的体积比，就能得到含有较高浓度金属离子的解析液。停止搅拌，静置，含有高浓度金属离子的解析液和膜相自动分层，便于进行浓缩处理。

参考吴小宁等[6]的研究：

$$\ln\frac{c_{\mathrm{f}(t)}}{c_{\mathrm{f}(0)}}=-\frac{A}{V_{\mathrm{f}}}P_{\mathrm{c}}\cdot t \tag{7-3}$$

式中，$c_{\mathrm{f}(t)}$ 和 $c_{\mathrm{f}(0)}$ 分别为 t 时刻及起始时刻原料相中金属离子浓度。通过测定不同条件下金属离子的浓度，以 $-\ln(c_t/c_0)$ 对 t 作图，从直线斜率的大小分析各种因素对提取速率的影响程度。

金属离子在膜内的渗透系数 P_{c} 可用式（7-4）表示：

$$P_{\mathrm{c}}=J/[M]_{\mathrm{f}} \tag{7-4}$$

当原料相含有两种离子时，如果两种离子在膜内的渗透系数不同，可通过该液膜体系对离子进行分离。分离因子定义为

$$\beta=\frac{Pc_1}{Pc_2}=\frac{\dfrac{J_{M_1}}{[M_1]_f}}{\dfrac{J_{M_2}}{[M_2]_f}} \tag{7-5}$$

7.2 实验方法

先将 PVDF 置于萃取剂中浸泡吸附一定时间，然后将其固定在提取池中（图 7-1）。分别将事先配好的试样原料和萃取剂加到原料池和分散池中，开动原料池和分散池中的搅拌器，再将适量解析剂加到分散池中构成解析分散相，并开始计时，间隔一定时间取样分析。在氯化铵-氨水缓冲溶液（pH=9.26）中，利用 Zn(Ⅱ)与 PAR 的显色反应，采用分光光度法在 495nm 波长下进行 Zn(Ⅱ) 浓度测定，混合离子浓度用原子发射光谱仪测定。

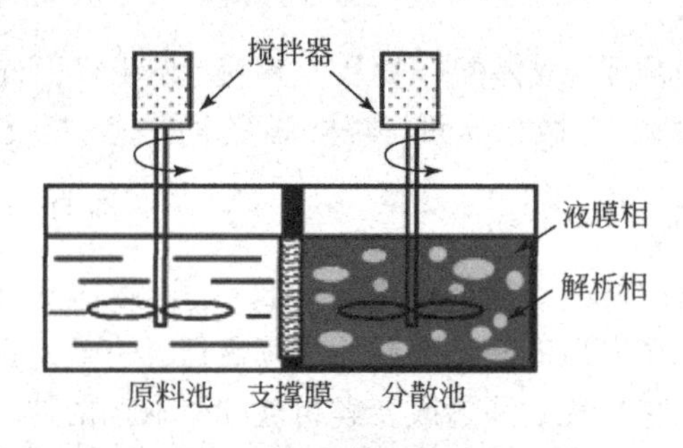

图 7-1 分散支撑液膜装置示意图

7.3 结果与讨论

7.3.1 Zn(Ⅱ) 提取试验

7.3.1.1 原料相 pH 对 Zn(Ⅱ) 提取的影响

实验取原料相 Zn(Ⅱ) 初始浓度为 3.00×10^{-4}mol/L，解析相萃取剂与 HCl 体积比为 160/40，解析相 HCl 浓度为 4.0mol/L，考察了原料相 pH 分别为 3.5、3.75、4.0、4.25、4.5 时 Zn(Ⅱ) 的提取情况。实验结果如图 7-2 所示。

实验结果表明，Zn(Ⅱ) 在该分散支撑液膜内提取时，当 pH 一定时，$-\ln(c_t/c_0)$ $-t$ 线性关系良好。当原料相 pH=4.0 时，Zn(Ⅱ) 得到了很好的提取效果。这是因为 H^+在原料相与解析相中的浓度差是 Zn(Ⅱ) 在分散支撑液膜体系的传质动力，原料相酸度越低，越有利于 Zn(Ⅱ) 的提取。然而，由于解析相使用的解析剂为强酸，当原料相 pH 较高时，这样两相间较高的 H^+浓度差增强了

H^+透过膜相的渗透作用，不仅严重影响液膜的稳定性，还会影响 Zn(Ⅱ) 在分散支撑液膜中的提取速率。因此，原料相与解析相的酸度差是影响 Zn(Ⅱ) 传质速率的重要因素之一。

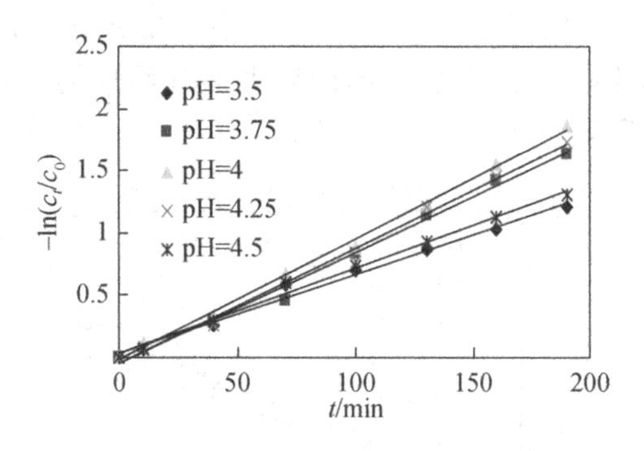

图 7-2 原料相 pH 对 Zn(Ⅱ) 提取的影响

7.3.1.2 萃取剂与 HCl 体积比对 Zn(Ⅱ) 提取的影响

选择原料相 pH = 4.0，Zn(Ⅱ) 初始浓度为 3.00×10^{-4} mol/L，HCl 浓度为 4.0mol/L，研究萃取剂与 HCl 体积比分别取 180/20、160/40、140/60、120/80、100/100 时对 Zn(Ⅱ) 提取的影响。实验结果如图 7-3 所示。

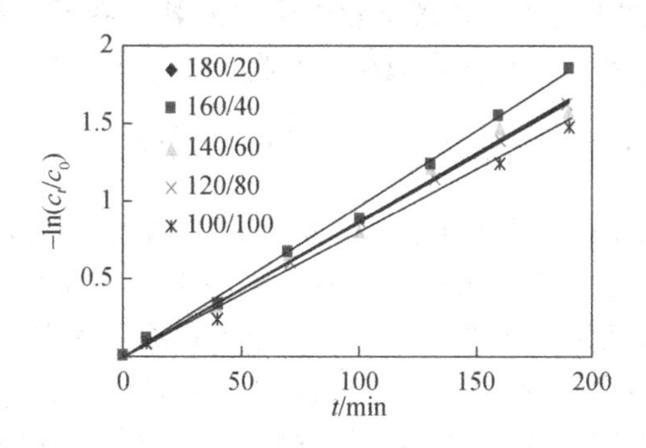

图 7-3 萃取剂与 HCl 体积比对 Zn(Ⅱ) 提取的影响

实验结果表明，$-\ln c_t/c_0$与 t 表现出良好的线性关系，其直线斜率随体积比的变化而变化。在萃取剂与 HCl 体积比为 160/40 时，Zn(Ⅱ) 得到最佳提取效果，这是因为在分散支撑液膜体系中解析剂 HCl 是均匀地分散在萃取剂中的，它们的体积比直接影响 Zn(Ⅱ) 的提取和解析速率。HCl 在分散相中占的比例越大，所形成的乳化液越不稳定，不利于 Zn(Ⅱ) 的提取。其比例越小，所提供的额外的解络面积也减小，降低了 Zn(Ⅱ) 的提取率。因此，萃取剂与 HCl 体积比的大小也是影响 Zn(Ⅱ) 提取速率大小的重要因素之一。

7.3.1.3　解析液 HCl 浓度对 Zn(Ⅱ) 提取的影响

选择原料相 pH=4.0，Zn(Ⅱ) 初始浓度为 3.00×10^{-4}mol/L，解络相中萃取剂与 HCl 体积比为 160/40，考察了解析液中 HCl 浓度对 Zn(Ⅱ) 提取的影响。实验结果如图 7-4 所示。

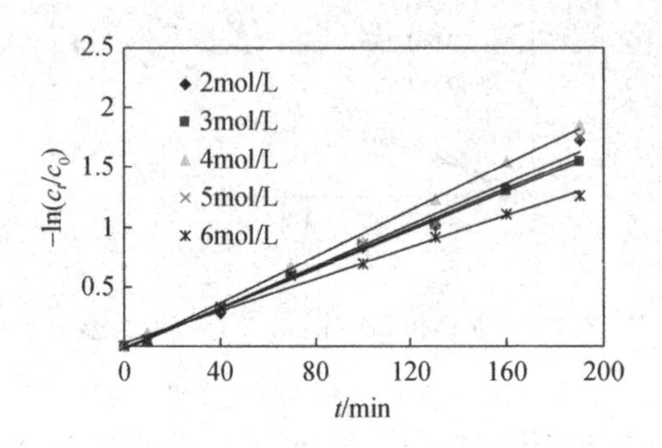

图 7-4　HCl 浓度对 Zn(Ⅱ) 提取的影响

实验结果表明，$-\ln c_t/c_0$与 t 表现出良好的线性关系，其直线斜率随 HCl 浓度的变化而变化。解析相中盐酸浓度为 4.0mol/L 时，Zn(Ⅱ) 取得了很好的提取效果，这是因为 HCl 浓度过大，在解络相中形成的乳化液不稳定，不利于 Zn(Ⅱ) 的提取。HCl 浓度过小，解络面积减小，不利于 Zn(Ⅱ) 的提取。

7.3.1.4　Zn(Ⅱ) 初始浓度对 Zn(Ⅱ) 提取的影响

在上述已选取的实验条件下，Zn(Ⅱ) 初始浓度分别为 1.00×10^{-4}mol/L、2.00×10^{-4}mol/L、3.00×10^{-4}mol/L、4.00×10^{-4}mol/L、5.00×10^{-4}mol/L 时，考察了解 Zn(Ⅱ) 的提取情况。结果表明，在一定的提取时间内，$-\ln c_t/c_0$与 t 表现出良好的线性关系，随着原料相 Zn(Ⅱ) 初始浓度的增大，直线斜率先增大，随后逐渐变小，这是因为 Zn(Ⅱ) 的液膜提取过程是一个非平衡提取过程，其提取效果除受原料相酸度、解析剂及其浓度的影响外，还与载体浓度及膜面积有关。当载体浓度及膜面积一定时，在单位时间提取的 Zn(Ⅱ) 的量是一定的，所以 Zn(Ⅱ)的提取率并不是随 Zn(Ⅱ) 初始浓度的增大而增大，而是当 Zn(Ⅱ) 初始浓度超过某一稳定值后，其提取率逐渐降低。在最佳实验条件下，Zn(Ⅱ) 初始浓度为 3.00×10^{-4}mol/L 时，提取 190min 时 Zn(Ⅱ) 提取率达到 90%。

7.3.2 分离实验

本实验在 Zn(Ⅱ) 的最佳提取条件下，分别进行了 Zn/Cu、Zn/Co 分离实验。

7.3.2.1 Zn/Cu 分离实验

由于 Zn(Ⅱ)、Cu(Ⅱ) 在 PC-88A-煤油-HCl 分散支撑液膜体系中的最佳提取条件不同，故可借此来进行 Zn/Cu 的分离。实验选择原料相 pH=4.0，分散相中萃取剂与 HCl 体积比为 160/40，分散相中 HCl 浓度为 4.0mol/L 时，分别考察了不同 Zn/Cu 初始浓度下 Zn/Cu 的分离情况。

(1) 当 Zn/Cu 初始浓度均为 3.00×10^{-4}mol/L 时，实验结果见图 7-5。结果表明，在一定的提取时间内，两种金属的$-\ln c_t/c_0$与 t 表现出良好的线性关系。经过 190min 提取，Zn 提取率达到 92.97%，而 Cu 提取率仅为 9.8%。由式 (7-1) ~ 式 (7-5) 计算得到，在 Zn/Cu 初始浓度均为 3.00×10^{-4}mol/L 时，分离因子为 27.8，故在该体系下，Zn/Cu 分离效果很好。

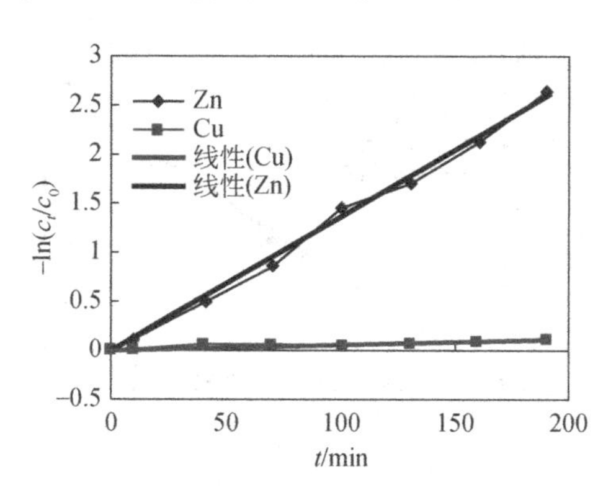

图 7-5 Zn/Cu 分离实验一

(2) 当 Zn/Cu 初始浓度比例为 2∶3 时，即 Zn 初始浓度为 2.0×10^{-4}mol/L，Cu 初始浓度为 3.0×10^{-4}mol/L 时，实验结果见图 7-6。结果表明，在一定的提取时间内，两种金属的$-\ln c_t/c_0$与 t 表现出良好的线性关系。经过 190min 提取，Zn 提取率达到 89.30%，而 Cu 提取率仅为 20.03%。由式 (7-1) ~ 式 (7-5) 计算得到，分离因子为 15，故在该体系下，Zn/Cu 能够得到分离。

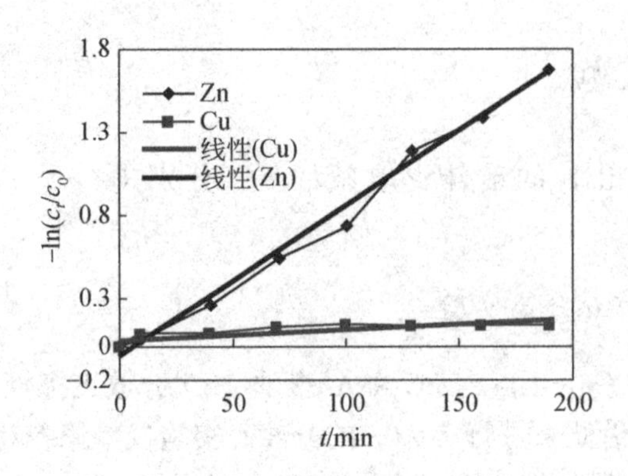

图 7-6　Zn/Cu 分离实验二

（3）当 Zn/Cu 初始浓度比例为 1∶2 时，即 Zn 初始浓度为 2.0×10^{-4}mol/L，Cu 初始浓度为 4.0×10^{-4}mol/L 时，实验结果见图 7-7。结果表明，在一定的提取时间内，两种金属的 $-\ln c_t/c_0$ 与 t 表现出良好的线性关系。经过 190min 提取，Zn 提取率达到 86.36%，而 Cu 提取率仅为 22.30%。由式（7-1）~式（7-5）计算得，分离因子为 12.7，故在该体系下，Zn/Cu 能够得到分离。

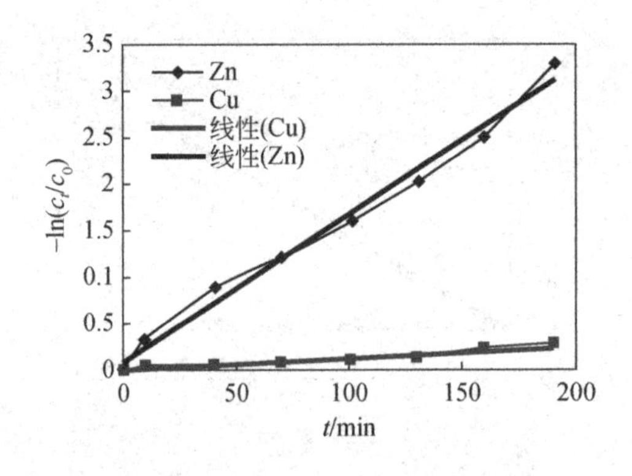

图 7-7　Zn/Cu 分离实验三

7.3.2.2　Zn/Co 分离实验

由于 Zn(Ⅱ)、Co(Ⅱ) 在 PC-88A-煤油-HCl 分散支撑液膜体系中的最佳提取条件不同，故可借此来进行 Zn/Co 的分离。实验选择原料相 pH=4.0，分散相中萃取剂与 HCl 体积比为 160/40，分散相中 HCl 浓度为 4.0mol/L 时，分别考察了不同 Zn/Co 初始浓度下 Zn/Co 的分离情况。

（1）当 Zn/Co 初始浓度均为 3.00×10^{-4}mol/L 时，实验结果见图 7-8。结果表

明，在一定的提取时间内，两种金属的$-\ln c_t/c_0$与 t 表现出良好的线性关系。经过190min 提取，Zn 提取率达到 87.78%，而 Co 提取率仅为 7.12%。由式（7-1）~式（7-5）计算得到，在 Zn/Co 初始浓度均为 3.00×10^{-4} mol/L 时，分离因子为 21.67，故在该体系下 Zn/Co 分离效果很好。

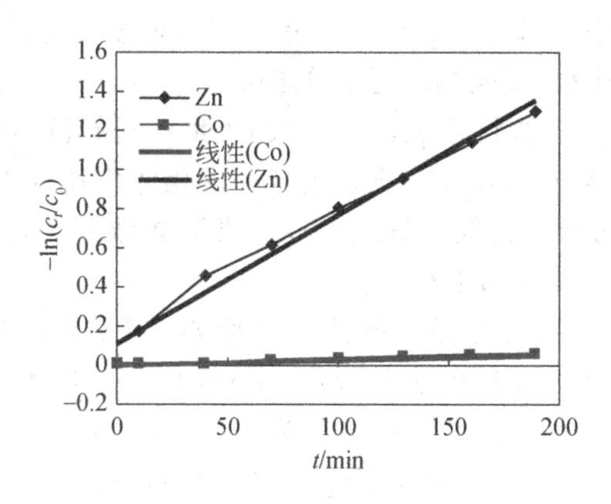

图 7-8　Zn/Co 分离实验一

（2）当 Zn/Co 初始浓度比例为 1∶2 时，即 Zn 初始浓度为 3.0×10^{-4}mol/L，Co 初始浓度为 6.0×10^{-4}mol/L 时，实验结果见图 7-9。结果表明，在一定的提取时间内，两种金属的$-\ln c_t/c_0$与 t 表现出良好的线性关系。经过 190min 提取，Zn 提取率达到 86.06%，而 Co 提取率仅为 8.22%。由式（7-1）~式（7-5）计算得到，分离因子为 14.25，故在该体系下，Zn/Co 能够得到分离。

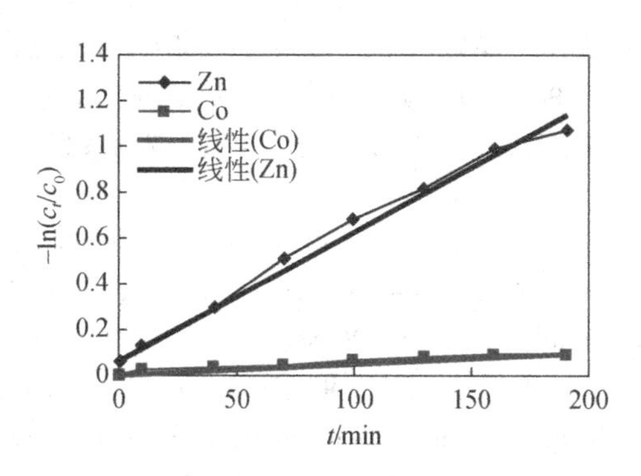

图 7-9　Zn/Co 分离实验二

7.4 结　论

(1) 实验表明，PC-88A-煤油-HCl 分散支撑液膜体系对 Zn(Ⅱ) 有明显的提取作用。在该体系中，原料相 pH、Zn(Ⅱ) 初始浓度，解析相中 HCl 浓度、液膜相与解析相体积比都会影响 Zn(Ⅱ) 的提取。

(2) 结果表明，当原料相 pH=4.0，Zn(Ⅱ) 起始浓度为 3.0×10^{-3} mol/L，解析相中 HCl 浓度为 4.0mol/L，液膜相与解析相体积比为 160/40 时，Zn(Ⅱ) 取得了最佳的提取效果，提取 190min 时 Zn(Ⅱ) 提取率达到 90%，而传统支撑液膜对 Zn(Ⅱ) 提取率为 70% 左右。

(3) 在 Zn(Ⅱ) 的最佳提取条件下，对 Zn(Ⅱ)/Cu(Ⅱ) 进行了分离实验。结果表明，在 Zn/Cu 初始浓度均为 3.00×10^{-4} mol/L 时，分离因子为 27.8，分离效果很好。当 Zn/Cu 初始浓度比例为 2∶3 时，分离因子为 15，当 Zn/Cu 初始浓度比例为 1∶2 时，分离因子为 12.7，故在该体系下，Zn/Cu 能够得到分离。

(4) 在 Zn(Ⅱ) 的最佳提取条件下，对 Zn(Ⅱ)/Co(Ⅱ) 进行了分离实验。结果表明，在 Zn/Co 初始浓度均为 3.00×10^{-4} mol/L 时，分离因子为 21.67，分离效果很好。当 Zn/Co 初始浓度比例为 1∶2 时，分离因子为 14.25，故在该体系下，Zn/Co 能够得到分离。

参考文献

[1] Ireneusz Miesiac, Jan Szymanowski. Separation of zinc(Ⅱ) from hydrochloric acid solutions in a double lewis cell [J]. Solvent Extraction and Ion Exchange, 2004, 22 (2): 243-256.

[2] 何鼎胜，马铭，曾鑫华，等. 二-(2-乙基己基) 磷酸-煤油液膜萃取锌 (Ⅱ) 的动力学分析 [J]. 应用化学，2000，17 (1): 47-50.

[3] He D S, Luo X J, Yang C M, et al. Study of transport and separation of Zn(Ⅱ) by a combined supported liquid membrane/strip dispersion process containing D2EHPA in kerosene as the carrier [J]. Desalination, 2006, 194: 40-51.

[4] Saito T. Selectivetransport of copper (Ⅰ, Ⅱ), cadmium(Ⅱ), and zinc(Ⅱ) ions through a supported liquid membrane containing bathocuproine, neocuproine, or bathophenanthroline [J]. Separation Science and Technology, 1994, 29 (10): 1335-1346.

[5] 罗小健，何鼎胜，马铭，等. N_{530}-OT-煤油-HCl 反萃分散组合液膜体系迁移和分离铜的研究 [J]. 无机化学学报，2005，21 (4): 588-592, 449.

[6] 吴小宁，姚秉华，付兴隆，等. PC-88A-煤油-HCl 分散支撑液膜中 Co(Ⅱ) 的传输研究 [J]. 西安理工大学学报，2008，24 (2): 187-191.

[7] Kunungo S B, Mohapatra R. Coupled transport of Zn(Ⅱ) through a supported liquid membrane containing bis (2, 4, 4- trimethylpentyl) phosphinic acid in kerosene. Ⅱ experimental evaluation of model equations for rate process under different limiting conditions [J] . Journal of Membrane Science, 1995, 105 (3): 227-235.

第8章 分散支撑液膜提取回收废水中稀土金属的应用研究

本章涉及一种稀土金属的提取与分离回收技术，主要研究了以多孔高分子聚合物膜为支撑体，以有机磷酸为流动载体，以煤油为膜溶剂，以煤油和流动载体的混合溶液为萃取剂，萃取剂和HCl溶液组成分散相的分散支撑液膜中几种稀土金属的提取和分离回收行为，通过传质过程分析，建立相应的数学模型。

针对传统支撑液膜存在的问题[1-9]，近年来国内外有人转而探索新的液膜构型，希望在保持液膜分离特点的同时，克服支撑液膜不稳定等缺点，因而提出了"组合液膜"[8,9]和"组合技术"的概念，它将固体膜或各种化学过程和液膜组合在一起，能有效地弥补支撑液膜的载体从膜相泄漏的缺陷，延长膜的寿命。本书将解络分散技术[10]和支撑液膜组合，提出了分散支撑液膜的概念。目前，尚无关于利用分散支撑液膜分离和提取稀土金属的报道。本书主要探讨和研究分散支撑液膜提取和分离回收稀土金属的可行性，通过膜组件设计、膜载体优化、提取速率控制等环节实现部分稀土金属的提取和分离，并对其提取过程进行研究，建立分散支撑液膜提取和分离回收稀土金属的新方法和新体系，为该技术的实际应用提供实验基础。

8.1 研究的主要内容

8.1.1 研究内容

8.1.1.1 以PC-88A或D2EHPA为载体的分散支撑液膜中稀土金属的提取和分离研究

（1）本研究以多孔高分子膜为液膜支撑体，以煤油为膜溶剂，以煤油和各种载体（PC-88A或D2EHPA）的混合溶液为萃取剂，萃取剂和解析剂组成分散相的分散支撑液膜体系中La(Ⅲ)、Ce(Ⅳ)、Tb(Ⅲ)、Eu(Ⅲ)、Dy(Ⅲ)和Tm(Ⅲ)的提取行为，探讨影响提取的各种因素（原料相酸度、稀土金属起始浓度、分散相中解析剂浓度、萃取剂与解析剂体积比、不同解析剂及不同载体浓度），并优化提取条件，总结提取规律。

（2）在分别研究每个稀土金属提取的基础上，建立混合稀土金属分散支撑液膜分离新体系。

8.1.1.2 混合载体（PC-88A 和 D2EHPA）的分散支撑液膜中稀土金属的提取和分离研究

（1）研究以混合载体（PC-88A 和 D2EHPA）为流动载体的分散支撑液膜中 Tb(Ⅲ)、Eu(Ⅲ) 和 Dy(Ⅲ) 的提取行为。探讨影响提取的各种因素，并优化提取条件，总结提取规律。

（2）在分别研究每个稀土金属提取的基础上，建立混合载体分散支撑液膜体系中稀土金属之间的分离新体系。

8.1.1.3 分散支撑液膜中稀土金属的提取动力学研究

在实验研究的基础上，从理论上探讨稀土金属在分散支撑液膜体系中提取的动力学规律，建立相应的传质数学模型，并通过实验进行验证，为进一步实际应用研究提供理论指导。

8.1.2 技术关键与技术路线

8.1.2.1 技术关键

（1）如何把传统支撑液膜和分散技术相结合，建立新的液膜体系，克服传统支撑液膜体系液膜易流失、稳定性差等缺点，提高稀土金属提取液膜体系稳定性是需要解决的一个关键问题。

（2）合适的支撑体和流动载体的选择是影响提取的主要因素，通过选择载体或利用混合载体的协同效应实现稀土金属的有效提取是本章需要解决的另一个关键问题。

（3）稀土金属的物理化学性质非常相近，稀土金属之间的有效分离一直是研究者关注的课题。建立新的液膜分离体系，在分别研究单个稀土金属提取的基础上，利用提取速率的差异，或载体的选择和条件优化等，建立这几种稀土金属之间分离的新体系。

8.1.2.2 技术路线

本研究技术路线见图 8-1。

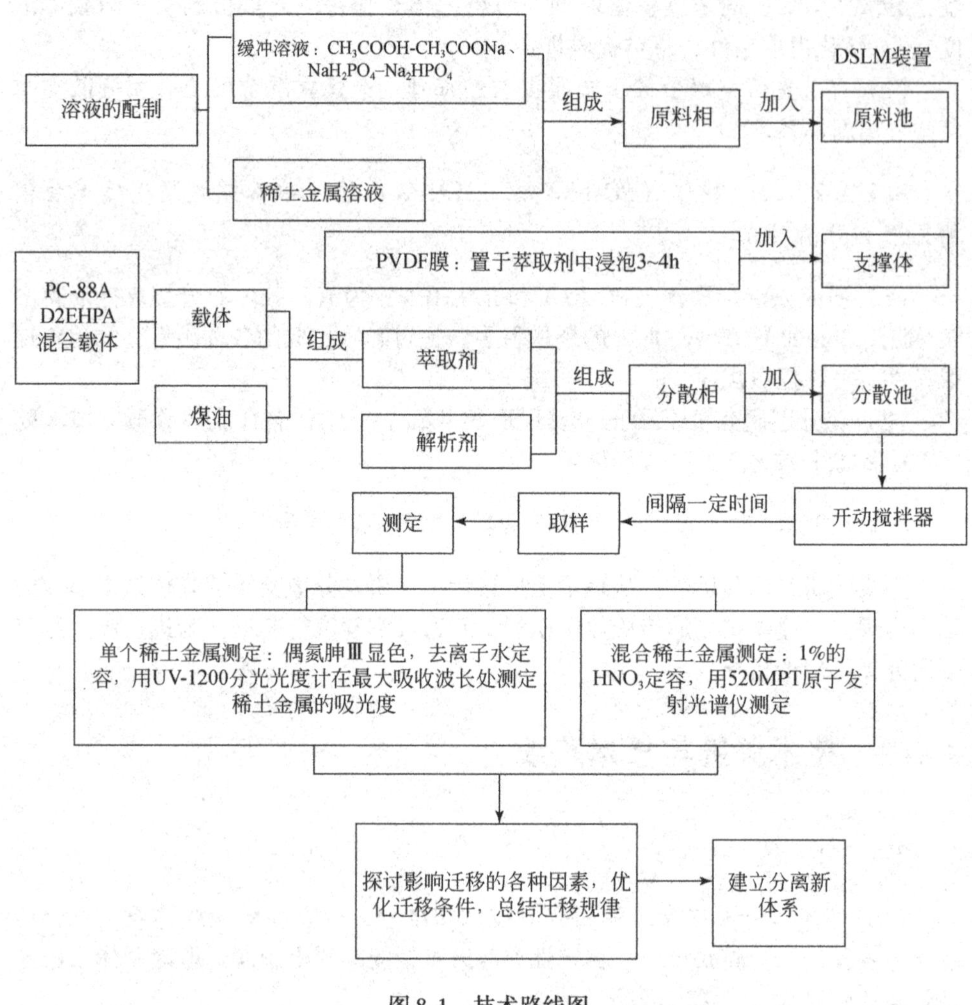

图 8-1　技术路线图

8.1.3　创新点

（1）将传统支撑液膜和分散技术相结合，建立了六种稀土金属离子 La(Ⅲ)、Ce(Ⅳ)、Tb(Ⅲ)、Eu(Ⅲ)、Dy(Ⅲ) 和 Tm(Ⅲ) 提取分离的分散支撑液膜体系，弥补了传统支撑液膜的缺陷，提高了液膜稳定性和金属离子提取率。

（2）将 PC-88A、D2EHPA 和混合载体作为流动载体应用到分散支撑液膜体系中，用于稀土金属的提取和分离研究，确立了最佳提取条件。

（3）在分别研究每个稀土金属提取的基础上，建立了混合稀土金属分散支撑液膜分离新体系，实现了 Ce(Ⅳ) 与其他五种稀土金属的分离；建立了 La(Ⅲ)、Dy(Ⅲ)、Tm(Ⅲ) 的分离体系及 Tb(Ⅲ)、Eu(Ⅲ)、Dy(Ⅲ) 的分离体系；建立了 La(Ⅲ)、Tm(Ⅲ) 与 Tb(Ⅲ)、Eu(Ⅲ)、Dy(Ⅲ) 的分离条件。

(4) 在界面扩散传质机理的基础上，对稀土金属分离的分散支撑液膜体系进行了动力学分析，分别建立了六种稀土金属渗透系数与原料相酸度、载体浓度的数学模型。

8.2 实验部分

8.2.1 试剂和仪器

8.2.1.1 实验试剂

实验试剂包括 PC-88A（日本大八化学工业公司提供，经铜盐纯化，纯度达 98%）；D2EHPA（国药集团化学试剂有限公司）；偶氮胂Ⅲ $C_{22}H_{18}As_2O_{14}N_4S_2$（北京化工厂）；$La(CH_3COO)_3 \cdot 4H_2O$（日本和光纯药工业株式会社）；$Ce(SO_4)_2 \cdot 4H_2O$（华东师范大学制药厂）；$Tb(CH_3COO)_3 \cdot 4H_2O$(Shin-Etsu Chemical Co. Ltd, Takefu, Japan)；$Eu(CH_3COO)_3 \cdot 4H_2O$(Shin-Etsu Chemical Co. Ltd, Takefu, Japan)；$Dy(CH_3COO)_3 \cdot 4H_2O$(Shin-Etsu Chemical Co. Ltd, Takefu, Japan)；$Tm_2O_3 \cdot 4H_2O$(Shin-Etsu Chemical Co. Ltd, Takefu, Japan)；盐酸 HCl（西安市长安区化学试剂厂）；硫酸 H_2SO_4（西安三浦精细化工厂）；硝酸 HNO_3（西安三浦精细化工厂）。以上试剂均为分析纯。商用煤油（西安三浦精细化工厂）；实验用水全部为去离子水。

8.2.1.2 实验仪器

分散支撑液膜提取池（自制）由原料池、分散池和支撑体组成。原料池和分散池的容量均为 80mL，并配有可调速电动搅拌器；支撑体为疏水性多孔 PVDF 膜（上海亚东核级树脂有限公司），孔径 0.22μm，膜厚 65μm，孔隙率（ε）75%，曲折因子（τ）1.67，有效面积为 $12cm^2$。实验装置见图 8-2。

实验使用的仪器包括 UV-1200 型分光光度计（上海惠普达仪器厂），JJ-1 型精密定时电动搅拌器（金坛区西城丹阳门石英玻璃厂），UV-2102PC 型紫外-可见分光光度计［尤尼柯（上海）仪器有限公司］，AY120 型电子天平（日本岛津公司），520MPT 原子发射光谱仪（长春吉大 · 小天鹅仪器有限公司）。

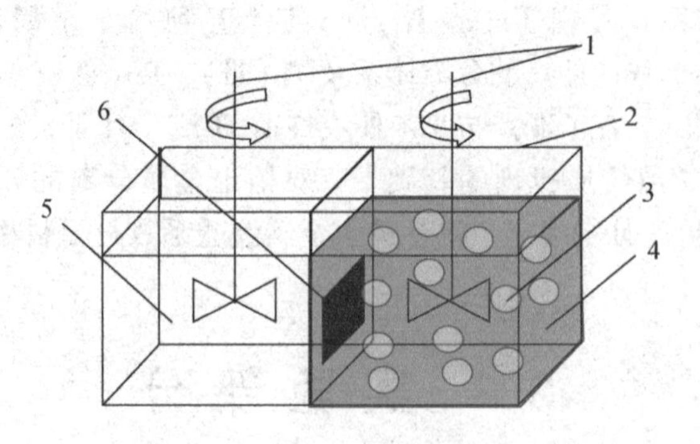

图 8-2　DSLM 装置示意图

1-搅拌器；2-迁移池；3-萃取相；4-膜溶液；5-原料相；6-膜

8.2.2　实验方法

本研究主要进行实验室规模的研究，主要以具体的分离对象为模型反应物，在一定的膜组件和膜装置内进行分散支撑液膜分离实验，考察介质条件、载体浓度、原料相以及分散相组成等对膜传质的影响，建立传质速率方程，从而优化膜分离条件。在机理研究方面，需要借助原子发射光谱、紫外分光光度法等测试技术进行表征，从而对一些动力学参数进行测定。

1）溶液的配制

1.00mol/L CH_3COOH-CH_3COONa 缓冲溶液；1.00mol/L NaH_2PO_4-Na_2HPO_4 缓冲溶液；6.00mol/L HCl；4.00mol/L H_2SO_4；1.00×10^{-2} mol/L 偶氮胂Ⅲ（$C_{22}H_{18}As_2O_{14}N_4S_2$）；除 Ce（Ⅳ）用 1.00mol/L H_2SO_4 稀释至浓度为 1.00×10^{-2} mol/L 以外，其余各种稀土金属离子的标准溶液均用 1.00mol/L HCl 稀释至浓度为 1.00×10^{-2}mol/L。

萃取剂：流动载体 PC-88A 和 D2EHPA 均用煤油稀释至 0.230mol/L 组成萃取剂。

2）操作步骤

实验采用自制液膜提取装置，将支撑体 PVDF 膜置于萃取剂中浸取吸附一定时间（3～4h），然后用滤纸吸干膜表面的液体，固定在分散支撑液膜提取池中。两个槽子分别装两相溶液，中间用 PVDF 膜隔开，一侧为原料相，另一侧为分散相；在原料相中分别加入一定量（5.00～10.0mL）的 1.00×10^{-3}mol/L 的稀土金属溶液以及缓冲溶液（共 60.0mL），并在分散相中加入 60.0mL 萃取剂和 HCl 溶液的混合液。开动搅拌器并计时，间隔一定的时间从原料相取样 1.00mL 至

10.0mL 比色管。

3） 样品分析

单个稀土金属的分析：在所取的样品中加入适量的缓冲溶液及一定量 1.00×10^{-4}mol/L 的显色剂偶氮胂Ⅲ（$C_{22}H_{18}As_2O_{14}N_4S_2$），用去离子水定容至 10mL，待显色反应 10min 后，用 UV-1200 分光光度计在 653nm 处测定 La(Ⅲ)、Tb(Ⅲ)、Eu(Ⅲ)、Dy(Ⅲ) 和 Tm(Ⅲ) 的吸光度，在 531nm 处测定 Ce(Ⅳ) 的吸光度。

混合稀土金属的分析：520MPT 原子发射光谱测定。

4） 结果分析

根据吸光度与金属浓度的关系曲线进行定量分析求出提取率，计算公式如下：

$$\eta=\frac{(c_0-c_t)}{c_0}\times100\%=\frac{(A_0-A_t)}{A_0}\times100\% \tag{8-1}$$

式中，η 为提取率；c_0为起始原料相中金属离子浓度，mol/L；c_t为时刻 t 原料相中金属离子浓度，mol/L；A_0为起始吸光度；A_t为时刻 t 的吸光度。

5） 萃取剂的处理

在实验结束后，需要对萃取剂进行后处理，将萃取剂中残余的稀土金属去除。在本实验中采用 4.00mol/L H_2SO_4进行解析，萃取剂可循环使用。

8.2.3 提取过程

分散支撑液膜主要是依靠分子间作用力和毛细管作用将含载体（萃取剂）的有机溶液吸附在微孔塑料薄膜（支撑体）内，利用液膜内发生的促进传输作用，将欲分离的稀土金属从原料相提取到解析相，达到分离稀土金属的目的。

图 8-3 描述了稀土金属在分散支撑液膜中的提取过程，其中 Re(Ⅲ) 表示稀土金属，A 表示原料相与膜相的界面，B 表示膜相与分散相的界面，稀土金属离子的提取过程大致分为以下几个步骤。

(1) 原料相中 Re(Ⅲ) 通过原料相–膜相界面内扩散。

(2) 在原料相–膜相界面 A，Re(Ⅲ) 与载体（HR）发生络合反应生成 $ReR_3\cdot3HR$。

(3) 反应生成的络合物 $ReR_3\cdot3HR$ 在膜相 AB 扩散。

(4) 当络合物 $ReR_3\cdot3HR$ 扩散到分散相后，与解析剂发生解析反应，Re(Ⅲ) 被解析进入解析相。

(5) 载体返回原料相和膜相的界面。

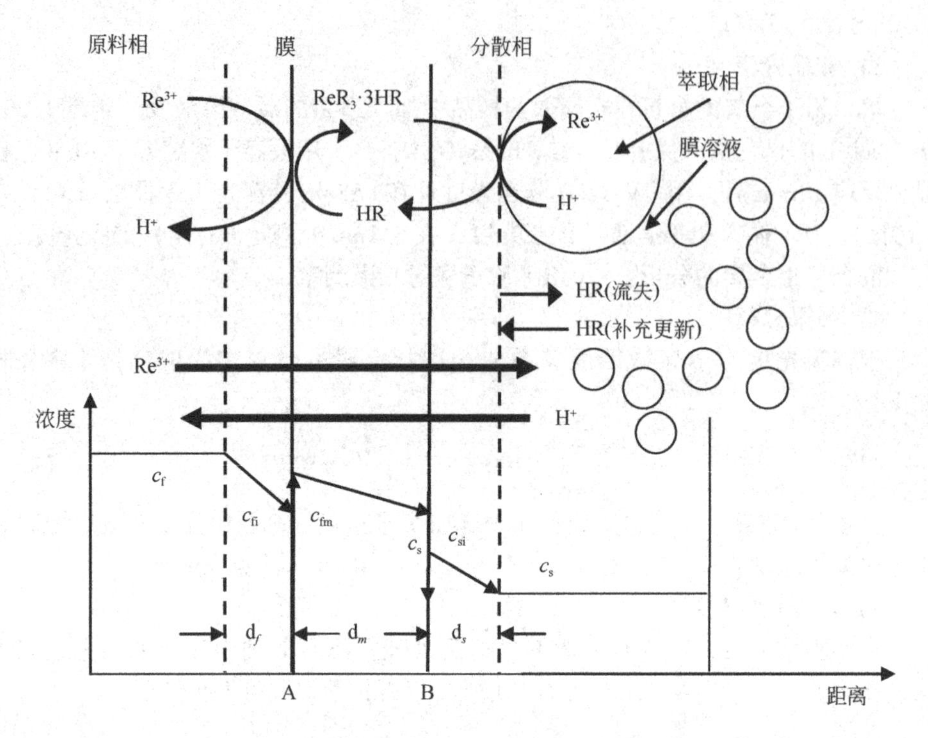

图 8-3　Re(Ⅲ) 在 DSLM 内迁移过程示意图

8.3　以 PC-88A 为流动载体的分散支撑液膜体系对稀土金属的提取研究

8.3.1　概述

PC-88A 是一种有机膦酸酯，其化学名称为 2-乙基己基膦酸-单-2-乙基己基酯，也简称 P_{507}；英文名为 2-ethyl hexly phosphonic acid-mono-2-ethyl hexly ester。其结构式如下：

$$\begin{array}{c} R \quad\ \ O \\ \diagdown \ /\!\!/ \\ P \\ \diagup \ \diagdown \\ RO \quad\ \ OH \end{array}$$

其中，R 为 $CH_3(CH_2)_3CHC_2H_5CH_2$—作为具有高度萃取分离性能的萃取剂，在萃取分离领域已有广泛的研究。PC-88A 对许多金属离子具有很好的萃取性能，且在一定的酸度条件下，较易从络合物中解析出来，这正是液膜分离中良好载体所必需的基本条件。

膜溶剂是构成萃取剂的基体，选择膜溶剂时，主要考虑分散支撑液膜的稳定性、对膜溶质（载体）及待分离物质的溶解性。为了保持分散支撑液膜体系的稳定性，希望膜溶剂具有较低的挥发性。膜溶剂应对载体具有良好的溶解性能，以便提高分散支撑液膜的选择性。此外，膜溶剂疏水性要强，不溶于原料相和解析相。

本章将 PC-88A 这种传统的萃取剂用在分散支撑液膜体系中，探讨和研究以 PC-88A 为流动载体、以煤油为膜溶剂的分散支撑液膜体系对稀土金属离子 La(Ⅲ)、Ce(Ⅳ)、Tb(Ⅲ)、Eu(Ⅲ)、Dy(Ⅲ) 和 Tm(Ⅲ) 的提取行为，考察影响稀土金属离子提取的各种因素，从而得出最佳的提取条件。

8.3.2 实验装置

实验装置如图 8-2 所示。

8.3.3 实验方法

1）溶液的配制

1.00mol/L CH_3COOH-CH_3COONa 缓冲溶液；1.00mol/L NaH_2PO_4-Na_2HPO_4 缓冲溶液；6.00mol/L HCl；4.00mol/L H_2SO_4；1.00×10^{-2} mol/L 偶氮胂Ⅲ（$C_{22}H_{18}As_2O_{14}N_4S_2$）；除 Ce(Ⅳ) 用 1.00mol/L H_2SO_4 稀释至浓度为 1.00×10^{-2} mol/L 以外，其余各种稀土金属离子的标准溶液均用 1.00mol/L HCl 稀释至浓度为 1.00×10^{-2}mol/L。

萃取剂：流动载体 PC-88A 用煤油稀释至 0.230mol/L 组成萃取剂。

2）操作步骤

实验采用自制液膜提取装置，将支撑体 PVDF 膜置于萃取剂中浸取吸附一定时间（3～4h），然后用滤纸吸干膜表面的液体，固定在分散支撑液膜提取池中。两个槽子分别装两相溶液，中间用 PVDF 膜隔开，一侧为原料相，另一侧为分散相；在原料相中分别加入一定量（5.00～10.0mL）的 1.00×10^{-3}mol/L 的稀土金属溶液以及缓冲溶液（共 60.0mL），并在分散相中加入 60.0mL 萃取剂和 HCl 溶液的混合液。开动搅拌器并计时，间隔一定的时间从原料相取样 1.00mL 至 10.0mL 比色管。

3）样品分析

在所取的样品中加入适量的缓冲溶液及一定量 1.00×10^{-4}mol/L 的显色剂偶

氮胂Ⅲ（$C_{22}H_{18}As_2O_{14}N_4S_2$），用去离子水定容至10mL，待显色反应10min后，用UV-1200分光光度计在653nm处测定La(Ⅲ)、Tb(Ⅲ)、Eu(Ⅲ)、Dy(Ⅲ)和Tm(Ⅲ)的吸光度，在531nm处测定Ce(Ⅳ)的吸光度。

4）结果分析

根据吸光度与稀土金属浓度的关系曲线［如式（8-1）］求出提取率。

5）萃取剂的处理

在实验结束后，需要对萃取剂进行后处理，将萃取剂中残余的稀土金属去除。在本实验中采用4.00mol/L H_2SO_4进行解析，萃取剂可循环使用。

8.3.4 结果与讨论

8.3.4.1 原料相pH对稀土金属提取的影响

由稀土金属离子在分散支撑液膜中的传质机理可知，H^+在原料相与分散相中的浓度差是稀土金属在分散支撑液膜中的传质动力。因此，原料相pH越高越有利于稀土金属的提取，但因分散相使用的解析剂为强酸，当原料相pH增加到一定程度时，两相间较高的H^+浓度差增强了分散相H^+透过膜相的渗透作用，不仅严重影响液膜的稳定性，还会影响稀土金属在分散支撑液膜中的提取速率。因此，原料相与分散相的酸度差是影响稀土金属传质速率的重要因素之一[11]。并且原料相pH影响稀土金属离子的存在形态，在合适的pH下，稀土金属离子能与膜中载体形成载体络合物而进入液膜相，金属离子被提取，分离效果好，反之，分离效果则差。如果原料相pH过低，原料相与分散相酸度差较小，提取效果不理想；原料相pH过高，可能会使稀土金属离子发生水解或形成羟基络合物，从而影响提取率。因此，原料相pH的选择对金属离子的提取具有重要作用。

在La(Ⅲ)、Ce(Ⅳ)、Tb(Ⅲ)、Eu(Ⅲ)、Dy(Ⅲ)和Tm(Ⅲ)的分散支撑液膜提取体系中分别选择分散相中萃取剂与HCl溶液体积比为30：30、40：20、30：30、30：30、40：20和40：20；分散相中HCl浓度都为4.00mol/L；La(Ⅲ)、Ce(Ⅳ)、Tb(Ⅲ)、Eu(Ⅲ)和Tm(Ⅲ)初始浓度均为1.00×10^{-4}mol/L，Dy(Ⅲ)初始浓度为8.00×10^{-5}mol/L；萃取剂中载体PC-88A浓度分别为0.160mol/L、0.160mol/L、0.100mol/L、0.160mol/L、0.100mol/L和0.160mol/L。在此条件下研究原料相pH对La(Ⅲ)、Ce(Ⅳ)、Tb(Ⅲ)、Eu(Ⅲ)、Dy(Ⅲ)和Tm(Ⅲ)在分散支撑液膜中的提取行为的影响，实验结果如图8-4～图8-9及表8-1所示。

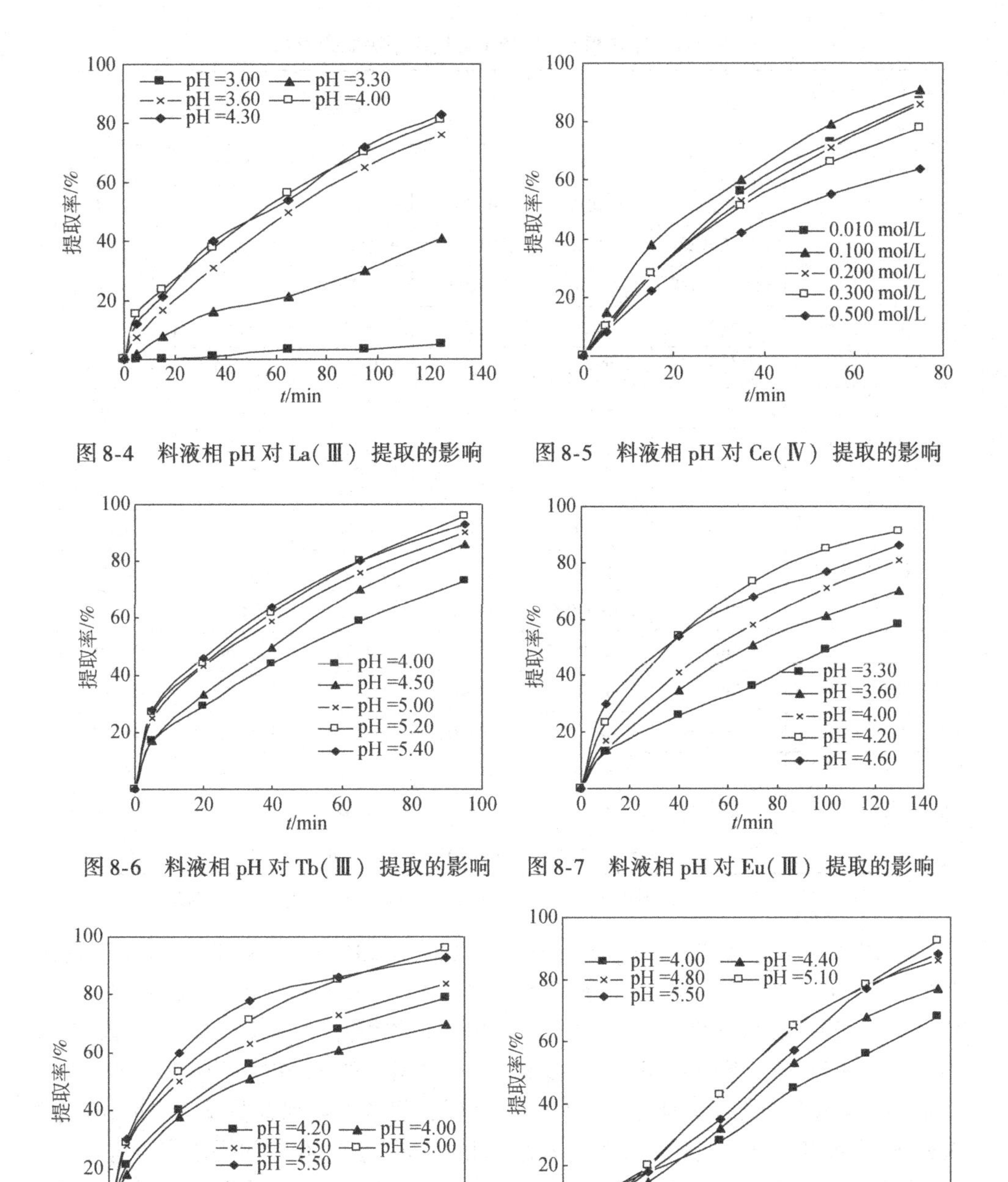

图 8-4　料液相 pH 对 La(Ⅲ) 提取的影响

图 8-5　料液相 pH 对 Ce(Ⅳ) 提取的影响

图 8-6　料液相 pH 对 Tb(Ⅲ) 提取的影响

图 8-7　料液相 pH 对 Eu(Ⅲ) 提取的影响

图 8-8　料液相 pH 对 Dy(Ⅲ) 提取的影响

图 8-9　料液相 pH 对 Tm(Ⅲ) 提取的影响

表 8-1　原料相 pH 对稀土金属离子提取的影响

稀土金属	提取时间/min	项目	数据结果				
La(Ⅲ)	125	pH	3.00	3.30	3.60	4.00	4.30
		$-\ln c_t/c_0$	0.0503	0.483	1.40	1.67	1.71
		P_c/(m/s)	4.47×10^{-7}	4.29×10^{-6}	1.25×10^{-5}	1.49×10^{-5}	1.52×10^{-5}
Ce(Ⅳ)	75	酸度/(mol/L)	0.010	0.100	0.200	0.300	0.500
		$-\ln c_t/c_0$	2.29	2.41	1.92	1.58	0.986
		P_c/(m/s)	3.39×10^{-5}	3.57×10^{-5}	2.85×10^{-5}	2.34×10^{-5}	1.46×10^{-5}
Tb(Ⅲ)	95	pH	4.00	4.50	5.00	5.20	5.40
		$-\ln c_t/c_0$	1.33	1.85	2.28	3.03	2.54
		P_c/(m/s)	1.56×10^{-5}	2.17×10^{-5}	2.67×10^{-5}	3.55×10^{-5}	2.97×10^{-5}
Eu(Ⅲ)	130	pH	3.30	3.60	4.00	4.20	4.60
		$-\ln c_t/c_0$	0.882	1.19	1.65	2.39	2.05
		P_c/(m/s)	7.54×10^{-6}	1.02×10^{-5}	1.41×10^{-5}	2.04×10^{-5}	1.75×10^{-5}
Dy(Ⅲ)	95	pH	4.00	4.20	4.50	5.00	5.50
		$-\ln c_t/c_0$	1.17	1.50	1.67	3.27	2.44
		P_c/(m/s)	1.37×10^{-5}	1.76×10^{-5}	1.96×10^{-5}	3.83×10^{-5}	2.86×10^{-5}
Tm(Ⅲ)	155	pH	4.00	4.40	4.80	5.10	5.50
		$-\ln c_t/c_0$	1.14	1.44	1.98	2.55	2.13
		P_c/(m/s)	8.19×10^{-6}	1.03×10^{-5}	1.42×10^{-5}	1.83×10^{-5}	1.53×10^{-5}

注：c_t和c_0分别表示稀土金属 t 时刻的浓度和初始浓度，单位为 mol/L；P_c表示渗透系数，单位为 m/s

从图 8-4 可以看出，当 pH 分别为 3.00、3.30、3.60、4.00 和 4.30 时，125min 时 La(Ⅲ) 的提取率分别可达 4.91%、38.3%、75.4%、81.2% 和 82.0%。当原料相 pH 低于 3.00 时，原料相与分散相的 H^+浓度差较小，La(Ⅲ) 提取效果不明显，当原料相 pH 为 3.00 时，两相间的 H^+浓度差仍然很小，La(Ⅲ) 提取速率只有 4.91%；当 pH 为 3.60 时，提取率增加较明显，约是 pH 为 3.30 时的两倍；当 pH 为 4.00 时，提取率相比 pH 为 3.60 时的提取率也有明显的增加；当 pH 为 4.30 时，La(Ⅲ) 提取率比 pH 为 4.00 时的提取率只增加了 0.80 个百分点。当 pH 大于 4.30 时，原料相酸度较低，两相间较高的 H^+浓度差增强了分散相 H^+透过膜相的渗透作用，影响液膜的稳定性，所以影响了 La(Ⅲ) 在分散支撑液膜中的提取速率。再继续降低原料相 H^+浓度，原料相中 La(Ⅲ) 发生水解，溶液变浑浊。从表 8-1 也可以看出，pH 为 3.00 时，La(Ⅲ) 渗透系数为 4.47×10^{-7}m/s；当 pH 增加到 3.60 时，渗透系数也随之增加到 1.25×10^{-5}m/s，比 pH 为 3.00 时的渗透系数增大了 27 倍；当 pH 为 4.00 时，渗透系数也增加到 1.49×10^{-5}m/s，在此基础上再增大 pH 到 4.30 时，渗透系数只比 pH 为 4.00 时增加了为 3.00×10^{-7}m/s。可见，原料相 pH 控制在 4.00 时为最佳条件。

从图 8-5 可以看出，当原料相 H^+浓度分别为 0.010mol/L、0.100mol/L、0.200mol/L、0.300mol/L 和 0.500mol/L 时，75min 时 Ce(Ⅳ) 的提取率分别为 89.9%、91.1%、85.4%、79.4% 和 62.7%。当原料相 H^+浓度为 0.300mol/L 时，两相间的 H^+浓度差减小，Ce(Ⅳ) 提取速率降低，比 H^+浓度为 0.200mol/L 时低了 6.00 个百分点；当原料相 H^+浓度为 0.500mol/L 时，提取率比 H^+浓度为 0.300mol/L 时低了 16.7 个百分点。当原料相 H^+浓度为 0.100mol/L 时，提取率最大，比 H^+浓度为 0.200mol/L 时的提取率高了 5.7 个百分点；当 H^+浓度为 0.010mol/L 时，原料相中 Ce(Ⅳ) 发生水解形成羟基络合物，溶液变浑浊。从表 8-1 也可以看出，当原料相 H^+浓度为 0.100mol/L 时，Ce(Ⅳ) 在分散支撑液膜中的渗透系数为 3.57×10^{-5}m/s，明显高于其他酸度情况下的渗透系数。因此，选择原料相 H^+浓度为 0.100mol/L 为最佳条件，即原料相 pH 为 1.00。

从图 8-6～图 8-8、表 8-1 可以分别看出，Tb(Ⅲ)、Eu(Ⅲ)、Dy(Ⅲ) 的提取规律比较接近。当 pH 分别为 4.00、4.50、5.00、5.20 和 5.40 时，95min 时 Tb(Ⅲ) 的提取率分别为 73.6%、84.3%、89.8%、95.2% 和 92.1%。当原料相 pH 低于 5.00 时，两相间的 H^+浓度差减小，Tb(Ⅲ) 提取率和渗透系数均较低；当原料相 pH 为 5.20 和 5.40 时，提取率及渗透系数很接近；当 pH 大于 5.40 时，原料相中 Tb(Ⅲ) 发生水解形成羟基络合物，溶液变浑浊。可见，Tb(Ⅲ) 的提取过程中，原料相 pH 控制在 5.20 为最佳条件。当 pH 分别为 3.30、3.60、4.00、4.20 和 4.60 时，130min 时 Eu(Ⅲ) 的提取率分别可达 58.6%、69.7%、80.8%、90.8% 和 87.1%。当原料相 pH 低于 4.20 时，原料相与分散相之间的 H^+浓度差较小，Eu(Ⅲ) 提取率较低；当 pH 为 4.20 时，提取率最高；当 pH 为 4.60 时，原料相酸度较低，两相间较高的 H^+浓度差增强了分散相 H^+透过膜相的渗透作用，影响液膜的稳定性，所以影响了 Eu(Ⅲ) 在分散支撑液膜中的提取率。再继续增大 pH，原料相中 Eu(Ⅲ) 发生水解，溶液变浑浊。当 pH 为 4.20 时，Eu(Ⅲ) 在分散支撑液膜中的渗透系数也明显高出其他 pH 条件下的。因此，Eu(Ⅲ) 的提取过程中，选择原料相 pH 在 4.20 为最佳条件。当 pH 分别为 4.00、4.20、4.50、5.00 和 5.50 时，95min 时 Dy(Ⅲ) 的提取率分别为 69.1%、77.7%、81.2%、96.2% 和 91.3%。当原料相 pH 低于 5.00 时，两相间的 H^+浓度差减小，Dy(Ⅲ) 提取率较低；当 pH 为 5.00 时，提取率最高；当 pH 为 5.50 时，原料相中 Dy(Ⅲ) 发生水解，溶液变浑浊。当 pH 为 5.00 时，Dy(Ⅲ) 在分散支撑液膜中的渗透系数也明显高出其他 pH 条件下的。因此，原料相 pH 控制在5.00为最佳条件。

从图8-9可以看出，当pH分别为4.00、4.40、4.80、5.10和5.50时，155min时Tm(Ⅲ)的提取率分别为68.1%、76.3%、85.2%、92.2%和88.1%。当pH为5.10时，提取率最高；当原料相pH低于5.10时，两相间的H^+浓度差减小，Tm(Ⅲ)提取率较低；原料相pH较高，两相间较高的H^+浓度差增强了分散相H^+透过膜相的渗透作用，影响液膜的稳定性，所以影响了Tm(Ⅲ)在分散支撑液膜中的提取率。如果再继续增大原料相pH到5.50，原料相中Tm(Ⅲ)发生水解，形成羟基络合物，溶液变浑浊。因此，选择原料相pH为5.10为最佳条件。

La(Ⅲ)、Ce(Ⅳ)、Tb(Ⅲ)、Eu(Ⅲ)、Dy(Ⅲ)和Tm(Ⅲ)提取过程中所选最佳原料相pH分别为4.00、1.00、5.20、4.20、5.00、5.10，分别在125min、75min、95min、130min、95min和155min时，6种稀土金属在已选择条件下的提取率分别为75.2%、91.1%、73.5%、80.6%、70.1%、67.9%。

8.3.4.2 分散相中HCl浓度对稀土金属提取的影响

H^+在原料相与分散相中的浓度差是稀土金属在分散支撑液膜中的传质动力，在确定原料相pH的基础上改变分散相解析剂的浓度也可以改变稀土金属在分散支撑液膜中的传质动力。如果增加解析剂的浓度，解析速率增大，提取率也会提高。但当解析剂的浓度增大到一定程度时，分散相与原料相间的H^+浓度差过大，从而分散相与原料相渗透压差过大，分散相H^+有可能向原料相渗透，此时支撑体上的萃取剂也由于此过程发生流失，载体也随之流失，导致提取率降低或膜相不稳定的现象。因此，有必要考察分散相中解析剂HCl浓度对稀土金属提取的影响。

在La(Ⅲ)、Ce(Ⅳ)、Tb(Ⅲ)、Eu(Ⅲ)、Dy(Ⅲ)和Tm(Ⅲ)的分散支撑液膜提取体系中分别选择原料相pH为3.60、1.00、4.00、4.00、4.00和4.00；分散相中萃取剂与HCl溶液体积比分别为30∶30、40∶20、30∶30、30∶30、40∶20和40∶20；萃取剂中载体PC-88A浓度分别为0.16mol/L、0.160mol/L、0.100mol/L、0.160mol/L、0.100mol/L和0.160mol/L。La(Ⅲ)、Ce(Ⅳ)、Tb(Ⅲ)、Eu(Ⅲ)和Tm(Ⅲ)初始浓度均为1.00×10^{-4}mol/L，Dy(Ⅲ)初始浓度为8.00×10^{-5}mol/L，在此条件下研究分散相中HCl浓度对La(Ⅲ)、Ce(Ⅳ)、Tb(Ⅲ)、Eu(Ⅲ)、Dy(Ⅲ)和Tm(Ⅲ)在分散支撑液膜中的提取行为的影响，结果如图8-10～图8-15及表8-2所示。

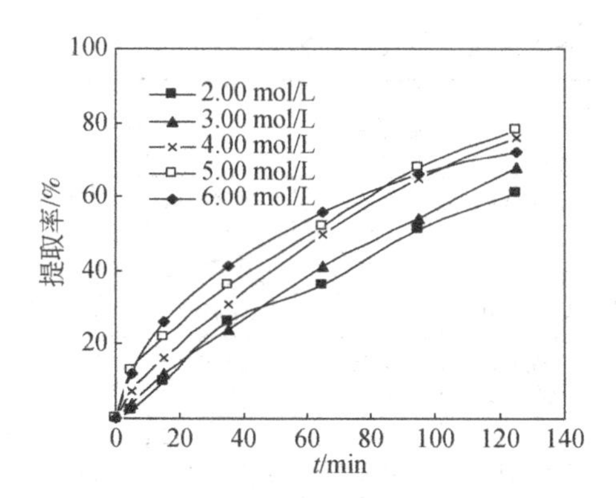

图 8-10 分散相中 HCl 浓度对 La(Ⅲ)提取的影响

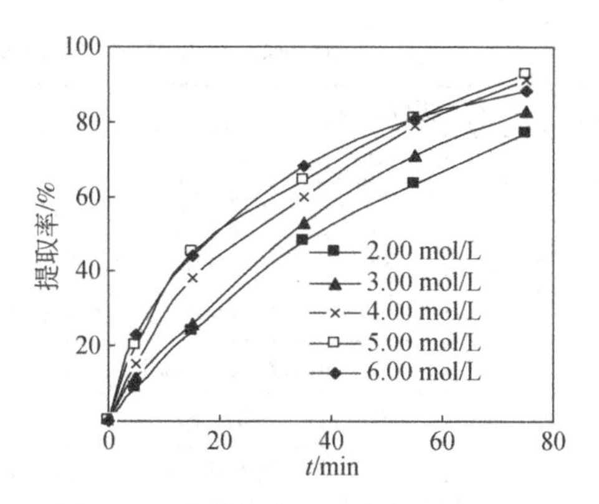

图 8-11 分散相中 HCl 浓度对 Ce(Ⅳ)提取的影响

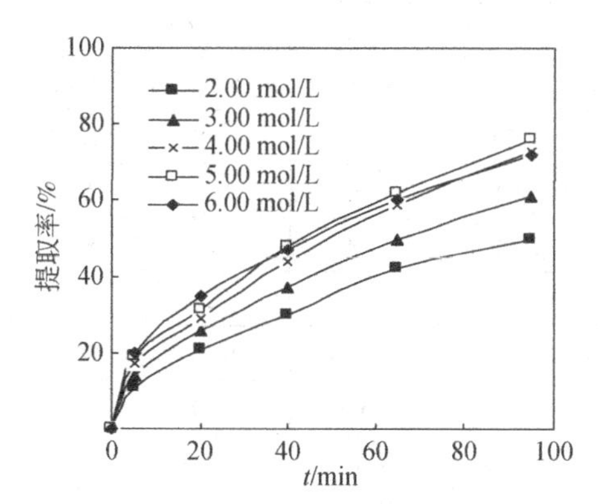

图 8-12 分散相中 HCl 浓度对 Tb(Ⅲ)提取的影响

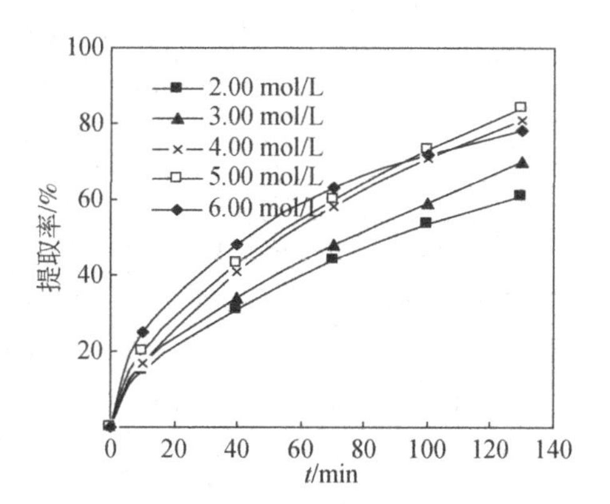

图 8-13 分散相中 HCl 浓度对 Eu(Ⅲ)提取的影响

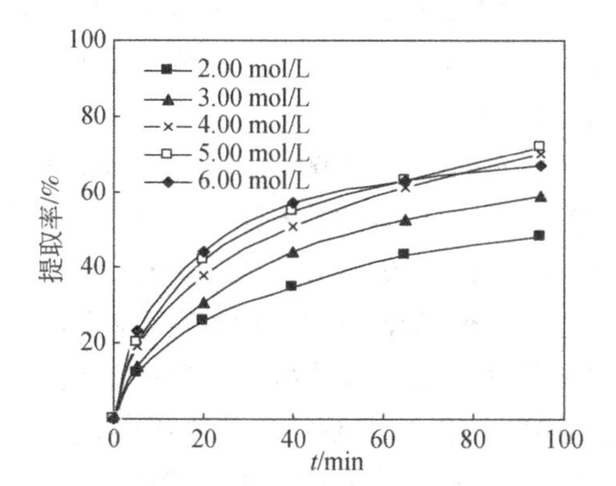

图 8-14 分散相中 HCl 浓度对 Dy(Ⅲ)提取的影响

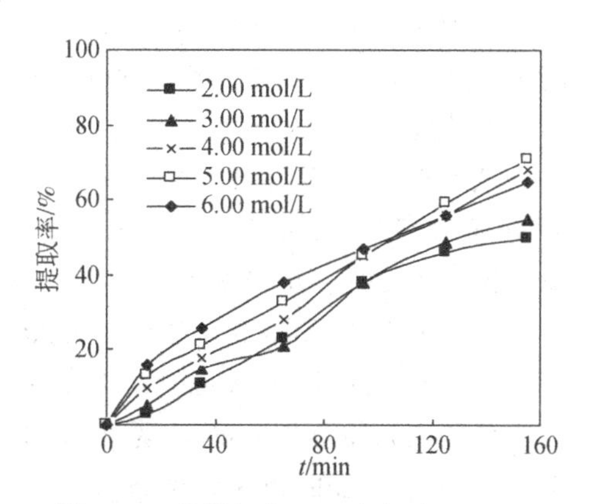

图 8-15 分散相中 HCl 浓度对 Tm(Ⅲ)提取的影响

表 8-2　分散相中 HCl 浓度对稀土金属离子提取的影响

稀土金属	提取时间/min	项目	数据结果				
La(Ⅲ)	125	HCl 浓度/(mol/L)	2.00	3.00	4.00	5.00	6.00
		$-\ln c_t/c_0$	0.924	1.14	1.39	1.42	1.26
		P_c/(m/s)	8.21×10^{-6}	1.02×10^{-5}	1.24×10^{-5}	1.27×10^{-5}	1.12×10^{-5}
Ce(Ⅳ)	75	HCl 浓度/(mol/L)	2.00	3.00	4.00	5.00	6.00
		$-\ln c_t/c_0$	1.44	1.69	2.53	2.63	2.10
		P_c/(m/s)	2.14×10^{-5}	2.51×10^{-5}	3.75×10^{-5}	3.89×10^{-5}	3.11×10^{-5}
Tb(Ⅲ)	95	HCl 浓度/(mol/L)	2.00	3.00	4.00	5.00	6.00
		$-\ln c_t/c_0$	0.671	0.949	1.33	1.41	1.30
		P_c/(m/s)	7.86×10^{-6}	1.11×10^{-5}	1.55×10^{-5}	1.65×10^{-5}	1.52×10^{-5}
Eu(Ⅲ)	130	HCl 浓度/(mol/L)	2.00	3.00	4.00	5.00	6.00
		$-\ln c_t/c_0$	0.978	1.24	1.65	1.80	1.47
		P_c/(m/s)	8.36×10^{-6}	1.06×10^{-5}	1.41×10^{-5}	1.54×10^{-5}	1.25×10^{-5}
Dy(Ⅲ)	95	HCl 浓度/(mol/L)	2.00	3.00	4.00	5.00	6.00
		$-\ln c_t/c_0$	0.609	0.896	1.21	1.27	1.10
		P_c/(m/s)	7.12×10^{-6}	1.05×10^{-5}	1.41×10^{-5}	1.48×10^{-5}	1.29×10^{-5}
Tm(Ⅲ)	155	HCl 浓度/(mol/L)	2.00	3.00	4.00	5.00	6.00
		$-\ln c_t/c_0$	0.707	0.828	1.16	1.20	1.03
		P_c/(m/s)	5.07×10^{-6}	5.94×10^{-6}	8.32×10^{-6}	8.58×10^{-6}	7.37×10^{-6}

从图 8-10 ~ 图 8-15 可以发现，不论哪种稀土金属，当分散相中解析剂 HCl 的浓度从 2.00mol/L 增加到 5.00mol/L 的过程中，提取率都呈增加趋势。说明解析剂的浓度越大，解析速率越大，提取率也会越高。

从图 8-10 可以看出，当 HCl 浓度分别为 2.00mol/L、3.00mol/L、4.00mol/L、5.00mol/L 和 6.00mol/L 时，125min 时 La(Ⅲ)的提取率分别为 60.3%、68.1%、75.2%、76.0% 和 71.7%。当分散相 HCl 浓度为 6.00mol/L 时，在 0 ~ 85min La(Ⅲ)的提取率都高于 5.00mol/L 时，但是 85min 后提取率开始下降，而且在 125min 时比 4.00mol/L 时降低 3.50 个百分点，这是由于分散相酸度过高，分散相与原料相间的 H^+ 浓度差过大，导致分散相与原料相渗透压差过大，分散相 H^+ 有可能向原料相渗透，此时支撑体上的萃取剂发生流失，载体也随之流失，从而导致提取率降低或膜相不稳定的现象。当 HCl 浓度为 4.00mol/L 时，La(Ⅲ) 提取率明显高于 HCl 浓度为 2.00mol/L 和 3.00mol/L 时，但是继续增加

HCl 浓度到 5.00mol/L 时，提取率只增加了 0.80 个百分点。由表 8-2 也可知，HCl 浓度为 4.00mol/L 和 5.00mol/L 时，La(Ⅲ) 在分散支撑液膜中的渗透系数分别为 1.24×10^{-5}m/s 和 1.27×10^{-5}m/s，只相差 3.00×10^{-7}m/s。从控制酸度方面考虑，分散相中适宜的 HCl 浓度应为 4.00mol/L。

同样，从图 8-11 ~ 图 8-15 可以看出，当 HCl 浓度分别为 2.00mol/L、3.00mol/L、4.00mol/L、5.00mol/L 和 6.00mol/L 时，75min 时 Ce(Ⅳ) 的提取率分别为 76.4%、81.6%、91.2%、92.8% 和 87.7%。95min 时 Tb(Ⅲ) 的提取率分别为 48.9%、61.3%、73.5%、75.6% 和 72.7%。130min 时 Eu(Ⅲ) 的提取率分别为 62.4%、71.0%、80.6%、83.4% 和 76.9%。95min 时 Dy(Ⅲ) 的提取率分别为 45.6%、59.2%、70.1%、71.9% 和 66.8%。155min 时 Tm(Ⅲ) 的提取率分别为 50.7%、56.3%、67.9%、69.9% 和 64.2%。由表 8-2 可知，当 HCl 浓度从 4.00mol/L 增加到 5.00mol/L 时，几种稀土金属在分散支撑液膜中提取的渗透系数变化不明显。

La(Ⅲ)、Ce(Ⅳ)、Tb(Ⅲ)、Eu(Ⅲ)、Dy(Ⅲ) 和 Tm(Ⅲ) 提取过程中所需最佳 HCl 浓度均为 4.00mol/L，分别在 125min、75min、95min、130min、95min 和 155min 时，6 种稀土金属离子在已选择条件下的提取率分别为 75.2%、91.2%、73.5%、80.6%、70.1%、67.9%。

8.3.4.3 萃取剂与 HCl 溶液的体积比对稀土金属提取的影响

由于分散相是将 HCl 溶液均匀地分散在萃取剂中形成的，萃取剂与 HCl 溶液的体积比直接影响稀土金属的萃取和解析速率。当分散相总体积不变，载体与 HCl 浓度恒定时，HCl 溶液在分散相中占的比例越大，所形成的分散液越不稳定，不利于稀土金属的提取。而且，随着 HCl 溶液比例增大，萃取剂体积减小即载体数减少，所以萃取反应速率减小，解析速率增大，稀土金属提取率减小。随着 HCl 溶液比例减小，萃取剂体积增大即载体数增大，所以萃取反应速率增大，解析速率减小，使得稀土金属提取率增大。当 HCl 溶液比例减小到一定程度时，再继续减小 HCl 溶液比例，载体数过少，与原料相稀土金属络合速率减小，所以降低了稀土金属的提取率[12]。选择合适的萃取剂与 HCl 溶液的体积比是提高提取率的关键。

在 La(Ⅲ)、Ce(Ⅳ)、Tb(Ⅲ)、Eu(Ⅲ)、Dy(Ⅲ) 和 Tm(Ⅲ) 分散支撑液膜提取体系中分别选择原料相 pH 为 3.60、1.00、4.00、4.00、4.00 和 4.00；La(Ⅲ)、Ce(Ⅳ)、Tb(Ⅲ)、Eu(Ⅲ) 和 Tm(Ⅲ) 初始浓度均为 1.00×10^{-4}mol/L，Dy(Ⅲ) 初始浓度为 8.00×10^{-5}mol/L；分散相中 HCl 浓度都为 4.00mol/L；萃取剂中载体 PC-88A 浓度分别为 0.160mol/L、0.160mol/L、0.100mol/L、0.160mol/L、0.100mol/L 和 0.160mol/L。在此条件下研究萃取剂与 HCl 溶液体

积比对 La(Ⅲ)、Ce(Ⅳ)、Tb(Ⅲ)、Eu(Ⅲ)、Dy(Ⅲ) 和 Tm(Ⅲ) 在分散支撑液膜中的提取行为的影响，结果如图 8-16 ~ 图 8-21 及表 8-3 所示。

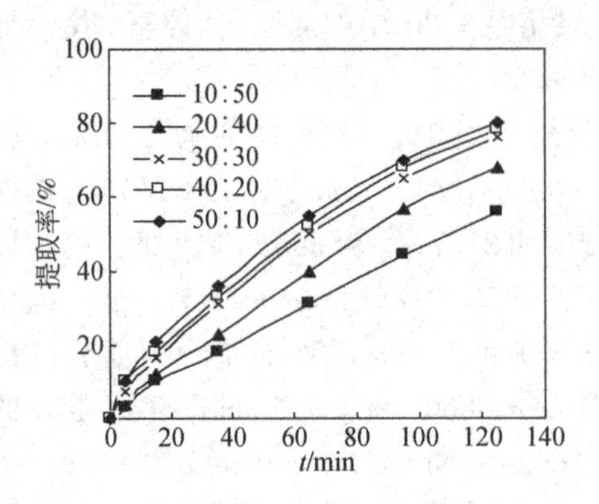

图 8-16　萃取剂与 HCl 溶液的体积比对 La(Ⅲ) 提取的影响

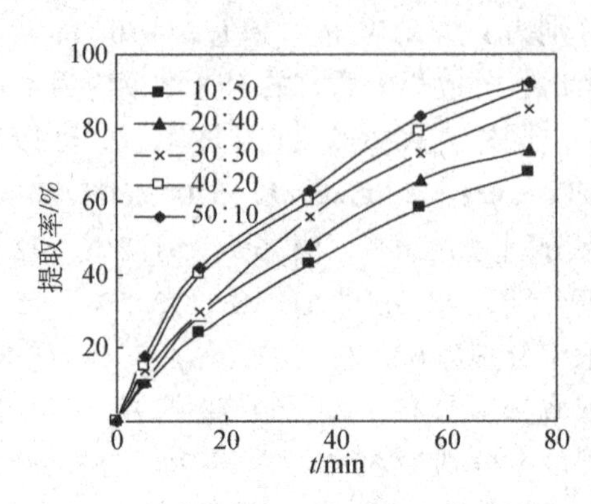

图 8-17　萃取剂与 HCl 溶液的体积比对 Ce(Ⅳ) 提取的影响

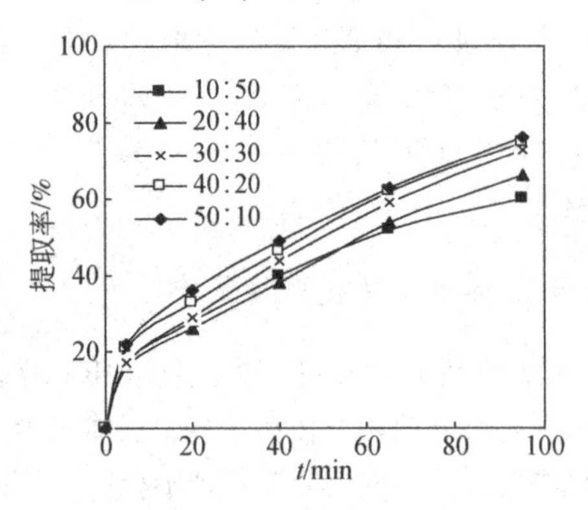

图 8-18　萃取剂与 HCl 溶液的体积比对 Tb(Ⅲ) 提取的影响

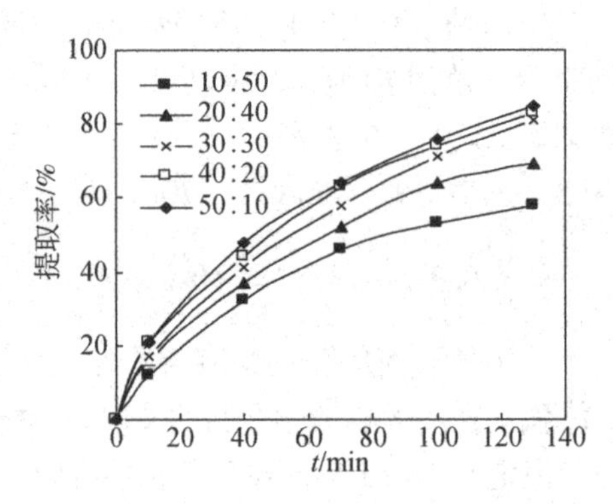

图 8-19　萃取剂与 HCl 溶液的体积比对 Eu(Ⅲ) 提取的影响

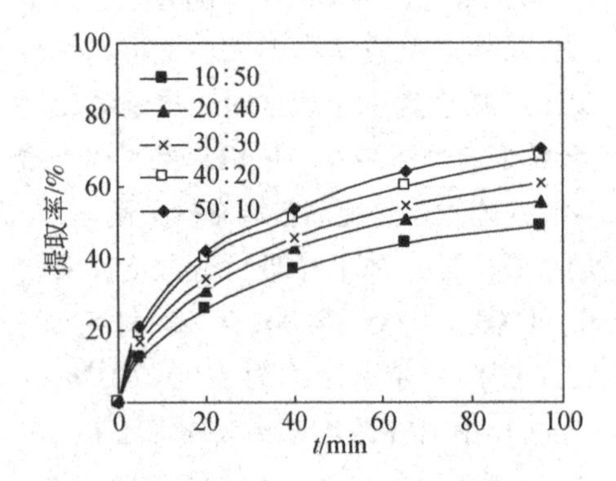

图 8-20　萃取剂与 HCl 溶液的体积比对 Dy(Ⅲ) 提取的影响

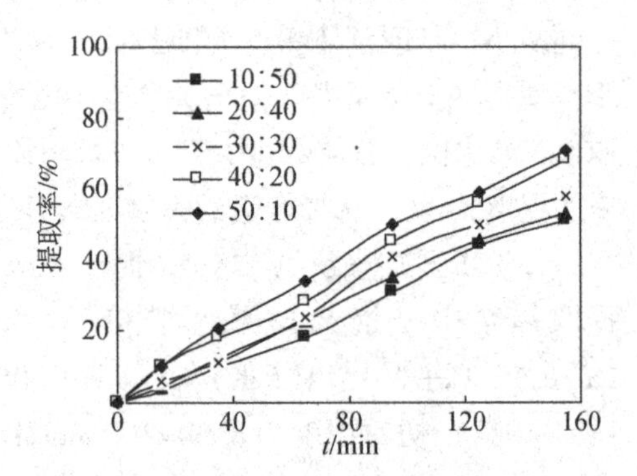

图 8-21　萃取剂与 HCl 溶液的体积比对 Tm(Ⅲ) 提取的影响

表 8-3　萃取剂与 HCl 溶液体积比对稀土金属离子提取的影响

稀土金属	提取时间/min	项目	数据结果				
La(Ⅲ)	125	体积比	10：50	20：40	30：30	40：20	50：10
		$-\ln c_t/c_0$	0.660	0.814	1.39	1.41	1.46
		P_c/(m/s)	5.87×10^{-6}	7.24×10^{-6}	1.24×10^{-5}	1.26×10^{-5}	1.30×10^{-5}
Ce(Ⅳ)	75	体积比	10：50	20：40	30：30	40：20	50：10
		$-\ln c_t/c_0$	0.660	0.814	1.99	2.53	2.56
		P_c/(m/s)	9.78×10^{-6}	1.21×10^{-5}	2.78×10^{-5}	3.75×10^{-5}	3.80×10^{-5}
Tb(Ⅲ)	95	体积比	10：50	20：40	30：30	40：20	50：10
		$-\ln c_t/c_0$	0.800	0.93	1.33	1.35	1.38
		P_c/(m/s)	9.34×10^{-6}	1.07×10^{-5}	1.55×10^{-5}	1.58×10^{-5}	1.69×10^{-5}
Eu(Ⅲ)	130	体积比	10：50	20：40	30：30	40：20	50：10
		$-\ln c_t/c_0$	0.780	1.06	1.65	1.67	1.68
		P_c/(m/s)	6.64×10^{-6}	9.03×10^{-6}	1.41×10^{-5}	1.43×10^{-5}	1.44×10^{-5}
Dy(Ⅲ)	95	体积比	10：50	20：40	30：30	40：20	50：10
		$-\ln c_t/c_0$	0.616	0.690	0.821	1.21	1.25
		P_c/(m/s)	7.21×10^{-6}	8.01×10^{-6}	9.61×10^{-6}	1.41×10^{-5}	1.46×10^{-5}
Tm(Ⅲ)	155	体积比	10：50	20：40	30：30	40：20	50：10
		$-\ln c_t/c_0$	0.616	0.693	0.993	1.16	1.19
		P_c/(m/s)	4.42×10^{-6}	4.97×10^{-6}	7.12×10^{-6}	8.32×10^{-6}	8.53×10^{-6}

从图 8-16 可以看出，分散相中萃取剂与 HCl 溶液体积比从 50：10 到 10：50，La(Ⅲ) 提取率依次减小，当萃取剂与 HCl 溶液体积比为 50：10、40：20 和 30：30 时，125min 时 La(Ⅲ) 提取率分别为 76.9%、76.3% 和 75.8%。而萃取剂与 HCl 溶液体积比为 20：40 和 10：50 时提取率分别只有 55.7% 和 48.3%。从表 8-3 可知，当萃取剂与 HCl 溶液体积比从 30：30 增加到 50：10 时，La(Ⅲ) 在分散支撑液膜中的渗透系数只增加了 6.00×10^{-7}m/s；而萃取剂与 HCl 溶液体积比为 20：40 和 10：50 时，渗透系数降低明显。若我们使萃取剂与 HCl 溶液体积比为 0：60，就相当于分散相中没有萃取剂，只剩下解析相，也就是传统的 SLM 体系，从结果可以看出，采用分散支撑液膜体系，分散相中萃取剂与 HCl 溶液体积比从 10：50 增加至 50：10，提取率增加，充分证明了采用分散相代替传统 SLM 的解析相有助于提高 SLM 的提取率，即证明了分散支撑液膜的优越性。考虑经济因素，适宜的萃取剂与 HCl 溶液体积比应选择在 30：30 左右。

同样，从图 8-18 和图 8-19 可以看出，Tb(Ⅲ) 和 Eu（Ⅲ）提取所需最佳萃取剂与 HCl 溶液体积比均为 30：30，说明 La(Ⅲ)、Tb(Ⅲ)、Eu(Ⅲ) 解析速率与萃取反应过程中络合物形成的速率相当。Tb(Ⅲ) 和 Eu(Ⅲ) 的提取率分别为

73.2%（95min）和80.7%（130min）。

从图8-17可以看出，分散相中萃取剂与HCl溶液的体积比从50：10到10：50，Ce(Ⅳ)提取率依次减小，当萃取剂与HCl溶液体积比为50：10和40：20时，75min时，Ce(Ⅳ)提取率分别为92.3%和91.2%。而萃取剂与HCl溶液体积比为30：30、20：40和10：50时提取率分别只有84.7%、55.7%和48.3%。当萃取剂与HCl溶液体积比从40：20增加至50：10时，渗透系数只增加了5.00×10^{-7}m/s。考虑经济因素，适宜的萃取剂与HCl溶液体积比应选择在40：20左右。同样，从图8-20、图8-21可以看出，Dy(Ⅲ)和Tm(Ⅲ)提取所需最佳萃取剂与HCl溶液体积比均为40：20，说明稀土金属离子Ce(Ⅳ)、Dy(Ⅲ)、Tm(Ⅲ)的解析速率大于萃取反应过程中络合物形成的速率。Dy(Ⅲ)和Tm(Ⅲ)的提取率可分别达到70.4%（95min）和68.9%（155min）。

通过研究分散相中萃取剂与HCl溶液体积比对分散支撑液膜体系中稀土金属的提取行为的影响，我们可以这样理解：分散支撑液膜体系中稀土金属的提取过程是由化学反应和扩散动力学联合控制的，是一个动态平衡过程，分散相中萃取剂与HCl溶液的体积比较小时，整个过程由化学反应控制，即由萃取反应与解析反应控制。根据化学平衡原理，增加萃取剂与HCl的体积溶液比有利于载体配合物的形成，因此稀土金属的提取率增加较快，但当萃取剂与HCl溶液体积比达到一定值时，界面稀土金属与载体及络合物浓度接近饱和，扩散过程将起决定作用，随萃取剂与HCl溶液体积比的增加，稀土金属提取率的增加逐渐减慢。萃取剂与HCl溶液体积比如果继续增大，解析剂所占比例减小，解析速率必然降低，因此，提取率也降低。

在以PC-88A为载体的分散支撑液膜体系中，La(Ⅲ)、Ce(Ⅳ)、Tb(Ⅲ)、Eu(Ⅲ)、Dy(Ⅲ)和Tm(Ⅲ)提取过程中所选最佳分散相中萃取剂与HCl溶液体积分别为30：30、40：20、30：30、30：30、40：20、40：20，分别在125min、75min、95min、130min、95min、155min时，6种稀土金属离子在已选择条件下的提取率分别为75.8%、91.2%、73.2%和80.7%、70.4%、68.9%。

8.3.4.4 初始浓度对稀土金属提取的影响

在一定的分散支撑液膜体系中，稀土金属离子的起始浓度过大，一定时间内稀土金属不能被完全提取；稀土金属离子的起始浓度过小，稀土金属离子与膜的接触率很低，这些都会影响其提取率，并且要考虑到某元素仪器测定的浓度范围。因此，原料相稀土金属离子初始浓度的大小对提取行为有一定影响。

由式（8.1）可知，在原料相与膜相的界面处，稀土金属La(Ⅲ)、Ce(Ⅳ)、Tb(Ⅲ)、Eu(Ⅲ)、Dy(Ⅲ)和Tm(Ⅲ)分别与载体PC-88A发生化学反应形成络合物。当稀土金属离子浓度较小时，平衡左移，其提取率降低，随稀土金属离子浓度的增大，平衡向右移动，其提取率逐渐增大。但稀土金属的提取率还受载体浓度及膜面积的影响。当载体浓度及膜面积一定时，在单位时间内提取的稀土金属离子的数目也是一定的，所以稀土金属的提取率并不随其初始浓度的增大而无限制地增大。当稀土金属离子初始浓度增大到一定程度时，再增大其初始浓度，其提取率开始下降[12]。

在 La(Ⅲ)、Ce(Ⅳ)、Tb(Ⅲ)、Eu(Ⅲ)、Dy(Ⅲ) 和 Tm(Ⅲ) 的分散支撑液膜提取体系中分别选择分散相中萃取剂与 HCl 溶液体积比为 30：30、40：20、30：30、30：30、40：20 和 40：20；分散相中 HCl 浓度都为 4.00mol/L；萃取剂中载体 PC-88A 浓度分别为 0.160mol/L、0.160mol/L、0.100mol/L、0.160mol/L、0.100mol/L 和 0.160mol/L；原料相 pH 分别为 4.00、1.00、5.20、4.20、5.00 和 5.10。在此条件下研究原料相稀土金属离子初始浓度对 La(Ⅲ)、Ce(Ⅳ)、Tb(Ⅲ)、Eu(Ⅲ)、Dy(Ⅲ) 和 Tm(Ⅲ) 在分散支撑液膜中的提取行为的影响，实验结果如图 8-22 ~ 图 8-27 及表 8-4 所示。

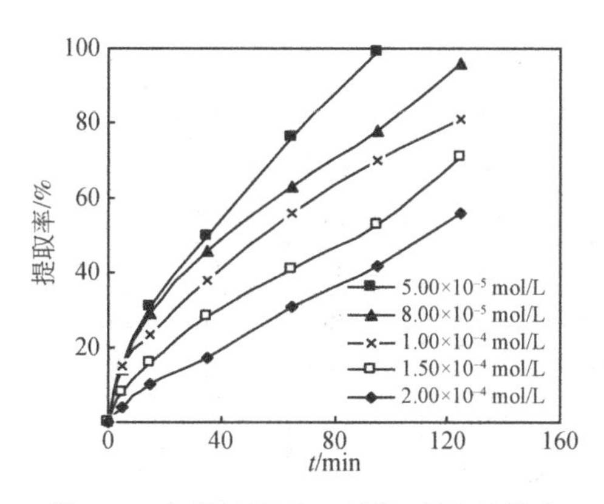

图 8-22 初始浓度对 La(Ⅲ) 提取的影响

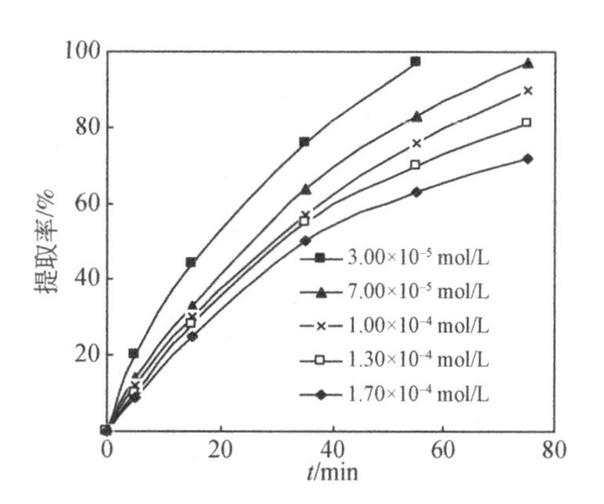

图 8-23 初始浓度对 Ce(Ⅳ) 提取的影响

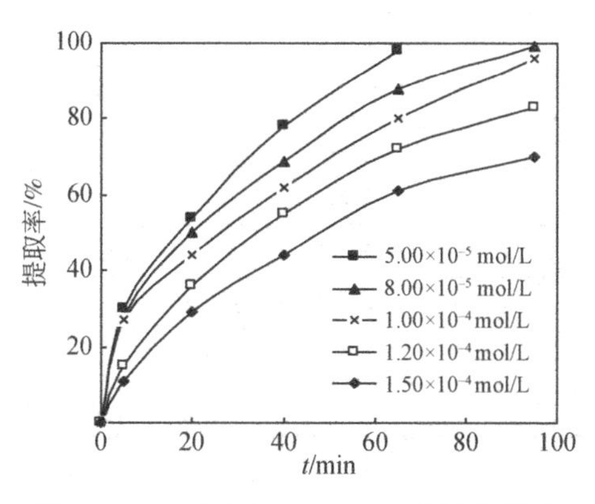

图 8-24 初始浓度对 Tb(Ⅲ) 提取的影响

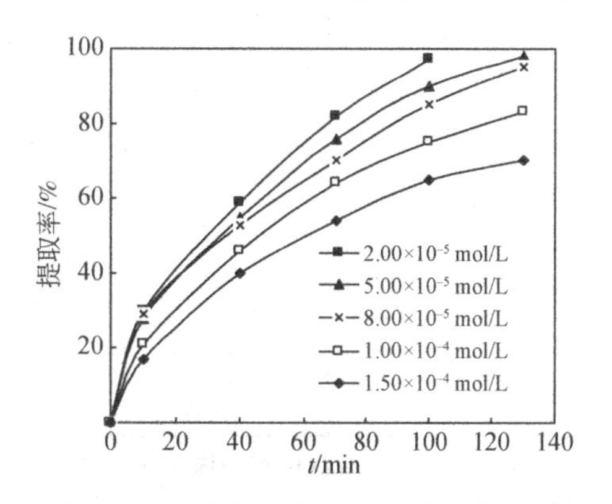

图 8-25 初始浓度对 Eu(Ⅲ) 提取的影响

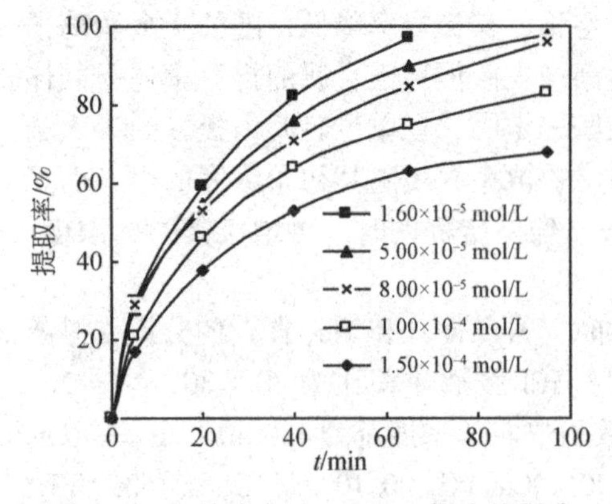

图 8-26　初始浓度对 Dy(Ⅲ) 提取的影响

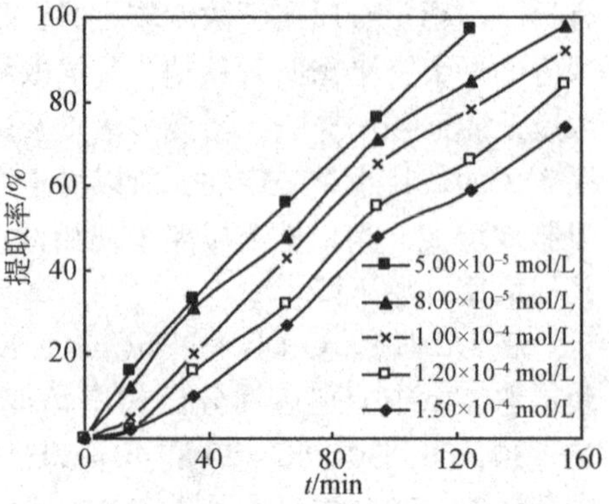

图 8-27　初始浓度对 Tm(Ⅲ) 提取的影响

表 8-4　初始浓度对稀土金属离子提取的影响

稀土金属	提取时间/min	项目	数据结果				
La(Ⅲ)	125	初始浓度/(mol/L)	5.00×10^{-5}	8.00×10^{-5}	1.00×10^{-4}	1.50×10^{-4}	2.00×10^{-4}
		$-\ln c_t/c_0$	—	2.80	1.67	1.12	0.751
		P_e/(m/s)	—	2.49×10^{-5}	1.49×10^{-5}	9.97×10^{-6}	6.68×10^{-6}
Ce(Ⅳ)	75	初始浓度/(mol/L)	3.00×10^{-5}	7.00×10^{-5}	1.00×10^{-5}	1.30×10^{-5}	1.70×10^{-5}
		$-\ln c_t/c_0$	—	3.30	2.41	1.51	1.13
		P_e/(m/s)	—	4.88×10^{-5}	3.57×10^{-5}	2.24×10^{-5}	1.67×10^{-5}
Tb(Ⅲ)	95	初始浓度/(mol/L)	5.00×10^{-5}	8.00×10^{-5}	1.00×10^{-4}	1.20×10^{-4}	1.50×10^{-4}
		$-\ln c_t/c_0$	—	4.02	3.03	1.66	1.08
		P_e/(m/s)	—	4.70×10^{-5}	3.55×10^{-5}	1.94×10^{-5}	1.26×10^{-5}
Eu(Ⅲ)	130	初始浓度/(mol/L)	2.00×10^{-5}	5.00×10^{-5}	8.00×10^{-5}	1.00×10^{-4}	1.50×10^{-4}
		$-\ln c_t/c_0$	—	3.58	2.90	2.39	1.18
		P_e/(m/s)	—	3.08×10^{-5}	2.48×10^{-5}	2.04×10^{-5}	1.01×10^{-5}
Dy(Ⅲ)	95	初始浓度/(mol/L)	1.60×10^{-5}	5.00×10^{-5}	8.00×10^{-5}	1.00×10^{-4}	1.50×10^{-4}
		$-\ln c_t/c_0$	—	3.73	3.27	1.66	1.08
		P_e/(m/s)	—	4.36×10^{-5}	3.83×10^{-5}	1.94×10^{-5}	1.26×10^{-5}
Tm(Ⅲ)	155	初始浓度/(mol/L)	5.00×10^{-5}	8.00×10^{-5}	1.00×10^{-4}	1.20×10^{-4}	1.50×10^{-4}
		$-\ln c_t/c_0$	—	3.44	2.55	1.83	1.31
		P_e/(m/s)	—	2.47×10^{-5}	1.83×10^{-5}	1.31×10^{-5}	9.39×10^{-6}

注：“—”表示检测不到，即被完全提取

从图 8-22 可以看出，当 La(Ⅲ) 初始浓度分别为 8.00×10^{-5} mol/L、1.00×10^{-4} mol/L、1.50×10^{-4} mol/L 和 2.00×10^{-4} mol/L 时，125min 时 La(Ⅲ) 的提取率分别为 93.9%、81.2%、67.4% 和 52.8%，此时，随着 La(Ⅲ) 初始浓度的减小，La(Ⅲ) 提取率和渗透系数都增大。当 La(Ⅲ) 初始浓度为 5.00×10^{-5} mol/L 时，95min 时 La(Ⅲ) 的提取率可达 99.8%，125min 时检测不到 La(Ⅲ)，说明已经被完全提取。但是当 La(Ⅲ) 初始浓度继续减小，平衡左移，导致 La(Ⅲ) 提取率和渗透系数降低。

从图 8-23 可以看出，当 Ce(Ⅳ) 初始浓度为 3.00×10^{-5} mol/L 时，55min 时 Ce(Ⅳ) 的提取率可达 97.8%，75min 时检测不到 Ce(Ⅳ)，说明已经完全提取。当 Ce(Ⅳ) 初始浓度分别为 7.00×10^{-5} mol/L、1.00×10^{-4} mol/L、1.30×10^{-4} mol/L 和 1.70×10^{-4} mol/L 时，75min 时 Ce(Ⅳ) 的提取率分别可达 96.3%、91.1%、77.9%、和 67.6%。随着 Ce(Ⅳ) 初始浓度的减小，Ce(Ⅳ) 提取率增加，这是因为当膜相中 PC-88A 浓度及膜面积一定时，在单位时间内提取的 Ce(Ⅳ) 的数目也是一定的。但是当 Ce(Ⅳ) 初始浓度继续减小到一定程度时，萃取反应平衡左移，导致 Ce(Ⅳ) 提取率和渗透系数降低。

同样地，从图 8-24～图 8-27 可以看出，当 Tb(Ⅲ)、Eu(Ⅲ)、Dy(Ⅲ) 和 Tm(Ⅲ) 的初始浓度分别为 5.00×10^{-5} mol/L、2.00×10^{-5} mol/L、1.60×10^{-5} mol/L 和 5.00×10^{-5} mol/L 时，65min、100min、65min 和 125min 时提取率可分别达到 99.3%、97.3%、97.1% 和 96.4%。在 95min、130min、95min 和 155min 时检测不到稀土金属，说明原料相基本没有稀土金属，提取率为 100%。还可以看出，随着稀土金属离子初始浓度的减小，稀土金属提取率增大的幅度也减小，说明稀土金属离子初始浓度越小，稀土金属离子与膜相在单位时间内的接触机会越少，也就是说同样数量的稀土金属离子在初始浓度大的情况下与膜接触并发生反应的概率更大。当其初始浓度减少到一定程度时，再减小，其提取率将会降低。由于本实验考虑稀土金属仪器测定范围及误差范围，没有将初始浓度无限制地降低。

8.3.4.5 不同解析剂对稀土金属提取的影响

从分散支撑液膜传质机理可知，H^+ 在原料相与分散相中的浓度差是分散支撑液膜中金属离子的传质动力。因此，当原料相和解析相酸度确定时，传质动力基本稳定。但解析剂的种类不同，其性质必然有所差异，解析相的离子环境也会不同，其传质动力会略有差异。本实验采用的解析剂为强酸，HCl、H_2SO_4、HNO_3 都是常用到的强酸解析剂，三者在作解析剂的情况下，性质有很大差异，HCl 易挥发，Cl^- 易与金属离子形成络离子；H_2SO_4 中 SO_4^{2-} 容易与金属离子形成难溶盐；HNO_3 是氧化性酸，浓度较大时容易氧化有机络合物，而且在氧化环境下，不利于金属离子和载体发生络合反应。因此，研究分散相中不同解析剂对稀土金属提取行为的影响具有一定的意义。

在 La(Ⅲ)、Ce(Ⅳ)、Tb(Ⅲ)、Eu(Ⅲ)、Dy(Ⅲ) 和 Tm(Ⅲ) 的分散支撑液膜提取体系中分别选择分散相中萃取剂与 HCl 溶液体积比为 30∶30、40∶20、30∶30、30∶30、40∶20 和 40∶20；分散相中 H^+ 浓度都为 4.00mol/L；萃取剂中载体 PC-88A 浓度分别为 0.160mol/L、0.160mol/L、0.100mol/L、0.160mol/L、0.100mol/L 和 0.160mol/L；初始浓度分别为 8.00×10^{-5} mol/L、7.00×10^{-5} mol/L、1.00×10^{-4} mol/L、8.00×10^{-5} mol/L、8.00×10^{-5} mol/L 和 1.00×10^{-4} mol/L；原料相 pH 分别为 4.00、1.00、5.20、4.20、5.00 和 5.10。在此条件下研究分散相中不同解析剂对 La(Ⅲ)、Ce(Ⅳ)、Tb(Ⅲ)、Eu(Ⅲ)、Dy(Ⅲ) 和 Tm(Ⅲ) 在分散支撑液膜中的提取行为的影响，实验结果如图 8-28～图 8-33 所示。

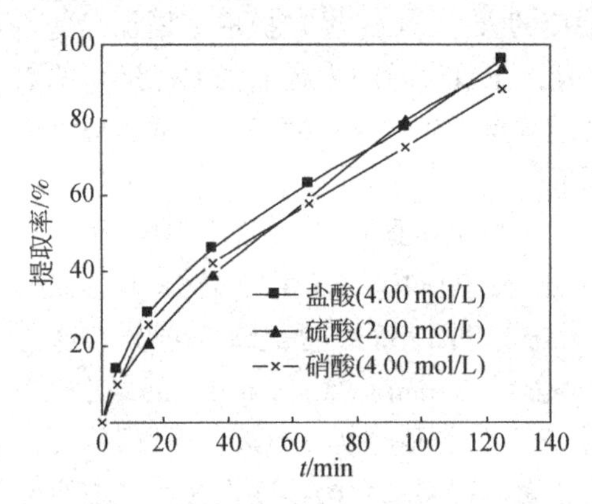

图 8-28　不同解析剂对 La(Ⅲ) 提取的影响

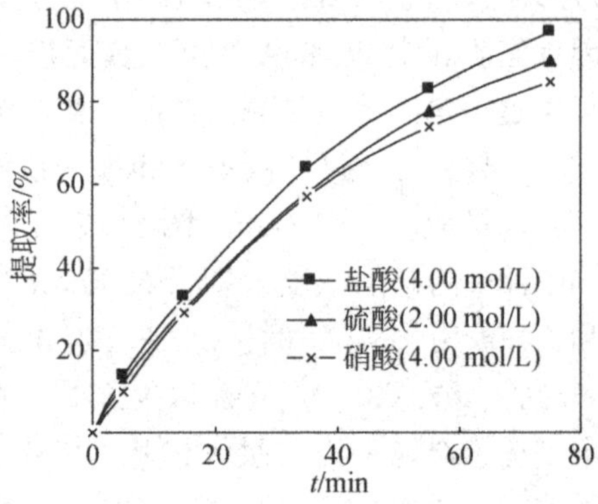

图 8-29　不同解析剂对 Ce(Ⅳ) 提取的影响

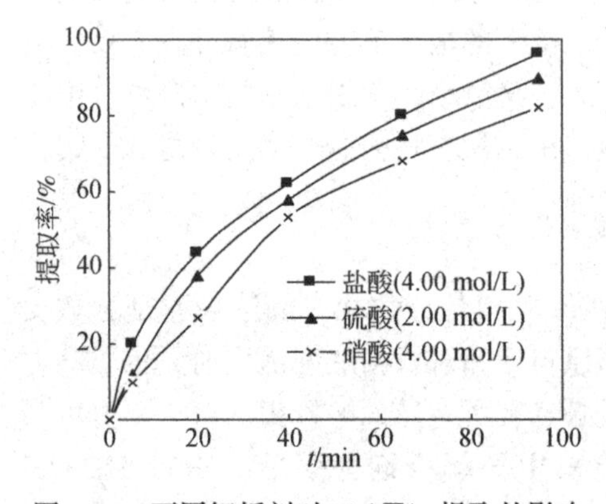

图 8-30　不同解析剂对 Tb(Ⅲ) 提取的影响

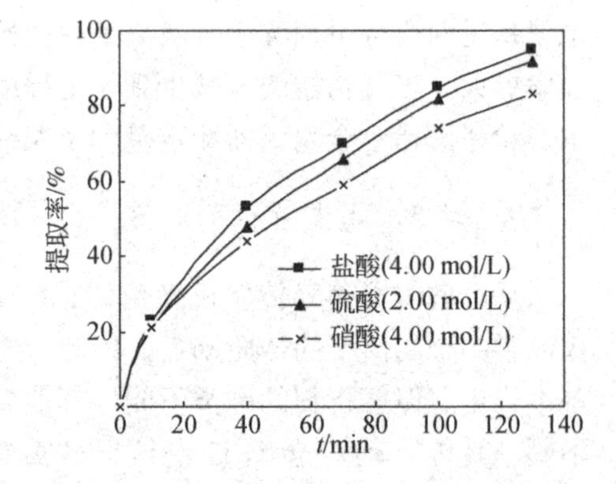

图 8-31　不同解析剂对 Eu(Ⅲ) 提取的影响

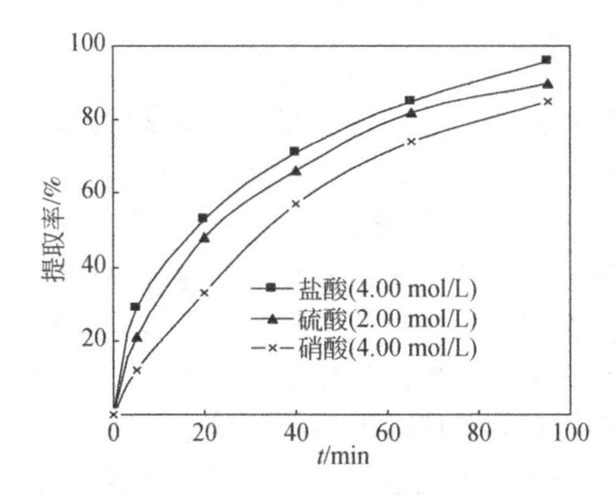

图 8-32　不同解析剂对 Dy(Ⅲ) 提取的影响

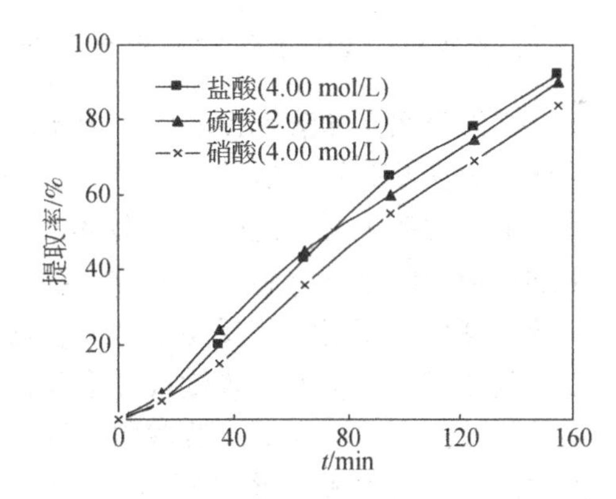

图 8-33　不同解析剂对 Tm(Ⅲ) 迁移的影响

本实验在保持分散相中解析相酸度不变的前提下，分别考察了 HCl、H_2SO_4 和 HNO_3 对 La(Ⅲ)、Ce(Ⅳ)、Tb(Ⅲ)、Eu(Ⅲ)、Dy(Ⅲ) 和 Tm(Ⅲ) 提取的影响。

如图 8-28 所示，HCl、H_2SO_4 和 HNO_3 分别作为解析剂，125min 时，La(Ⅲ) 的提取率分别为 94.0%、93.9% 和 87.8%，可以看出 HCl、H_2SO_4 和 HNO_3 对 La(Ⅲ) 的解析都有一定的效果。其中，以 4.00mol/L 的 HCl 溶液和 2.00mol/L 的 H_2SO_4 溶液解析效果较好，HNO_3 效果略低于 HCl 和 H_2SO_4，这是因为分散相中的 Cl^- 可以和 La(Ⅲ) 反应生成稳定的络合物 $LaCl_n^{3-n}$。因此，选择 4.00mol/L 的 HCl 作为解析剂。

由图 8-29 可知，HCl、H_2SO_4 和 HNO_3 对 Ce(Ⅳ) 的解析都有一定的效果。75min 时 Ce(Ⅳ) 的提取率分别达到 96.3%、89.4% 和 84.0%。其中，以 4.00mol/L 的 HCl 解析效果最好，H_2SO_4 和 HNO_3 的效果略低于 HCl。因此，选择 4.00mol/L 的 HCl 作为解析剂。

如图 8-30 所示。HCl、H_2SO_4 和 HNO_3 分别作为解析剂，95min 时 Tb(Ⅲ) 的提取率分别为 95.2%、90.3% 和 81.9%，可以看出 HCl、H_2SO_4 和 HNO_3 对 Tb(Ⅲ) 的解析都有一定的效果。其中，以 4.00mol/L 的 HCl 解析效果最好，因此选择 4.00mol/L 的 HCl 作为解析剂。

同样，如图 8-31 ~ 图 8-33 所示，HCl、H_2SO_4 和 HNO_3 对 Eu(Ⅲ)、Dy(Ⅲ) 和 Tm(Ⅲ) 的解析都有一定的效果，其中以 4.00mol/L 的 HCl 和 2.00mol/L 的 H_2SO_4 解析效果较好，HNO_3 的效果略低于 HCl 和 H_2SO_4。因此，选择 4.00mol/L 的 HCl 作为解析剂。

8.3.4.6 载体浓度对稀土金属提取的影响

因为分散支撑液膜提取稀土金属的过程是由稀土金属的配合物与载体之间的化学反应及其结合后的扩散过程联合控制的。当载体浓度较低时，稀土金属离子的提取率主要由配合物与载体之间的化学反应控制，根据化学平衡原理，增加反应物的浓度有利于载体配合物的形成，因此稀土金属离子的提取率增加较快，载体浓度越大，反应越充分，稀土金属离子的提取率越高。但当载体浓度达到一定值时，界面浓度接近饱和，载体浓度的增加使稀土金属离子的提取率的增加渐渐趋于平缓。若载体浓度过高，膜内载体浓度饱和，稀土金属离子的提取率主要由配合物-载体的扩散过程控制，就会在一定程度上堵塞膜孔，从而导致稀土金属离子的提取率降低。因此，考察载体浓度对稀土金属提取的影响是很必要的。

在La(Ⅲ)、Ce(Ⅳ)、Tb(Ⅲ)、Eu(Ⅲ)、Dy(Ⅲ)和Tm(Ⅲ)的分散支撑液膜提取体系中分别选择分散相中萃取剂与HCl溶液体积比为30：30、40：20、30：30、30：30、40：20和40：20；分散相中HCl浓度都为4.00mol/L；初始浓度分别为8.00×10^{-5}mol/L、7.00×10^{-5}mol/L、1.00×10^{-4}mol/L、8.00×10^{-5}mol/L、8.00×10^{-5} mol/L和1.00×10^{-4} mol/L；原料相pH分别为4.00、1.00、5.20、4.20、5.00和5.10。在此条件下研究分散相中载体浓度对La(Ⅲ)、Ce(Ⅳ)、Tb(Ⅲ)、Eu(Ⅲ)、Dy(Ⅲ)和Tm(Ⅲ)在分散支撑液膜中的提取行为的影响，实验结果如图8-34～图8-39及表8-5所示。

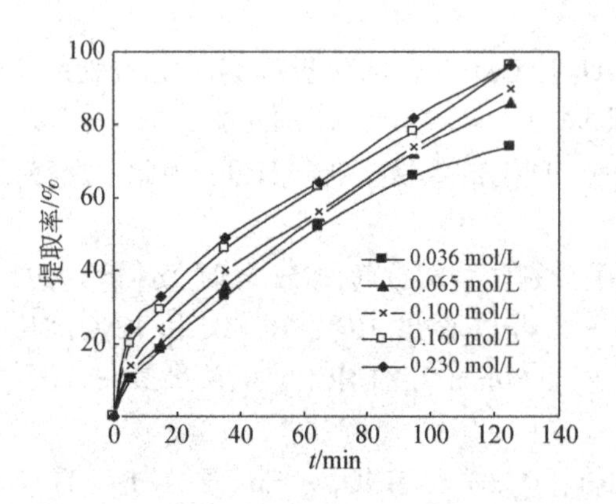

图8-34 不同载体浓度对La(Ⅲ)提取的影响

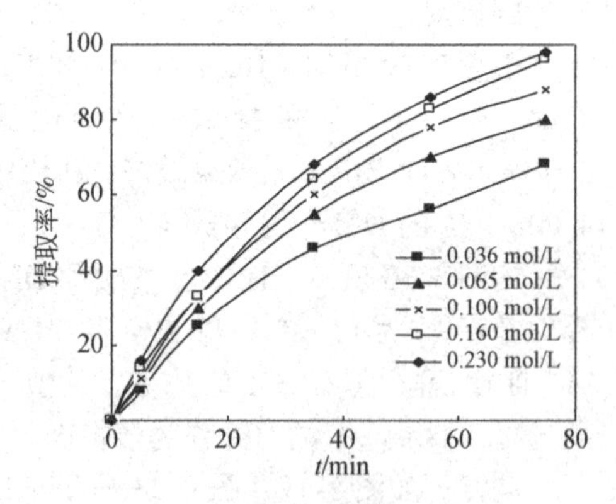

图8-35 不同载体浓度对Ce(Ⅳ)提取的影响

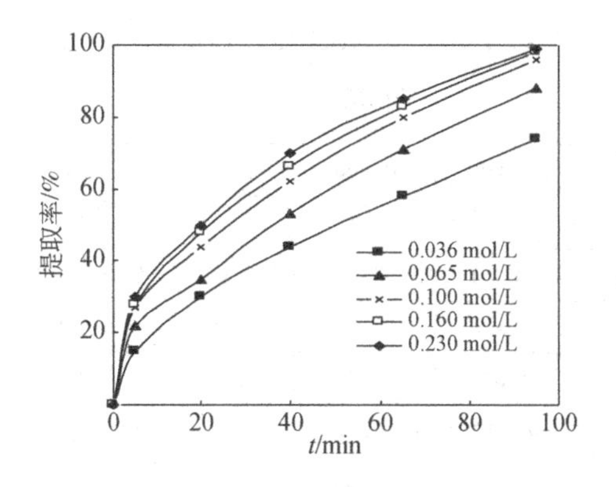

图 8-36　不同载体浓度对 Tb(Ⅲ)提取的影响

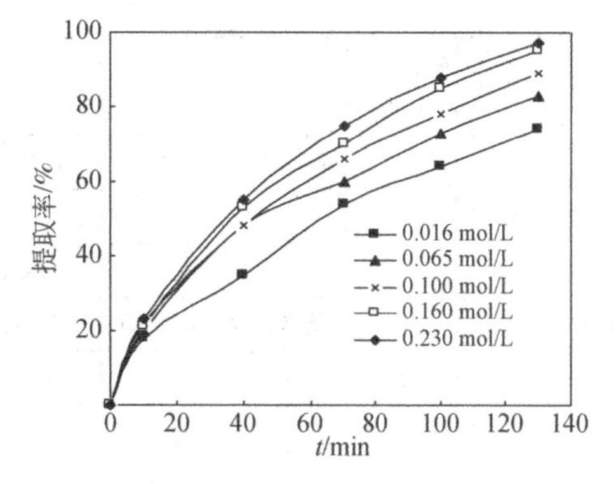

图 8-37　不同载体浓度对 Eu(Ⅲ)提取的影响

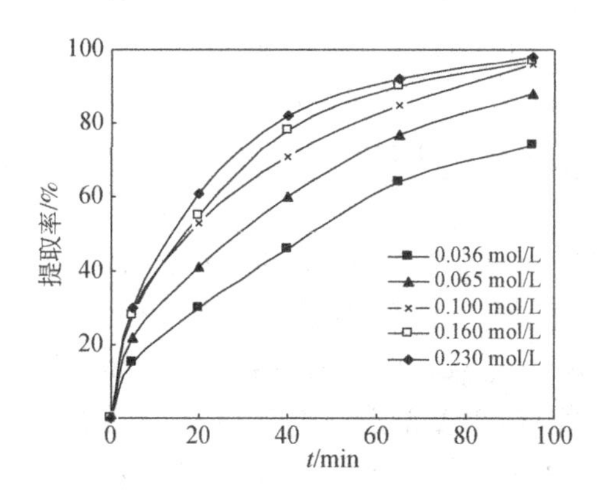

图 8-38　不同载体浓度对 Dy(Ⅲ)提取的影响

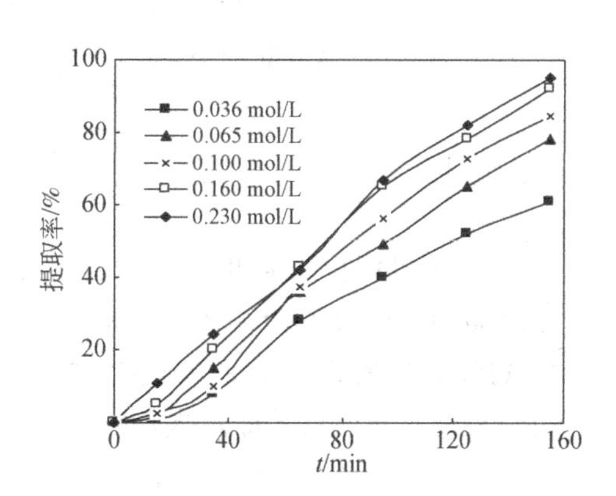

图 8-39　不同载体浓度对 Tm(Ⅲ)提取的影响

表 8-5　载体浓度对稀土金属离子提取的影响

稀土金属	提取时间/min	项目	数据结果				
La(Ⅲ)	125	载体浓度/(mol/L)	0.036	0.065	0.100	0.160	0.230
		$-\ln c_t/c_0$	1.34	1.98	2.33	2.80	2.83
		P_c/(m/s)	1.19×10^{-5}	1.76×10^{-5}	2.16×10^{-5}	2.49×10^{-5}	2.52×10^{-5}
Ce(Ⅳ)	75	载体浓度/(mol/L)	0.036	0.065	0.100	0.160	0.230
		$-\ln c_t/c_0$	1.08	1.49	2.02	3.30	3.34
		P_c/(m/s)	1.60×10^{-5}	2.21×10^{-5}	3.57×10^{-5}	4.88×10^{-5}	4.93×10^{-5}

续表

稀土金属	提取时间/min	项目	数据结果				
Tb(Ⅲ)	95	载体浓度/(mol/L)	0.036	0.065	0.100	0.160	0.230
		$-\ln c_t/c_0$	1.38	2.09	3.03	3.20	3.30
		P_c/(m/s)	1.61×10^{-5}	2.44×10^{-5}	3.53×10^{-5}	3.74×10^{-5}	3.86×10^{-5}
Eu(Ⅲ)	130	载体浓度/(mol/L)	0.016	0.065	0.100	0.160	0.230
		$-\ln c_t/c_0$	1.39	1.66	1.98	2.90	2.94
		P_c/(m/s)	1.19×10^{-5}	1.42×10^{-5}	1.69×10^{-5}	2.48×10^{-5}	2.51×10^{-5}
Dy(Ⅲ)	95	载体浓度/(mol/L)	0.036	0.065	0.100	0.160	0.230
		$-\ln c_t/c_0$	1.27	2.03	3.26	3.27	3.29
		P_c/(m/s)	1.49×10^{-5}	2.38×10^{-5}	3.81×10^{-5}	3.83×10^{-5}	2.85×10^{-5}
Tm(Ⅲ)	155	载体浓度/(mol/L)	0.036	0.065	0.100	0.160	0.230
		$-\ln c_t/c_0$	0.882	1.47	1.79	2.55	2.72
		P_c/(m/s)	6.32×10^{-6}	1.05×10^{-5}	1.28×10^{-5}	1.83×10^{-5}	1.95×10^{-5}

从图 8-34 可以看出，当 PC-88A 浓度分别为 0.036mol/L、0.065mol/L、0.100mol/L、0.160mol/L 和 0.230mol/L，La(Ⅲ) 初始浓度为 8.00×10^{-5} mol/L 时，125min 时提取率分别可达 73.7%、86.2%、90.3%、93.9% 和 94.1%。增加 PC-88A 浓度，La(Ⅲ) 提取率增加，当 PC-88A 浓度从 0.036mol/L 增加至 0.065mol/L 时，La(Ⅲ) 提取率增加了 12.5 个百分点；当 PC-88A 浓度从 0.065mol/L 增加至 0.100mol/L 时，La(Ⅲ) 提取率增加了 4.1 个百分点；当 PC-88A 浓度从 0.100mol/L 增加至 0.160mol/L 时，La(Ⅲ) 提取率只增加了 3.6 个百分点，PC-88A 浓度再增加到 0.230mol/L 时，提取率为 94.1%，只比 0.160mol/L 时增加了 0.2 个百分点。当 PC-88A 浓度超过 0.160mol/L 时，La(Ⅲ)提取率增加幅度较小，此时 La(Ⅲ) 提取率趋于稳定。在低载体浓度范围内提高载体浓度，La(Ⅲ) 的提取率增加较快，这是因为整个过程由化学反应控制，根据化学平衡原理，增加反应物的浓度有利于载体配合物的形成，因此稀土金属的提取率增加较快，但当浓度达到一定值时，界面浓度接近饱和，载体浓度的增加使稀土金属的提取率的增加渐渐趋于平缓。由表 8-5 也可以看出，当 PC-88A 浓度从 0.036mol/L 增加至 0.065mol/L 时，La(Ⅲ) 在分散支撑液膜中的渗透系数从 1.19×10^{-5} m/s 增加到 1.76×10^{-5} m/s，增加了 5.70×10^{-6} m/s；当 PC-88A 浓度从 0.065mol/L 增加至 0.100mol/L 时，渗透系数增加了 4.00×10^{-6} m/s；当 PC-88A 浓度增加至 0.160mol/L 时，渗透系数只增加了 3.30×10^{-6} m/s；可以

看出，随着PC-88A浓度的增加，渗透系数的增加趋势逐渐趋于平缓。在此基础上再增加PC-88A浓度至0.230mol/L，渗透系数为2.52×10^{-5} m/s，只比0.160mol/L时增加了3.00×10^{-7} m/s。因此，流动载体PC-88A浓度选择0.160mol/L。

同样，从图8-35、图8-37、图8-39及表8-5可以看出，Ce(Ⅳ)、Eu(Ⅲ)、Tm(Ⅲ)提取过程中，流动载体PC-88A浓度应选择0.160mol/L。

从图8-36可以看出，当PC-88A浓度分别为0.036mol/L、0.065mol/L、0.100mol/L、0.160mol/L和0.230mol/L，Tb(Ⅲ)初始浓度为1.00×10^{-4} mol/L时，95min时提取率分别可达74.8%、87.6%、95.2%、96.1%和96.3%。增加PC-88A浓度，Tb(Ⅲ)提取率增加，当PC-88A浓度从0.036mol/L增加至0.065mol/L时，Tb(Ⅲ)提取率增加了12.8个百分点；当PC-88A浓度从0.065mol/L增加至0.100mol/L时，Tb(Ⅲ)提取率增加了7.6个百分点；当PC-88A浓度从0.100mol/L增加至0.160mol/L时，0.100mol/L提取率只增加了0.9个百分点，PC-88A浓度再增加到0.230mol/L时，提取率为96.3%，只比0.160mol/L时增加了0.2个百分点。当PC-88A浓度超过0.100mol/L时，Tb(Ⅲ)提取率增加幅度较小，此时Tb(Ⅲ)提取率趋于稳定。在低载体浓度范围内提高载体浓度，Tb(Ⅲ)的提取率增加较快，这是因为整个过程由化学反应控制，根据化学平衡原理，增加反应物的浓度有利于载体配合物的形成，因此稀土金属的提取率增加较快，但当浓度达到一定值时，界面浓度接近饱和，载体浓度的增加使稀土金属的提取率的增加渐渐趋于平缓。同样，由表8-5可知，当PC-88A浓度从0.036mol/L增加至0.065mol/L时，Tb(Ⅲ)在分散支撑液膜中的渗透系数从1.61×10^{-5} m/s增加到2.44×10^{-5} m/s，增加了8.30×10^{-6} m/s；当PC-88A浓度从0.065mol/L增加至0.100mol/L时，渗透系数增加了1.09×10^{-5} m/s；但当PC-88A浓度从0.100mol/L增加至0.160mol/L时，渗透系数只增加了2.10×10^{-6} m/s；可以看出，随着PC-88A浓度的增加，渗透系数的增加趋势逐渐趋于平缓。在此基础上再增加PC-88A浓度至0.230mol/L，渗透系数为3.86×10^{-5} m/s，只比0.100mol/L时增加了3.30×10^{-6} m/s，因此，流动载体PC-88A浓度选择0.100mol/L。

同样，由图8-38及表8-5可知，Dy(Ⅲ)提取过程中，流动载体PC-88A浓度应该选择0.100mol/L。

La(Ⅲ)、Ce(Ⅳ)、Tb(Ⅲ)、Eu(Ⅲ)、Dy(Ⅲ)和Tm(Ⅲ)提取过程中所选最佳分散相载体浓度分别为0.160mol/L、0.160mol/L、0.100mol/L、0.160mol/L、0.100mol/L、0.160mol/L，分别在125min、75min、95min、130min、95min和155min时，6种稀土金属离子在已选择条件下的提取率分别为93.9%、96.3%、

95.2%、95.3%、96.2%和92.2%。

8.3.4.7　离子强度对稀土金属提取的影响

在分散支撑液膜中，离子强度对渗透压有影响。渗透压太大，可能会影响稀土金属的提取，也可能会使载体流失，这不仅影响稀土金属离子的提取速率，还影响分散支撑液膜的使用寿命。在此基础上，本实验探讨了离子强度对分散支撑液膜中稀土金属提取行为的影响。在保持其他条件不变的情况下，分别以0.500mol/L、1.00mol/L Na_2SO_4以及2.00mol/L Na_2SO_4和K_2SO_4混合液作为离子强度调节剂。

在以PC-88A为流动载体时，在已选择的最佳条件下，研究了原料相的离子强度对稀土金属离子La(Ⅲ)、Ce(Ⅳ)、Tb(Ⅲ)、Eu(Ⅲ)、Dy(Ⅲ)和Tm(Ⅲ)提取的影响，结果如图8-40所示。

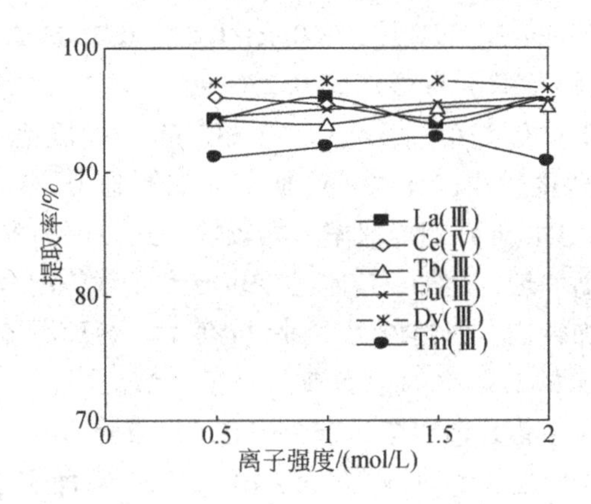

图8-40　料液相离子强度对稀土金属提取的影响

从图8-40可以看出，在本实验中，离子强度对稀土金属提取的影响不明显，所以本实验不再考虑离子强度。

8.3.5　小结

本章以PC-88A为流动载体，研究La(Ⅲ)、Ce(Ⅳ)、Tb(Ⅲ)、Eu(Ⅲ)、Dy(Ⅲ)和Tm(Ⅲ)在分散支撑液膜中的提取行为，得出以下结论。

(1) La(Ⅲ)的最优提取条件如下：分散相中HCl浓度为4.00mol/L；萃取剂与HCl溶液体积比为30∶30；载体浓度控制在0.160mol/L；原料相pH为4.00；在最优条件下，原料相中La(Ⅲ)初始浓度为8.00×10^{-5}mol/L时，提取125min，La(Ⅲ)提取率达到93.9%。

（2）Ce(Ⅳ）的最优提取条件如下：分散相中 HCl 浓度为 4.00mol/L；萃取剂与 HCl 溶液体积比为 40：20；载体浓度控制在 0.160mol/L；原料相 pH 为 1.00；在最优条件下，原料相中 Ce(Ⅳ）初始浓度为 7.00×10^{-5}mol/L 时，提取 75min，Ce(Ⅳ）提取率为 96.3%。

（3）Tb(Ⅲ）的最优提取条件如下：分散相中 HCl 浓度为 4.00mol/L；萃取剂与 HCl 溶液体积比为 30：30；载体浓度控制在 0.100mol/L；原料相 pH 为 5.20；在最优条件下，原料相中 Tb(Ⅲ）的初始浓度为 1.00×10^{-4}mol/L 时，提取 95min，Tb(Ⅲ）提取率可达 95.2%。

（4）Eu(Ⅲ）的最优提取条件如下：分散相中 HCl 溶液浓度为 4.00mol/L；萃取剂与 HCl 溶液体积比为 30：30；载体浓度控制在 0.160mol/L；原料相 pH 为 4.20；在最优条件下，原料相中 Eu(Ⅲ）的初始浓度为 8.00×10^{-5}mol/L 时，提取 130min，Eu(Ⅲ）提取率达到 95.3%。

（5）Dy(Ⅲ）的最优提取条件如下：分散相中 HCl 溶液浓度为 4.00mol/L；萃取剂与 HCl 溶液体积比为 40：20；载体浓度控制在 0.100mol/L；原料相 pH 为 5.00；在最优条件下，原料相中 Dy(Ⅲ）的初始浓度为 8.00×10^{-5}mol/L 时，提取 95min，Dy(Ⅲ）提取率达到 96.2%。

（6）Tm(Ⅲ）的最优提取条件为：分散相 HCl 溶液浓度为 4.00mol/L；萃取剂与 HCl 溶液体积比为 40：20；载体浓度控制在 0.160mol/L；原料相 pH 为 5.10；在最优条件下，原料相中 Tm(Ⅲ）的初始浓度为 1.00×10^{-4}mol/L 时，提取 155min，Tm(Ⅲ）提取率达到 92.2%。

（7）稀土金属提取过程中，最合适的解析剂是 HCl；原料相离子强度对分散支撑液膜中稀土金属的提取行为影响不明显。

8.4 以 D2EHPA 为流动载体的分散支撑液膜体系对稀土金属的提取研究

8.4.1 概述

D2EHPA 是一种有机磷酸，其化学名称为二（2-乙基己基）磷酸，英文名为 di（2-ethylhexly）phosphoric acid。其结构式如下：

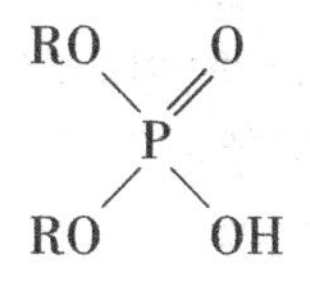

其中，R 为 $CH_3(CH_2)_3CHC_2H_5CH_2$—。

D2EHPA 作为萃取剂在萃取分离领域已有广泛研究，但作为流动载体用于稀土金属的分散支撑液膜分离研究报道不多。本章将 D2EHPA 这种传统的萃取剂用在分散支撑液膜体系中，以煤油为膜溶剂，探讨和研究 D2EHPA 作为流动载体的分散支撑液膜体系对稀土金属 La(Ⅲ)、Ce(Ⅳ)、Tb(Ⅲ)、Eu(Ⅲ)、Dy(Ⅲ) 和 Tm(Ⅲ) 的提取行为，考察了原料相 pH、金属离子初始浓度、分散相中 HCl 浓度、萃取剂与 HCl 溶液体积比、不同解析剂及不同载体浓度对稀土金属提取行为的影响，从而得出最佳的提取条件。

8.4.2 实验装置

实验装置如图 8-2 所示。

8.4.3 实验方法

(1) 溶液的配制：1.00mol/L CH_3COOH-CH_3COONa 缓冲溶液；1.00mol/L NaH_2PO_4-Na_2HPO_4缓冲溶液；6.00mol/L HCl；4.00mol/L H_2SO_4；1.00×10^{-2}mol/L 偶氮胂Ⅲ（$C_{22}H_{18}As_2O_{14}N_4S_2$）；除 Ce(Ⅳ) 用 1.00mol/L H_2SO_4稀释至浓度为 1.00×10^{-2}mol/L 以外，其余各种稀土金属离子的标准溶液均用 1.00mol/L HCl 稀释至浓度为 1.00×10^{-2}mol/L。

萃取剂：流动载体 D2EHPA 用煤油稀释至 0.230mol/L 组成萃取剂。

(2) 操作步骤、样品分析及萃取剂的处理如 8.3.3 节。

(3) 结果分析：根据吸光度与稀土金属离子浓度的关系曲线 [如式 (8-1)] 求出提取率。

8.4.4 结果与讨论

8.4.4.1 原料相 pH 对稀土金属提取的影响

由稀土金属离子在分散支撑液膜中的传质机理可知，H^+在原料相与分散相中的浓度差是稀土金属在分散支撑液膜中的传质动力。因此，原料相 pH 越高越有利于稀土金属的提取，但因分散相使用的解络剂为强酸，当原料相 pH 增加到一定程度时，两相间较高的 H^+浓度差增强了分散相 H^+透过膜相的渗透作用，不仅严重影响液膜的稳定性，还会影响稀土金属在分散支撑液膜中的提取速率。因此，原料相与分散相的酸度差是影响稀土金属传质速率的重要因素之一[12]。并且原料相 pH 影响稀土金属离子的存在形态，在合适的 pH 下，稀土金属离子能与膜中载体形成载体络合物而进入液膜相，金属离子被提取，分离效果好，反之，分离效果差。如果原料相 pH 过低，原料相与分散相酸度差较小，提取效果不理想；原料相 pH 过高，可能会使稀土金属离子发生水解或形成羟基络合物，从而影响提取率。因此，原料相 pH 的选择对金属离子的提取具有重要作用。

在 La(Ⅲ)、Ce(Ⅳ)、Tb(Ⅲ)、Eu(Ⅲ)、Dy(Ⅲ) 和 Tm(Ⅲ) 的分散支撑液膜提取体系中分别选择分散相中萃取剂与 HCl 溶液体积比为 20∶40、30∶30、30∶30、30∶30、40∶20 和 30∶30；分散相中 HCl 浓度都为 4.00mol/L；初始浓度均为 1.00×10^{-4}mol/L；萃取剂中载体 D2EHPA 浓度均为 0.160mol/L。在此条件下研究原料相 pH 对 La(Ⅲ)、Ce(Ⅳ)、Tb(Ⅲ)、Eu(Ⅲ)、Dy(Ⅲ) 和 Tm(Ⅲ) 在分散支撑液膜中的提取行为的影响，实验结果如图 8-41 ~ 图 8-46 及表 8-6所示。

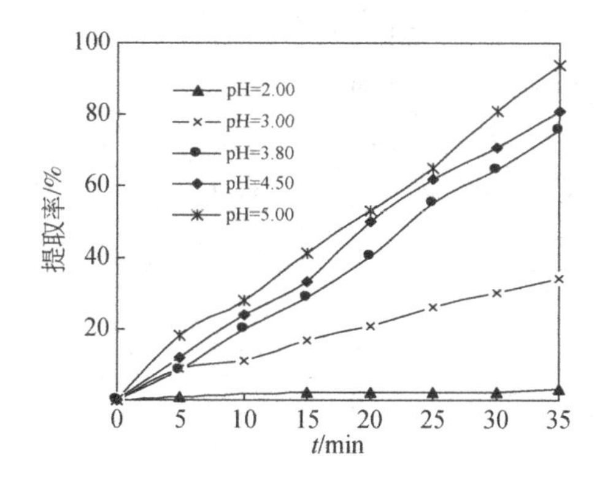

图 8-41 料液相 pH 对 La(Ⅲ) 提取的影响

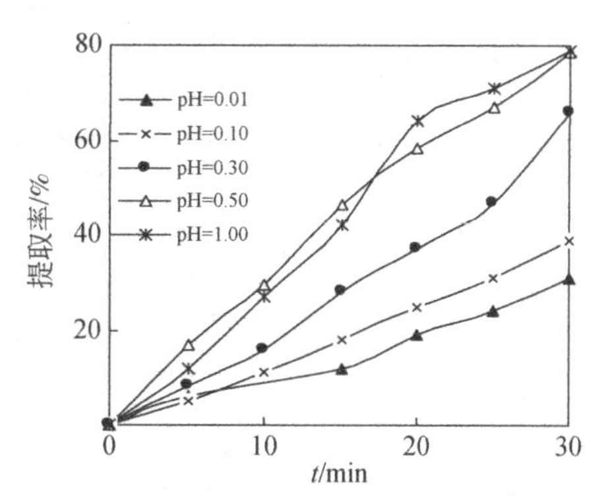

图 8-42 料液相 pH 对 Ce(Ⅳ) 提取的影响

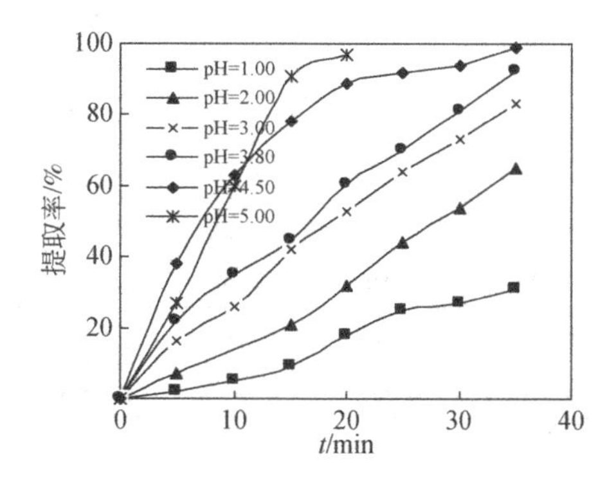

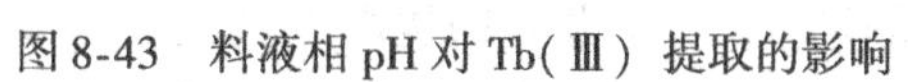

图 8-43 料液相 pH 对 Tb(Ⅲ) 提取的影响

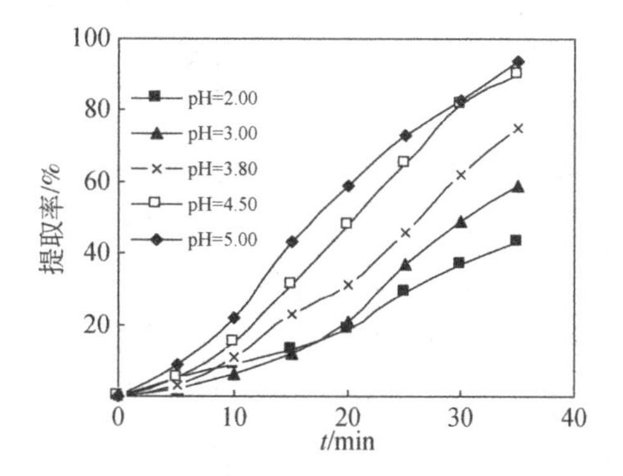

图 8-44 料液相 pH 对 Eu(Ⅲ) 提取的影响

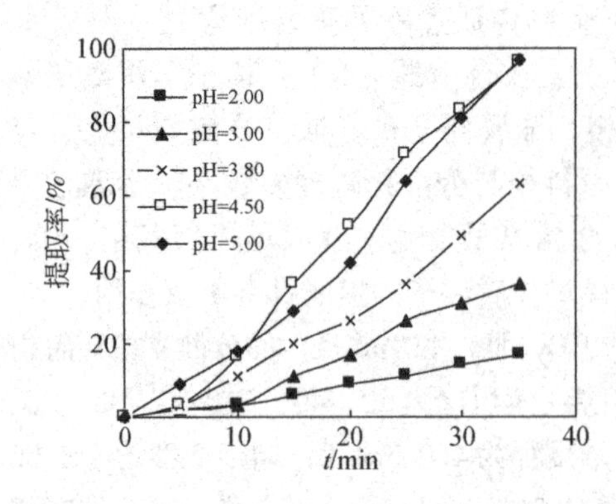

图 8-45　料液相 pH 对 Dy(Ⅲ) 提取的影响

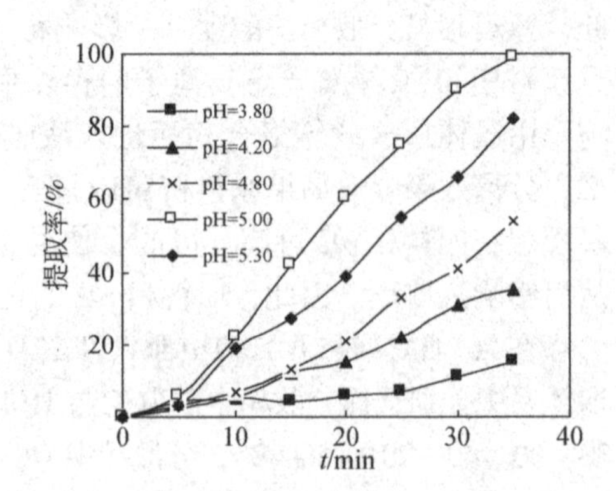

图 8-46　料液相 pH 对 Tm(Ⅲ) 提取的影响

表 8-6　原料相 pH 对稀土金属离子提取的影响

稀土金属	提取时间/min	项目	数据结果				
La(Ⅲ)	35	pH	2.00	3.00	3.80	4.50	5.00
		$-\ln c_t/c_0$	0.0377	0.403	1.41	1.71	2.86
		P_c/(m/s)	1.07×10^{-6}	1.28×10^{-5}	4.49×10^{-5}	5.43×10^{-5}	9.10×10^{-5}
Ce(Ⅳ)	30	pH	0.010	0.100	0.300	0.500	1.00
		$-\ln c_t/c_0$	0.377	0.507	1.08	1.53	1.57
		P_c/(m/s)	1.40×10^{-5}	1.88×10^{-5}	4.02×10^{-5}	5.66×10^{-5}	5.80×10^{-5}
Tb(Ⅲ)	35	pH	1.00	2.00	3.00	3.80	4.50
		$-\ln c_t/c_0$	0.373	1.07	1.75	2.59	4.71
		P_c/(m/s)	1.18×10^{-5}	3.40×10^{-5}	5.57×10^{-5}	8.23×10^{-5}	1.50×10^{-4}
Eu(Ⅲ)	35	pH	2.00	3.00	3.80	4.50	5.00
		$-\ln c_t/c_0$	0.564	0.911	1.40	2.31	2.85
		P_c/(m/s)	1.79×10^{-5}	2.89×10^{-5}	4.45×10^{-5}	7.35×10^{-5}	9.04×10^{-5}
Dy(Ⅲ)	35	pH	2.00	3.00	3.80	4.50	5.00
		$-\ln c_t/c_0$	0.188	0.462	1.01	3.27	3.30
		P_c/(m/s)	5.96×10^{-6}	1.47×10^{-5}	3.20×10^{-5}	1.04×10^{-4}	1.05×10^{-5}
Tm(Ⅲ)	35	pH	3.80	4.20	4.80	5.00	5.30
		$-\ln c_t/c_0$	0.166	0.445	0.774	4.34	1.76
		P_c/(m/s)	5.27×10^{-6}	1.41×10^{-5}	2.46×10^{-5}	1.38×10^{-4}	5.59×10^{-5}

从图 8-41 可以看出，随着原料相 pH 的增大，La(Ⅲ) 的提取率增大。当 pH 分别为 2.00、3.00、3.80、4.50 和 5.00 时，35min La(Ⅲ) 的提取率分别为

3.70%、33.2%、75.7%、81.9%和94.3%。当原料相pH为2.00时，两相间的H^+浓度差较小，La(Ⅲ)提取速率很低；当原料相pH低于2.00时，La(Ⅲ)提取效果不明显，提取率只有1.0%左右；当原料相pH从2.00增加到3.00时，35min时提取增加了29.5个百分点；当pH从3.00增加到3.80时，提取率在pH为2.00时的基础上增加了35.2%；pH从3.80再增加到4.50时，提取率增加幅度减小，只有6.20%；当原料相pH为5.00时，提取率最大；当pH大于5.00时，原料相酸度过低，两相间较高的H^+浓度差增强了分散相H^+透过膜相的渗透作用，影响液膜的稳定性，所以影响了La(Ⅲ)在分散支撑液膜中的提取率。再继续降低原料相H^+浓度，原料相中La(Ⅲ)发生水解形成羟基络合物，溶液变浑浊。从表8-6也可以看出，pH为2.00时，La(Ⅲ)在分散支撑液膜中渗透系数为1.07×10^{-6}m/s；当pH增加到3.00时，渗透系数增加到1.28×10^{-5}m/s，比pH为2.00时增大了11倍；当pH为3.80时，渗透系数也增加到4.49×10^{-5}m/s，在此基础上再增大pH到4.50时，渗透系数比pH为3.80时增加了为9.40×10^{-6}m/s；继续增大pH到5.00，渗透系数比4.50时的增加了3.67×10^{-5}m/s，显然pH为5.00时的渗透系数明显高于其他pH情况下的渗透系数。可见，原料相pH控制在5.00时为最佳条件。

从图8-42可以看出，当原料相pH分别为0.01、0.10、0.30、0.50和1.00时，30min时Ce(Ⅳ)的提取率分别可达31.4%、39.8%、66.2%、78.3%和79.1%。当原料相pH小于0.30时，两相间的H^+浓度差较小，Ce(Ⅳ)提取率较低；当原料相pH从0.10增加到0.30时，30min内提取率增加了26.4个百分点；当pH增加到0.50时，提取率在pH为0.20的基础上增加了12.1个百分点；当pH为1.00时，提取率只比pH为0.50时增加了0.8个百分点，此时提取行为趋于稳定。当pH大于1.00时，原料相中Ce(Ⅳ)形成羟基络合物，溶液变浑浊。从表8-6也可以看出，pH为0.50和1.00时，Ce(Ⅳ)在分散支撑液膜中渗透系数相差不明显，且明显高于其他pH时的渗透系数。可见，原料相pH控制在0.50时为最佳条件。

同样地，从图8-43、图8-45及表8-6可以看出，Tb(Ⅲ)和Dy(Ⅲ)在pH为3.00、3.80、4.50时的提取率变化趋势接近，也都在pH为4.5时有最高的提取率。

当pH分别为1.00、2.00、3.00、3.80和4.50时，35min时Tb(Ⅲ)的提取率分别为31.1%、65.8%、82.7%、92.5%和99.1%。当原料相pH低于4.50时，两相间的H^+浓度差较小，Tb(Ⅲ)提取速率较低；当pH为5.00时，原料相酸度较低，两相间较高的H^+浓度差增强了分散相H^+透过膜相的渗透作用，影响液膜的稳定性，所以影响了Tb(Ⅲ)在分散支撑液膜中的提取率。再继续降低

原料相 H^+浓度，原料相中 Tb(Ⅲ) 形成羟基络合物，溶液变浑浊。由表 8-6 可知，当 pH 为 4.50 时，Tb(Ⅲ) 在分散支撑液膜中提取的渗透系数明显高于其他 pH 条件下的。可见，提取 Tb(Ⅲ) 应该将原料相 pH 控制在 4.50 左右。当 pH 分别为 2.00、3.00、3.80、4.50 和 5.00 时，35min 内 Dy(Ⅲ) 的提取率分别可达 17.1%、37.0%、63.5%、96.2%和 96.3%。当原料相 pH 为 4.50 时，提取率比 pH 为 3.80 时增加了 32.7 个百分点；当 pH 再增加到 5.00 时，提取率只增大了 0.10 个百分点，说明提取达到稳定；再继续增加 pH 到大于 5.00 时，原料相中 Dy(Ⅲ) 形成羟基络合物，溶液变浑浊。由表 8-6 可以看出，当原料相 pH 为 4.50 时，渗透系数明显高于其他 pH 条件下的；当 pH 从 4.20 增加到 4.80 时，Tb(Ⅲ) 在分散支撑液膜中提取的渗透系数只增加了 1.00×10^{-6}m/s。可见，原料相 pH 控制在 4.20 时为最佳条件。

同样地，从图 8-44 和图 8-46 可以看出，当 pH 分别为 2.00、3.00、3.80、4.50 和 5.00 时，35min 时 Eu(Ⅲ) 的提取率分别达 43.1%、59.8%、75.4%、90.1%和 94.2%。当原料相 pH 低于 4.50 时，两相间的 H^+浓度差较小，Eu(Ⅲ) 提取率较低；当 pH 为 5.00 时，提取率比 pH 为 4.50 时的增加了 4.10 个百分点；由表 8-6 也可以看出，pH 为 5.00 时，Eu(Ⅲ) 在分散支撑液膜中的渗透系数明显高于其他 pH 条件下的。当 pH 大于 5.00 时，原料相中 Eu (Ⅲ) 形成羟基络合物，溶液变浑浊。同样地，当 pH 分别为 3.80、4.20、4.80、5.00 和 5.30 时，35min 时 Tm(Ⅲ) 的提取率分别为 15.3%、35.9%、53.9%、98.7%和 82.8%。当原料相 pH 为 5.00 时，提取率最高，比 pH 为 4.80 时增加了 44.8 个百分点，且渗透系数也明显高于其他 pH 下的；当 pH 增加到 5.30 时，原料相中 Tm(Ⅲ) 形成羟基络合物，溶液变浑浊。可见，Eu(Ⅲ) 和 Tm(Ⅲ) 的提取过程中，应该将原料相 pH 控制在 5.00。

在 D2EHPA 为载体的分散支撑液膜体系中，La(Ⅲ)、Ce(Ⅳ)、Tb(Ⅲ)、Eu(Ⅲ)、Dy(Ⅲ) 和 Tm(Ⅲ) 提取过程中所选最佳原料相 pH 分别为 5.00、0.50、4.50、5.00、4.50、5.00，分别在 35min、30min、35min、35min、35min 和 35min 时，6 种稀土金属离子在已选择的条件下的提取率分别为 94.3%、78.3%、99.1%、96.2%、94.2%、98.7%。

8.4.4.2 分散相中 HCl 浓度对稀土金属提取的影响

在确定原料相 pH 的基础上改变分散相解析剂的浓度也可以改变稀土金属在分散支撑液膜中的传质动力。增加解析剂的浓度，解析速率增大，提取率也会提高。但当解析剂的浓度增大到一定程度时，分散相与原料相间的 H^+浓度差过大，导致分散相与原料相渗透压差过大，分散相 H^+有可能向原料相渗透，此时支撑体上的萃取剂也由于此过程发生流失，载体也随之流失，从而导致提取率降低或膜相不稳定的现象。

在 La(Ⅲ)、Ce(Ⅳ)、Tb(Ⅲ)、Eu(Ⅲ)、Dy(Ⅲ) 和 Tm(Ⅲ) 的分散支撑液膜提取体系中分别选择分散相中萃取剂与 HCl 溶液体积比为 20 : 40、30 : 30、30 : 30、30 : 30、40 : 20 和 30 : 30；分别选择原料相 pH 为 3.80、0.50、3.80、3.80、3.80 和 4.80；初始浓度均为 1.00×10^{-4}mol/L；萃取剂中载体 D2EHPA 浓度均为 0.160mol/L。在此条件下研究分散相中 HCl 浓度对 La(Ⅲ)、Ce(Ⅳ)、Tb(Ⅲ)、Eu(Ⅲ)、Dy(Ⅲ) 和 Tm(Ⅲ) 在分散支撑液膜中的提取行为的影响，结果如图 8-47～图 8-52 及表 8-7 所示。

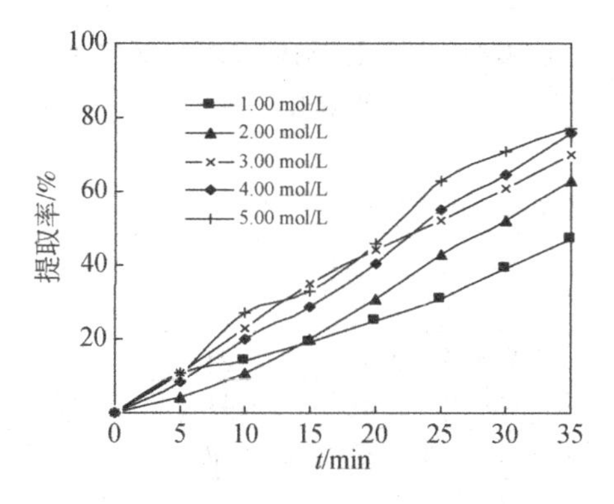

图 8-47 分散相中 HCl 浓度对 La(Ⅲ)提取的影响

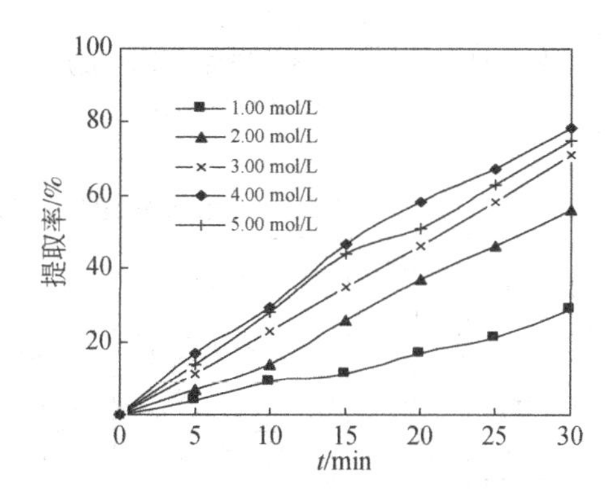

图 8-48 分散相中 HCl 浓度对 Ce(Ⅳ)提取的影响

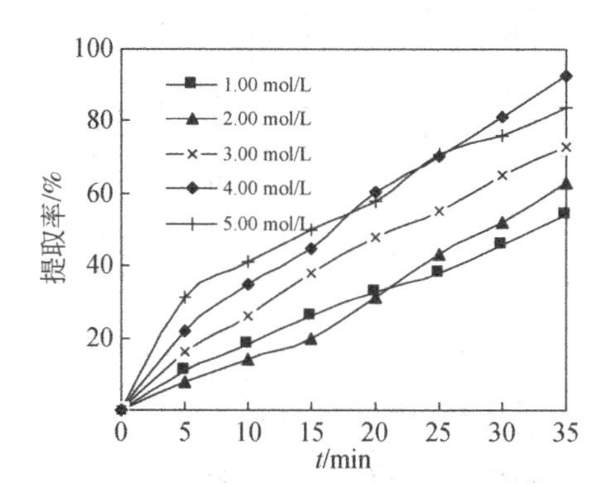

图 8-49 分散相中 HCl 浓度对 Tb(Ⅲ)提取的影响

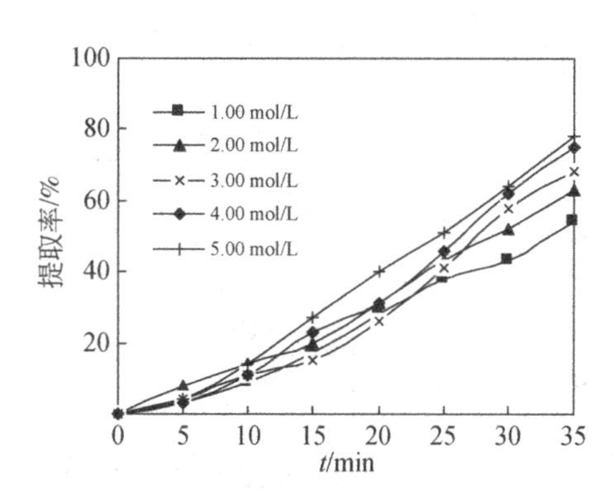

图 8-50 分散相中 HCl 浓度对 Eu(Ⅲ)提取的影响

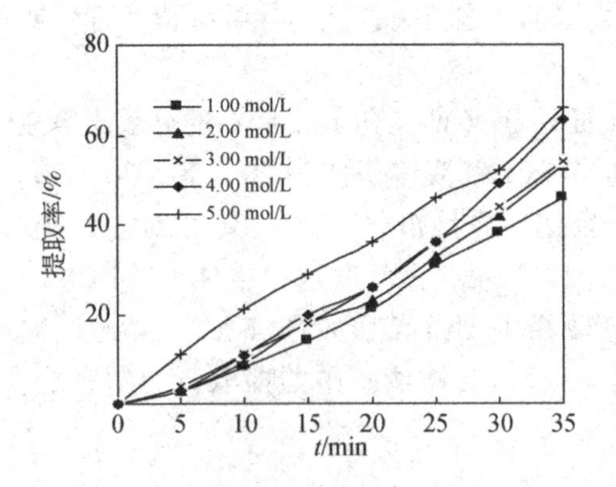

图 8-51　分散相中 HCl 浓度对 Dy(Ⅲ)提取的影响

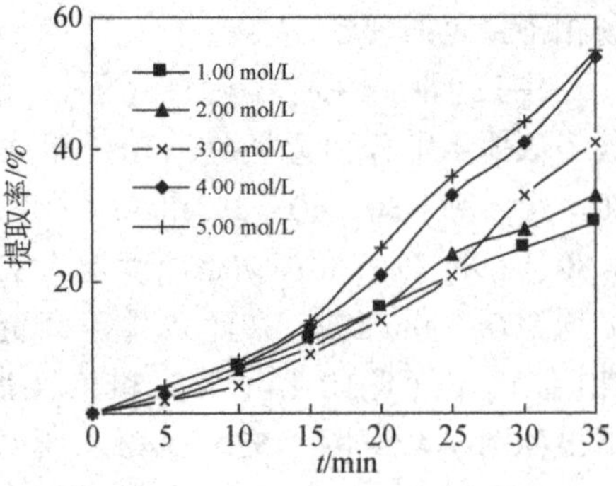

图 8-52　分散相中 HCl 浓度对 Tm(Ⅲ)提取的影响

表 8-7　分散相中 HCl 浓度对稀土金属离子提取的影响

稀土金属	提取时间/min	项目	数据结果				
La(Ⅲ)	35	HCl 浓度/(mol/L)	1.00	2.00	3.00	4.00	5.00
		$-\ln c_t/c_0$	0.569	0.986	1.21	1.45	1.47
		P_c/(m/s)	1.81×10^{-5}	3.14×10^{-5}	3.86×10^{-5}	4.61×10^{-5}	4.67×10^{-5}
Ce(Ⅳ)	30	HCl 浓度/(mol/L)	1.00	2.00	3.00	4.00	5.00
		$-\ln c_t/c_0$	0.324	0.777	1.24	1.52	1.46
		P_c/(m/s)	1.20×10^{-5}	2.88×10^{-5}	4.61×10^{-5}	5.63×10^{-5}	5.41×10^{-5}
Tb(Ⅲ)	35	HCl 浓度/(mol/L)	1.00	2.00	3.00	4.00	5.00
		$-\ln c_t/c_0$	0.776	0.968	1.31	2.59	1.84
		P_c/(m/s)	2.44×10^{-5}	3.07×10^{-5}	4.16×10^{-5}	8.23×10^{-5}	5.85×10^{-5}
Eu(Ⅲ)	35	HCl 浓度/(mol/L)	1.00	2.00	3.00	4.00	5.00
		$-\ln c_t/c_0$	0.777	0.994	1.11	1.40	1.44
		P_c/(m/s)	2.47×10^{-5}	3.16×10^{-5}	3.49×10^{-5}	4.45×10^{-5}	4.57×10^{-5}
Dy(Ⅲ)	35	HCl 浓度/(mol/L)	1.00	2.00	3.00	4.00	5.00
		$-\ln c_t/c_0$	0.599	0.693	0.699	1.03	1.06
		P_c/(m/s)	1.90×10^{-5}	2.20×10^{-5}	2.22×10^{-5}	3.27×10^{-5}	3.49×10^{-5}
Tm(Ⅲ)	35	HCl 浓度/(mol/L)	1.00	2.00	3.00	4.00	5.00
		$-\ln c_t/c_0$	0.329	0.386	0.528	0.792	0.799
		P_c/(m/s)	1.04×10^{-5}	1.22×10^{-5}	1.68×10^{-5}	2.52×10^{-5}	2.54×10^{-5}

从图 8-47 ~ 图 8-52 可以看出，当解析剂 HCl 的浓度从 1.00mol/L 增加到 4.00mol/L 的过程中，稀土金属离子提取率呈增加趋势。说明解析剂的浓度越

大，解析速率越大，提取率也会越高。

从图 8-47 可以看出，当分散相中 HCl 浓度分别为 1.00mol/L、2.00mol/L、3.00mol/L、4.00mol/L、5.00mol/L 时，35min 时 La(Ⅲ) 的提取率分别为 43.4%、62.7%、70.3%、76.6%和77.1%。当分散相中 HCl 浓度为5.00mol/L 时，在0～25min，La(Ⅲ) 的提取率都高于4.00mol/L 时的，但是25min 后提取率开始下降，而且在35min 时只比4.00mol/L 时高0.50个百分点；在再增加 HCl 浓度，35min 时 La(Ⅲ) 提取率反而低于4.00mol/L 和5.00mol/L 时的提取率，这是由于分散相酸度过高，分散相与原料相间的 H^+浓度差过大，导致分散相与原料相渗透压差过大，分散相 H^+有可能向原料相渗透，此时支撑体上的萃取剂发生流失，载体也随之流失，从而导致提取率降低或膜相不稳定的现象。由表8-7可知，当分散相中 HCl 浓度从1.00mol/L 增加到4.00mol/L 时，渗透系数从 1.81×10^{-5}m/s 增加到 4.61×10^{-5}m/s；在此基础上继续增加 HCl 浓度至5.00mol/L，渗透系数增加不明显，从控制酸度方面考虑，分散相中适宜的 HCl 浓度应为4.00mol/L。

从图 8-48 可以看出，当分散相中 HCl 浓度分别为 1.00mol/L、2.00mol/L、3.00mol/L、4.00mol/L、5.00mol/L 时，30min 时 Ce(Ⅳ) 的提取率分别为 27.7%、54.0%、71.2%、78.1%和76.8%。分散相中 HCl 浓度从1.00mol/L 增加到2.00mol/L 时，Ce(Ⅳ) 的提取率增加了26.3个百分点；继续增加分散相中 HCl 浓度到3.00mol/L，Ce(Ⅳ) 的提取率在2.00mol/L 时的基础上又增加17.2个百分点；当 HCl 浓度为4.00mol/L 时，提取率在3.00mol/L 时的基础上增加了6.9个百分点；说明随着分散相中 HCl 浓度的增加，Ce(Ⅳ) 的提取率增加的幅度越来越小；当 HCl 浓度增加至5.00mol/L 时，Ce(Ⅳ) 的提取率反而低于4.00mol/L 时的，再次验证了分散相酸度过高会导致支撑体上的萃取剂发生流失，从而致使提取率降低。从表 8-7 也可以看出，当分散相中 HCl 浓度从1.00mol/L 增加到4.00mol/L 时，渗透系数从 1.20×10^{-5}m/s 增加到 5.63×10^{-5}m/s；在此基础上继续增加 HCl 浓度至5.00mol/L，渗透系数反而低于4.00mol/L 时的。对于 Ce(Ⅳ) 的提取体系，分散相中适宜的 HCl 浓度应为4.00mol/L。

同样地，从图 8-49～图 5-52 可以看出，Tb(Ⅲ)、Eu(Ⅲ)、Dy(Ⅲ) 和 Tm(Ⅲ)提取过程中所需最佳分散相中 HCl 浓度均为4.00mol/L，35min 时，这几种稀土金属离子的提取率分别为92.5%、75.4%、64.3%、54.7%。

8.4.4.3 萃取剂与 HCl 溶液的体积比对稀土金属提取的影响

由于分散相是将 HCl 溶液均匀地分散在萃取剂中形成的，萃取剂与 HCl 溶液的体积比直接影响稀土金属的萃取和解析速率。当分散相总体积不变，载体与 HCl 浓度恒定时，HCl 溶液在分散相中占的比例越大，所形成的分散液越不稳定，不利于稀土金属的提取。而且，随着 HCl 溶液比例增大，萃取剂体积减小即载体数减少，所以萃取反应速率减小，解析速率增大，稀土金属提取率减小。当 HCl 溶液比例减小，萃取剂体积增大即载体数增大，所以萃取反应速率增大，解析速率减小，使得稀土金属提取率增大。当 HCl 溶液比例减小到一定程度时，再继续减小 HCl 溶液比例，载体数过少，与原料相稀土金属络合速率减小，所以降低了稀土金属的提取率[12]。选择合适的萃取剂与 HCl 溶液的体积比是提高提取率的关键。

在 La(Ⅲ)、Ce(Ⅳ)、Tb(Ⅲ)、Eu(Ⅲ)、Dy(Ⅲ) 和 Tm(Ⅲ) 分散支撑液膜提取体系中分别选择原料相 pH 为 3.80、0.50、3.80、4.00、3.80 和 4.00；初始浓度均为 1.00×10^{-4} mol/L；分散相中 HCl 浓度都为 4.00mol/L；萃取剂中载体 D2EHPA 浓度均为 0.160mol/L。在此条件下研究萃取剂与 HCl 溶液体积比对 La(Ⅲ)、Ce(Ⅳ)、Tb(Ⅲ)、Eu(Ⅲ)、Dy(Ⅲ) 和 Tm(Ⅲ) 在分散支撑液膜中的提取行为的影响，结果如图 8-53 ~ 图 8-58 及表 8-8 所示。

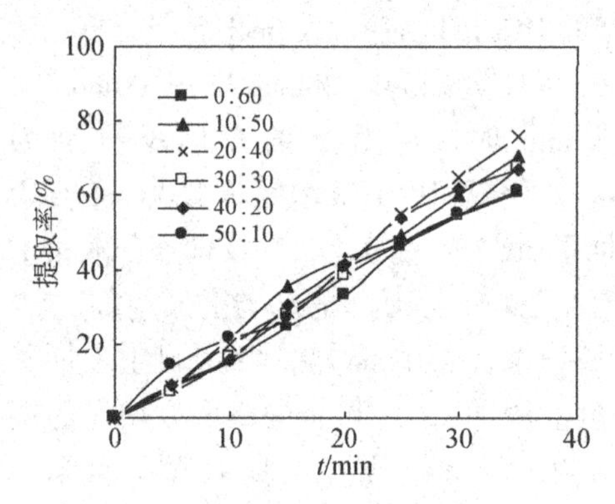

图 8-53　萃取剂与 HCl 溶液体积比对 La(Ⅲ) 提取的影响

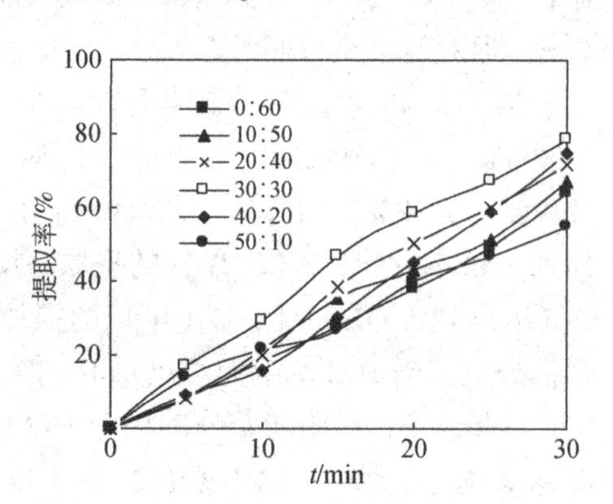

图 8-54　萃取剂与 HCl 溶液体积比对 Ce(Ⅳ) 提取的影响

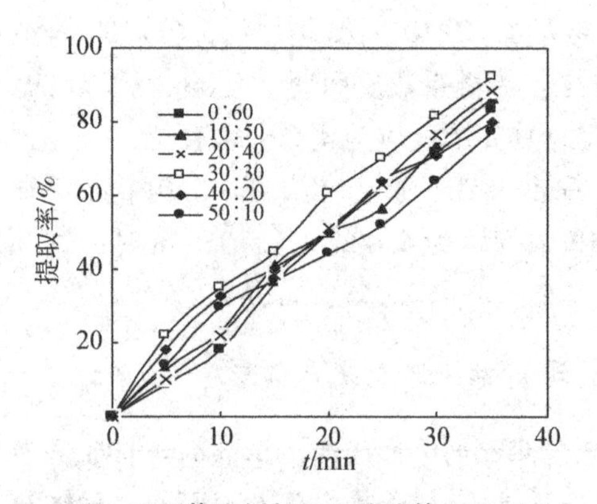

图 8-55　萃取剂与 HCl 溶液体积比对 Tb(Ⅲ) 提取的影响

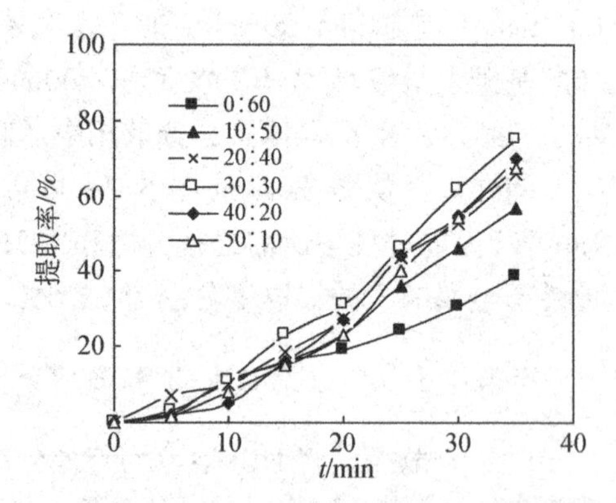

图 8-56　萃取剂与 HCl 溶液的体积比对 Eu(Ⅲ) 提取的影响

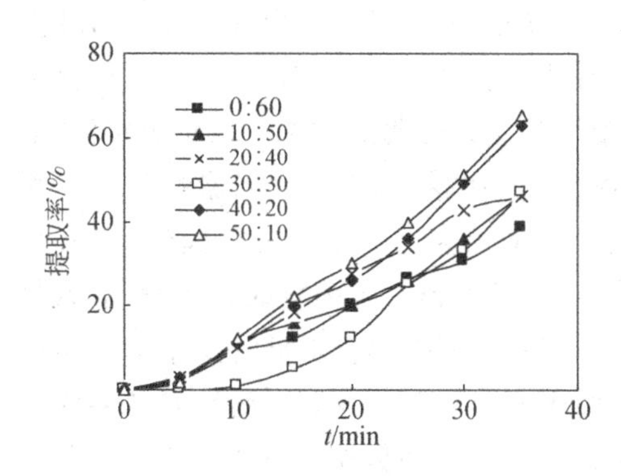

图 8-57 萃取剂与 HCl 溶液体积比对 Dy(Ⅲ) 提取的影响

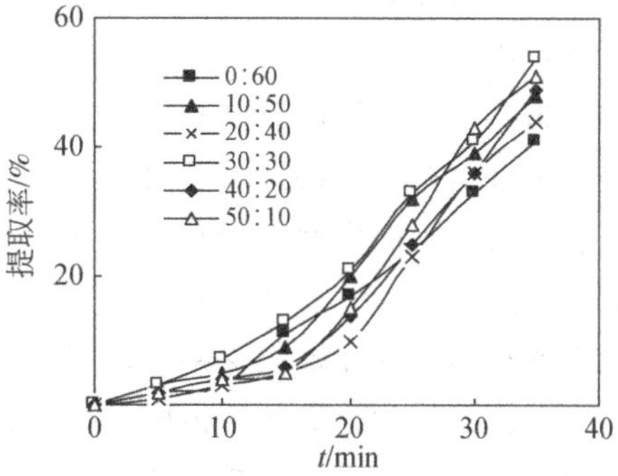

图 8-58 萃取剂与 HCl 溶液体积比对 Tm(Ⅲ) 提取的影响

表 8-8 萃取剂与 HCl 溶液体积比对稀土金属离子提取的影响

稀土金属	提取时间/min	项目	数据结果				
La(Ⅲ)	35	体积比	10 : 50	20 : 40	30 : 30	40 : 20	50 : 10
		$-\ln c_t/c_0$	1.23	1.45	1.12	1.11	1.08
		P_c/(m/s)	3.90×10^{-5}	4.61×10^{-5}	3.55×10^{-5}	3.53×10^{-5}	3.45×10^{-5}
Ce(Ⅳ)	30	体积比	10 : 50	20 : 40	30 : 30	40 : 20	50 : 10
		$-\ln c_t/c_0$	1.12	1.26	1.52	2.53	2.56
		P_c/(m/s)	4.15×10^{-5}	4.65×10^{-5}	5.63×10^{-5}	3.75×10^{-5}	3.80×10^{-5}
Tb(Ⅲ)	35	体积比	10 : 50	20 : 40	30 : 30	40 : 20	50 : 10
		$-\ln c_t/c_0$	0.800	0.93	2.59	1.37	0.794
		P_c/(m/s)	9.34×10^{-5}	1.07×10^{-5}	8.23×10^{-5}	5.09×10^{-5}	2.94×10^{-5}
Eu(Ⅲ)	35	体积比	10 : 50	20 : 40	30 : 30	40 : 20	50 : 10
		$-\ln c_t/c_0$	0.780	1.06	1.40	1.67	1.68
		P_c/(m/s)	6.64×10^{-5}	9.03×10^{-5}	4.45×10^{-5}	1.43×10^{-5}	1.44×10^{-5}
Dy(Ⅲ)	35	体积比	10 : 50	20 : 40	30 : 30	40 : 20	50 : 10
		$-\ln c_t/c_0$	0.625	0.618	0.863	1.03	1.04
		P_c/(m/s)	2.00×10^{-5}	1.96×10^{-5}	2.74×10^{-5}	3.27×10^{-5}	3.28×10^{-5}
Tm(Ⅲ)	35	体积比	10 : 50	20 : 40	30 : 30	40 : 20	50 : 10
		$-\ln c_t/c_0$	0.635	0.580	0.792	0.640	0.733
		P_c/(m/s)	2.02×10^{-5}	1.84×10^{-5}	2.52×10^{-5}	2.03×10^{-5}	2.33×10^{-5}

如图 8-53 所示，分散相中萃取剂与 HCl 溶液体积比从 50 : 10 到 0 : 60，La(Ⅲ)提取率有所减小但趋势不明显，当萃取剂与 HCl 溶液体积比分别为 0 : 60、10 : 50、20 : 40、30 : 30、40 : 20 和 50 : 10 时，35min 时提取率分别为

60.7%、70.7%、75.7%、67.3%、67.1%和66.2%。显然，当萃取剂与HCl溶液体积比为20：40时，La(Ⅲ)提取率最大。当萃取剂与HCl溶液体积比为40：20时，提取率比20：40时低了8.6个百分点，说明此时载体数量虽然增加，但是HCl溶液体积减小，H^+数量减少，解析速率必然减小，所以影响整个体系提取率减小。同样地，当萃取剂与HCl溶液体积比为10：50时，提取率比20：40时低了5.0个百分点，说明当HCl溶液体积减小到一定程度时，虽然H^+数量的增加有助于提高解析速率，但是同样萃取剂的体积减小会降低稀土金属和载体的络合速率，此时提取率也同样会降低。由表8-8可知，当萃取剂与HCl溶液体积比为20：40时，La(Ⅲ)在分散支撑液膜中的渗透系数明显高于其他萃取剂与HCl溶液体积比的，因此，萃取剂与HCl溶液体积比应选择20：40。

当萃取剂与HCl溶液体积比为0：60时，就相当于分散相中没有萃取剂，只剩下解析相，也就是传统的SLM体系，从结果可以看出，采用分散支撑液膜体系，不论分散相中萃取剂与HCl溶液体积比为何值，提取率都高于传统SLM体系，充分证明了分散支撑液膜的优越性。

从图8-54可以看出，当萃取剂与HCl溶液体积比分别为0：60、10：50、20：40、30：30、40：20和50：10时，30min时Ce(Ⅳ)提取率分别可达64.1%、67.4%、71.5%、78.3%、74.7%和54.8%。可见，当萃取剂与HCl溶液体积比为30：30时，Ce(Ⅳ)提取率最大。同样地，由表8-8也可知，当萃取剂与HCl溶液体积比为30：30时，渗透系数最大，因此，萃取剂与HCl溶液体积比应选择30：30。

同样地，从图8-55、图8-56、图8-58及表8-8可以看出，Tb(Ⅲ)、Eu(Ⅲ)、Tm(Ⅲ)提取所需最佳萃取剂与HCl溶液体积比也均为30：30，在35min时，Tb(Ⅲ)、Eu(Ⅲ)、Tm(Ⅲ)的提取率分别为92.5%、75.4%、53.9%。

如图8-57所示。当萃取剂与HCl溶液体积比分别为0：60、10：50、20：40、30：30、40：20和50：10时，35min时Dy(Ⅲ)提取率分别为38.6%、46.5%、46.1%、57.8%、63.5%和64.4%。可见，当萃取剂与HCl溶液体积比为40：20和50：10时，Dy(Ⅲ)提取率较大，说明Dy(Ⅲ)的解析速率大于萃取反应过程中络合物形成的速率。由表8-8可知，当萃取剂与HCl溶液体积比为40：20时，Dy(Ⅲ)在分散支撑液膜中的渗透系数明显高于10：50、20：40、30：30时的渗透系数；在此基础上继续增加体积比至50：10时，渗透系数只比体积比为40：20时增加了1.00×10^{-7} m/s。考虑经济因素，萃取剂与HCl溶液体积比应选择40：20。

在以D2EHPA为载体的分散支撑液膜体系中，La(Ⅲ)、Ce(Ⅳ)、Tb(Ⅲ)、Eu(Ⅲ)、Dy(Ⅲ)和Tm(Ⅲ)提取过程中所选最佳分散相中萃取剂与HCl溶液体积分别为 20 : 40、30 : 30、30 : 30、30 : 30、40 : 20、30 : 30，分别在 35min、30min、35min、35min、35min 和 35min 时，6 种稀土金属离子在已选择的条件下的提取率分别为 75.7%、78.3%、92.5%、75.4%、63.5%、53.9%。

8.4.4.4 初始浓度对稀土金属提取的影响

在一定的分散支撑液膜体系中，稀土金属离子的起始浓度过大，一定时间内稀土金属不能被完全提取；稀土金属离子的起始浓度过小，稀土金属离子与膜的接触率很低，这些都会影响提取率，并且要考虑到某元素仪器测定的浓度范围。因此，原料相稀土金属离子初始浓度的大小对提取行为有一定影响。

由式（8.1）可知，在原料相与膜相的界面处，稀土金属 La(Ⅲ)、Ce(Ⅳ)、Tb(Ⅲ)、Eu(Ⅲ)、Dy(Ⅲ) 和 Tm(Ⅲ) 分别与载体 D2EHPA 发生化学反应形成络合物。当稀土金属离子浓度较小时，平衡左移，导致提取率降低，随稀土金属离子浓度的增大，平衡向右移动，其提取率逐渐增大。但稀土金属的提取率还受载体浓度及膜面积的影响。当载体浓度及膜面积一定时，在单位时间内提取的稀土金属离子的数目也是一定的。因此，稀土金属的提取率并不随其初始浓度的增大而无限制地增大。当稀土金属离子初始浓度增大到一定程度时，再增大其初始浓度，其提取率开始下降[12]。

在 La(Ⅲ)、Ce(Ⅳ)、Tb(Ⅲ)、Eu(Ⅲ)、Dy(Ⅲ) 和 Tm(Ⅲ) 的分散支撑液膜提取体系中分别选择分散相中萃取剂与 HCl 溶液体积比为 20 : 40、30 : 30、30 : 30、30 : 30、40 : 20 和 30 : 30；分散相 HCl 浓度都为 4.00mol/L；萃取剂中载体 D2EHPA 浓度均为 0.160mol/L；原料相 pH 分别为 5.00、0.50、4.50、5.00、4.50 和 5.00。在此条件下研究原料相稀土金属离子初始浓度对 La(Ⅲ)、Ce(Ⅳ)、Tb(Ⅲ)、Eu(Ⅲ)、Dy(Ⅲ) 和 Tm(Ⅲ) 在分散支撑液膜中的提取行为的影响，实验结果如图 8-59 ~ 图 8-64 及表 8-9 所示。

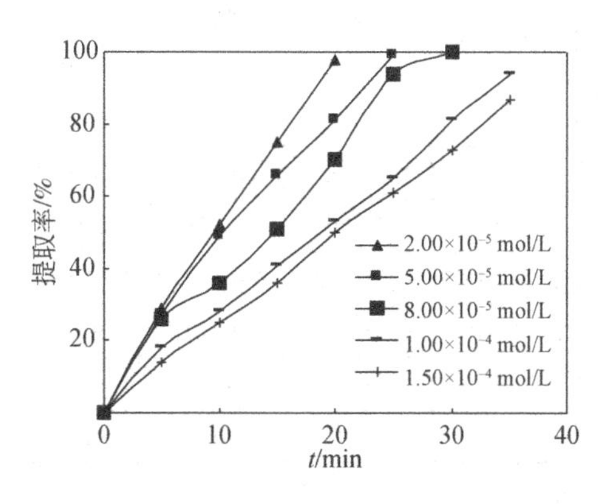

图 8-59 初始浓度对 La(Ⅲ) 提取的影响

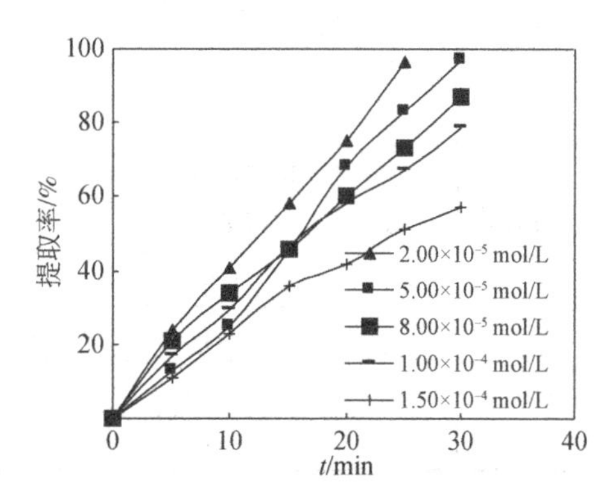

图 8-60 初始浓度对 Ce(Ⅳ) 提取的影响

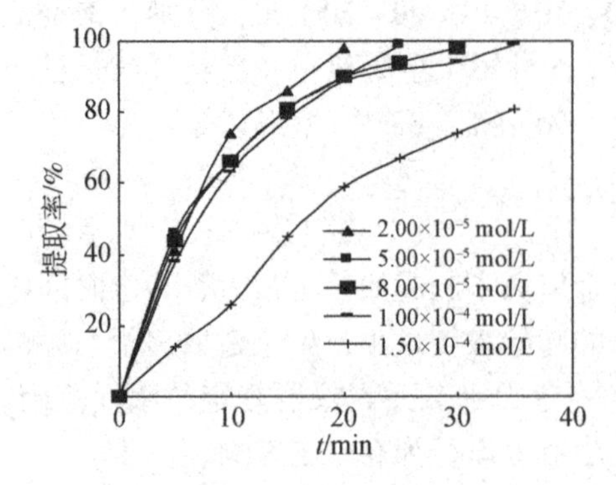

图 8-61　初始浓度对 Tb(Ⅲ) 提取的影响

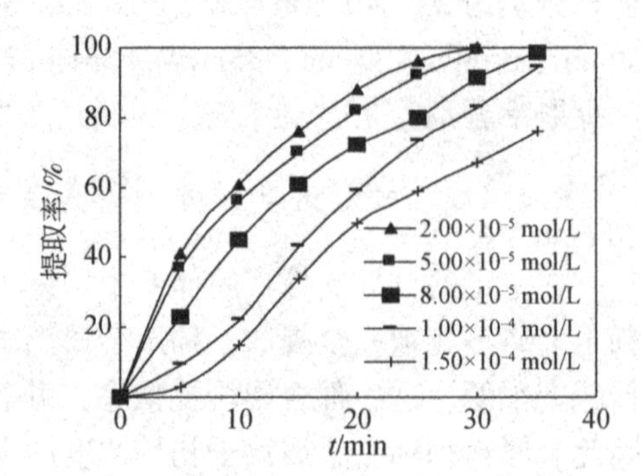

图 8-62　初始浓度对 Eu(Ⅲ) 提取的影响

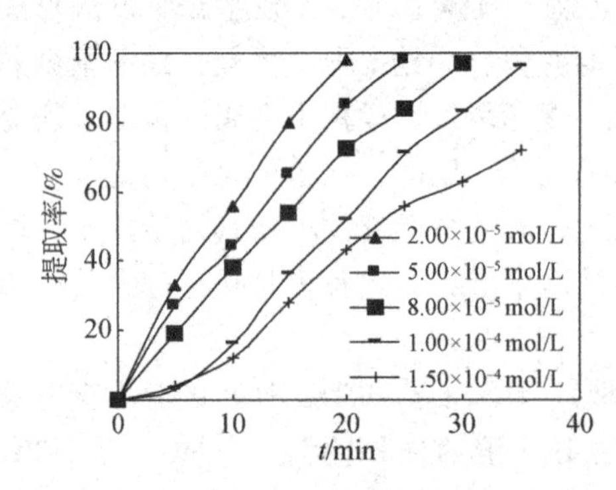

图 8-63　初始浓度对 Dy(Ⅲ) 提取的影响

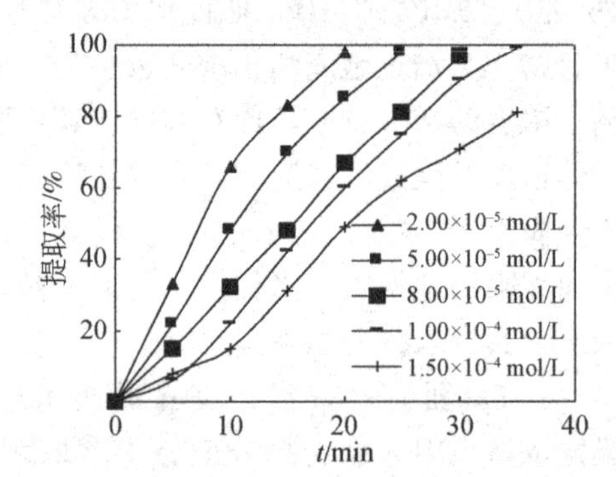

图 8-64　初始浓度对 Tm(Ⅲ) 提取的影响

表 8-9　初始浓度对稀土金属离子提取的影响

稀土金属	提取时间/min	项目	数据结果				
La(Ⅲ)	35	初始浓度/(mol/L)	2.00×10^{-5}	5.00×10^{-5}	8.00×10^{-5}	1.00×10^{-4}	1.50×10^{-4}
		$-\ln c_t/c_0$	—	—	—	2.86	2.10
		P_c/(m/s)	—	—	—	9.10×10^{-5}	6.66×10^{-5}
Ce(Ⅳ)	30	初始浓度/(mol/L)	2.00×10^{-5}	5.00×10^{-5}	8.00×10^{-5}	1.00×10^{-4}	1.50×10^{-4}
		$-\ln c_t/c_0$	—	3.41	2.05	1.53	0.675
		P_c/(m/s)	—	1.26×10^{-4}	7.59×10^{-5}	5.66×10^{-5}	2.50×10^{-5}
Tb(Ⅲ)	35	初始浓度/(mol/L)	2.00×10^{-5}	5.00×10^{-5}	8.00×10^{-5}	1.00×10^{-4}	1.50×10^{-4}
		$-\ln c_t/c_0$	—	—	—	4.71	1.52
		P_c/(m/s)	—	—	—	1.50×10^{-4}	4.84×10^{-5}

续表

稀土金属	提取时间/min	项目	数据结果				
Eu(Ⅲ)	35	初始浓度/(mol/L)	2.00×10^{-5}	5.00×10^{-5}	8.00×10^{-5}	1.00×10^{-4}	1.50×10^{-4}
		$-\ln c_t/c_0$	—	—	3.38	2.85	1.07
		P_e/(m/s)	—	—	1.07×10^{-4}	9.04×10^{-5}	3.41×10^{-5}
Dy(Ⅲ)	35	初始浓度/(mol/L)	2.00×10^{-5}	5.00×10^{-5}	8.00×10^{-5}	1.00×10^{-4}	1.50×10^{-4}
		$-\ln c_t/c_0$	—	—	—	3.27	0.957
		P_e/(m/s)	—	—	—	1.04×10^{-4}	3.04×10^{-5}
Tm(Ⅲ)	35	初始浓度/(mol/L)	2.00×10^{-5}	5.00×10^{-5}	8.00×10^{-5}	1.00×10^{-4}	1.50×10^{-4}
		$-\ln c_t/c_0$	—	—	—	4.34	1.58
		P_e/(m/s)	—	—	—	1.38×10^{-4}	5.03×10^{-5}

注："—"表示检测不到，即被完全提取

如图 8-59 所示，当 La(Ⅲ) 初始浓度分别为 1.00×10^{-4}mol/L 和 1.50×10^{-4}mol/L 时，35min 时 La(Ⅲ) 的提取率分别可达 94.3% 和 87.7%。当 La(Ⅲ) 初始浓度为 2.00×10^{-5}mol/L 时，20min 时 La(Ⅲ) 的提取率为 99.1%，25min 时 La(Ⅲ) 被完全提取；当 La(Ⅲ) 初始浓度增加到 5.00×10^{-5}mol/L 时，20min 时提取率为 79.2%，25min 时提取率为 97.7%，30min 时 La(Ⅲ) 被完全提取；同样地，在初始浓度为 8.00×10^{-5}mol/L 时，La(Ⅲ) 在 20min 时提取率为 67.4%，在 25min 时提取率为 94.3%，30min 时的提取率可达 100%，说明此时刻 La(Ⅲ) 被完全提取。由表 8-9 也可以看出，随着 La(Ⅲ) 初始浓度的增加，渗透系数减小。

如图 8-60 所示，当 Ce(Ⅳ) 初始浓度分别为 5.00×10^{-5}mol/L、8.00×10^{-5}mol/L、1.00×10^{-4} mol/L 和 1.50×10^{-4} mol/L 时，30min 时 Ce(Ⅳ) 的提取率分别达 96.7%、87.1%、78.3%、和 57.3%；25min 的提取率分别为 83.7%、75.9%、66.8% 和 49.1%。当 Ce(Ⅳ) 初始浓度为 2.00×10^{-5}mol/L 时，25min 时 Ce(Ⅳ) 的提取率为 96.8%，30min 时 Ce(Ⅳ) 已经被完全提取。对比 25min 时提取率，可以看出随着 Ce(Ⅳ) 初始浓度的减小，提取率和渗透系数增加，这是因为当载体浓度及膜面积一定时，在单位时间内提取的稀土金属离子的数目也是一定的。

如图 8-61 所示，当 Tb(Ⅲ) 初始浓度为 2.00×10^{-5}mol/L、5.00×10^{-5}mol/L、8.00×10^{-5}mol/L、1.00×10^{-4}mol/L 和 1.50×10^{-4}mol/L 时，20min 时 Tb(Ⅲ) 的提取率分别为 97.1%、89.2%、87.8%、85.8%、59.1%。当 Tb(Ⅲ) 初始浓度为 2.00×10^{-5}mol/L 时，25min 时 Tb(Ⅲ) 被完全提取；当 Tb(Ⅲ) 初始浓度增加到 5.00×10^{-5}mol/L 时，25min 时提取率为 99.2%，30min 时 Tb(Ⅲ) 被完全提取；

同样地，当Tb(Ⅲ)初始浓度为8.00×10^{-5}mol/L时，Tb(Ⅲ)在25min时提取率为92.8%，在30min时提取率为97.1%，35min时Tb(Ⅲ)被完全提取；当Tb(Ⅲ)初始浓度为1.00×10^{-4}mol/L时，35min时提取率为99.1%；而当Tb(Ⅲ)初始浓度为1.50×10^{-4}mol/L时，35min时提取率却只有78.2%。

如图8-62所示，当Eu(Ⅲ)初始浓度为2.00×10^{-5}mol/L、5.00×10^{-5}mol/L、8.00×10^{-5}mol/L、1.00×10^{-4}mol/L和1.50×10^{-4}mol/L时，30min时Eu(Ⅲ)的提取率分别为99.7%、99.1%、92.0%、81.4%、66.5%。当Eu(Ⅲ)初始浓度为2.00×10^{-5}mol/L时，Eu(Ⅲ)的提取率在0~25min一直高于5.00×10^{-5}mol/L时Eu(Ⅲ)提取率，但是在30min时提取率只比5.00×10^{-5}mol/L时高出0.6个百分点。而随着Eu(Ⅲ)初始浓度的增加，提取率和渗透系数减小，且相差的程度呈增加趋势。说明当稀土金属离子初始浓度较小时，平衡左移，提取率降低，随稀土金属离子初始浓度的增大，平衡向右移动，提取率逐渐增大。稀土金属的提取率还受载体浓度及膜面积的影响，当载体浓度及膜面积一定时，在单位时间内提取的稀土金属离子的数目也是一定的。因此，稀土金属的提取率并不随初始浓度的增大而无限制地增大。当稀土金属离子初始浓度增大到一定程度时，再增大其初始浓度，提取率开始下降。

如图8-63和图8-64可以看出，Dy(Ⅲ)和Tm(Ⅲ)的初始浓度增加，其提取率减小，当初始浓度为2.00×10^{-5}mol/L时，20min时提取率分别为96.8%和97.4%；当初始浓度为1.50×10^{-4}mol/L时，35min，提取率分别为61.6%和79.5%。

8.4.4.5 不同解析剂对稀土金属提取的影响

从分散支撑液膜传质机理可知，H^+在原料相与分散相中的浓度差是分散支撑液膜中金属离子的传质动力。因此，当原料相和解析相酸度确定时，传质动力基本稳定。但解析剂的种类不同，其性质必然有所差异，解析相的离子环境也会不同，其传质动力会略有差异。本实验采用的解析剂为强酸，HCl、H_2SO_4、HNO_3都是常用到的强酸解析剂，三者在作解析剂情况下，性质有很大差异，HCl易挥发，Cl^-易与金属离子形成络离子；H_2SO_4中SO_4^{2-}容易与金属离子形成难溶盐；HNO_3是氧化性酸，浓度较大时容易氧化有机络合物，而且在氧化环境下，不利于金属离子和载体发生络合反应。因此，研究分散相中不同解析剂对稀土金属提取行为的影响具有一定的意义。

在La(Ⅲ)、Ce(Ⅳ)、Tb(Ⅲ)、Eu(Ⅲ)、Dy(Ⅲ)和Tm(Ⅲ)的分散支撑液膜提取体系中分别选择分散相中萃取剂与HCl溶液体积比为20∶40、30∶30、30∶30、30∶30、40∶20和30∶30；分散相中H^+浓度都为4.00mol/L；萃取剂中载体 D2EHPA 浓度均为 0.160mol/L；初始浓度均为 1.00×10^{-4} mol/L；原料相 pH 分别为 5.00、0.50、4.50、5.00、4.50 和 5.00。在此条件下研究分散相中不同解析剂对 La(Ⅲ)、Ce(Ⅳ)、Tb(Ⅲ)、Eu(Ⅲ)、Dy(Ⅲ) 和 Tm(Ⅲ) 在分散支撑液膜中的提取行为的影响，实验结果如图 8-65～图 8-70 所示。

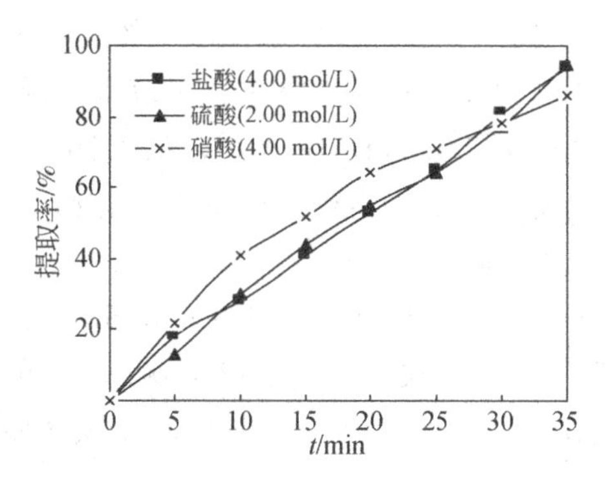

图 8-65　不同解析剂对 La(Ⅲ) 提取的影响

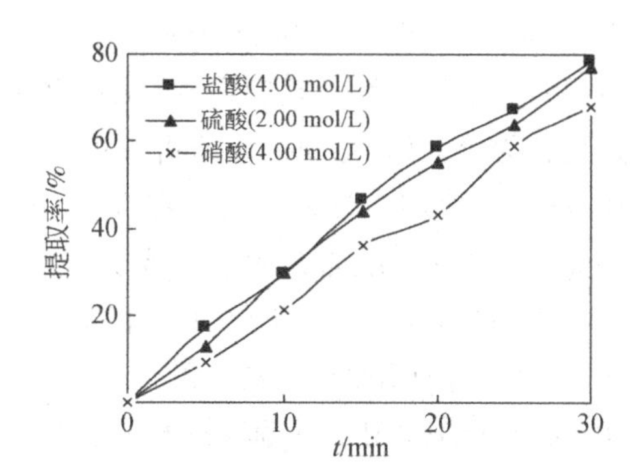

图 8-66　不同解析剂对 Ce(Ⅳ) 提取的影响

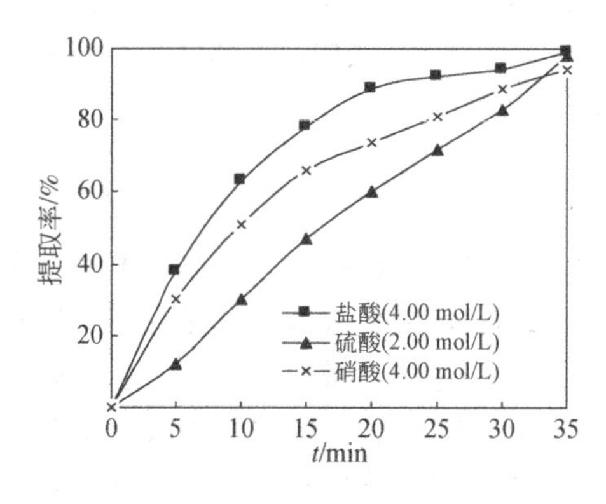

图 8-67　不同解析剂对 Tb(Ⅲ) 提取的影响

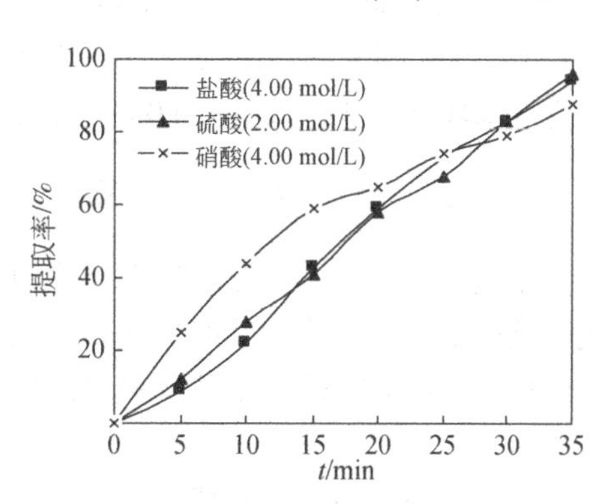

图 8-68　不同解析剂对 Eu(Ⅲ) 提取的影响

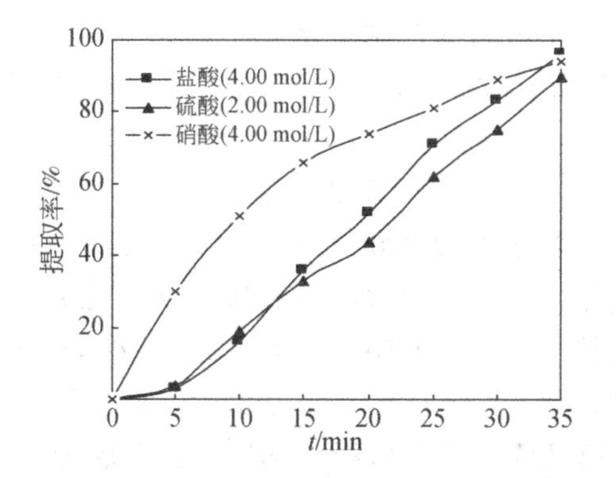

图 8-69　不同解析剂对 Dy(Ⅲ) 提取的影响

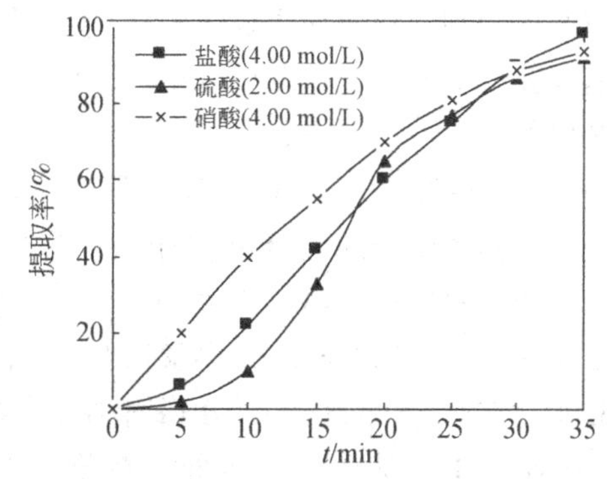

图 8-70　不同解析剂对 Tm(Ⅲ) 提取的影响

本实验在保持分散相中解析相酸度不变的前提下，分别考察了 HCl、H_2SO_4 和 HNO_3对 La(Ⅲ)、Ce(Ⅳ)、Tb(Ⅲ)、Eu(Ⅲ)、Dy(Ⅲ) 和 Tm(Ⅲ) 提取的影响。

如图 8-65 所示，HCl、H_2SO_4和 HNO_3分别作为解析剂，La(Ⅲ) 的提取率分别为 94.3%、94.0% 和 85.1%。可以看出，HCl、H_2SO_4和 HNO_3对 La(Ⅲ) 的解析都有一定的效果，其中以 4.00mol/L 的 HCl 和 2.00mol/L 的 H_2SO_4效果较好，这是因为分散相中的 Cl^-可解析效果较好，4.00mol/L 的 HNO_3 效果略低于 HCl 和 H_2SO_4，这是因为分散相中的 Cl^-可以和 La(Ⅲ) 反应生成稳定的络合物 $LaCl_n^{3-n}$，因此，选择 4.00mol/L 的 HCl 或 H_2SO_4作为解析剂。

由图 8-66 可知，Ce(Ⅳ) 的提取率分别达到 78.3%、75.4% 和 67.4%。HCl、H_2SO_4和 HNO_3对 Ce(Ⅳ) 的解析都有一定的效果，其中以 4.00mol/L 的 HCl 解析效果最好，H_2SO_4和 HNO_3效果略低于盐酸。因此，选择 4mol/L 的 HCl 作为解析剂。

同样地，如图 8-67 ~ 图 8-70 所示，HCl、H_2SO_4 和 HNO_3 对 Tb(Ⅲ)、Eu(Ⅲ)、Dy(Ⅲ) 和 Tm(Ⅲ) 的解析都有一定的效果，其中以 4.00mol/L 的 HCl 解析效果较好，所以选择 4.00mol/L 的 HCl 作为解析剂。

8.4.4.6 载体浓度对稀土金属提取的影响

因为分散支撑液膜提取稀土金属的过程是由稀土金属的配合物与载体之间的化学反应及其结合后的扩散过程联合控制的。当载体浓度较低时，提取率主要由配合物与载体之间的化学反应控制，根据化学平衡原理，增加反应物的浓度有利于载体配合物的形成，因此金属离子的提取率增加较快，载体浓度越大，反应越充分，提取率越高。但当载体浓度达到一定值时，界面浓度接近饱和，载体浓度的增加使稀土金属离子的提取率的增加渐渐趋于平缓。若载体浓度过高，膜内载体浓度饱和，提取率主要由配合物-载体的扩散过程控制，就会在一定程度上堵塞膜孔，从而导致提取率降低。因此，考察载体浓度对稀土金属提取的影响是很必要的。

在 La(Ⅲ)、Ce(Ⅳ)、Tb(Ⅲ)、Eu(Ⅲ)、Dy(Ⅲ) 和 Tm(Ⅲ) 的分散支撑液膜提取体系中分别选择分散相中萃取剂与 HCl 溶液体积比为 20：40、30：30、30：30、30：30、40：20 和 30：30；分散相中 HCl 浓度均为 4.00mol/L；初始浓度均为 1.00×10^{-4} mol/L；原料相 pH 分别为 5.00、0.50、4.50、5.00、4.50 和 5.00。在此条件下研究分散相中载体浓度对 La(Ⅲ)、Ce(Ⅳ)、Tb(Ⅲ)、Eu(Ⅲ)、Dy(Ⅲ) 和 Tm(Ⅲ) 在分散支撑液膜中的提取行为的影响，实验结果如图 8-71 ~ 图 8-76 及表 8-10 所示。

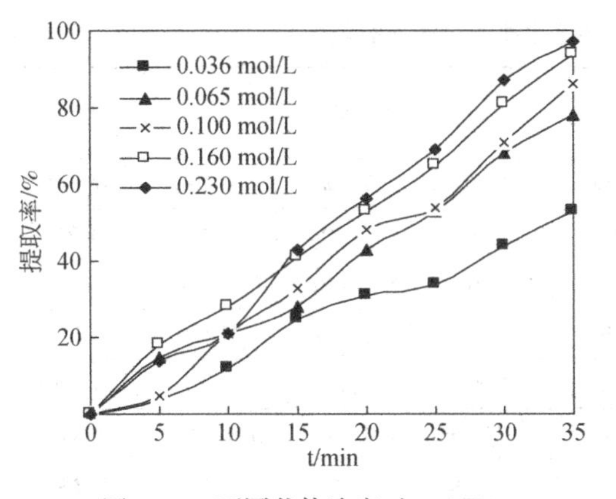

图 8-71　不同载体浓度对 La(Ⅲ)提取的影响

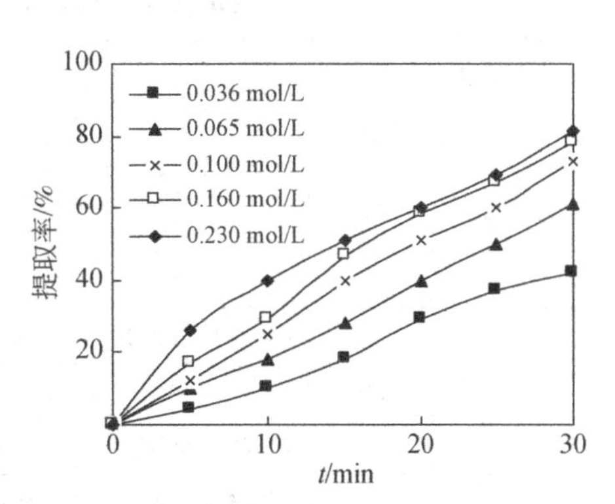

图 8-72　不同载体浓度对 Ce(Ⅳ)提取的影响

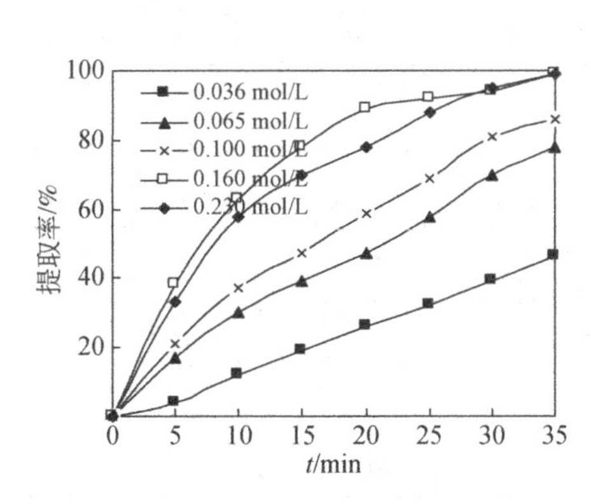

图 8-73　不同载体浓度对 Tb(Ⅲ)提取的影响

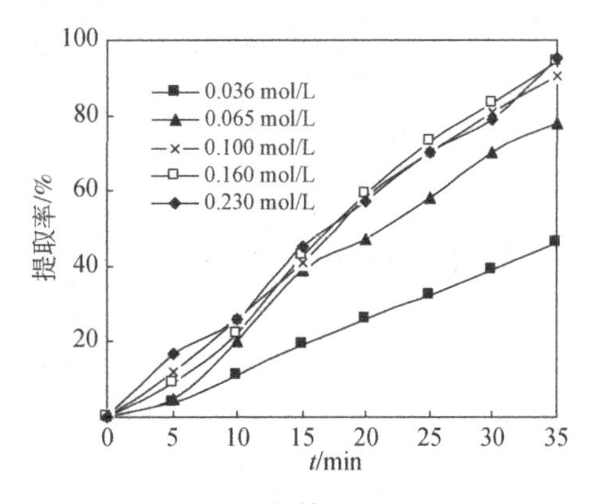

图 8-74　不同载体浓度对 Eu(Ⅲ)提取的影响

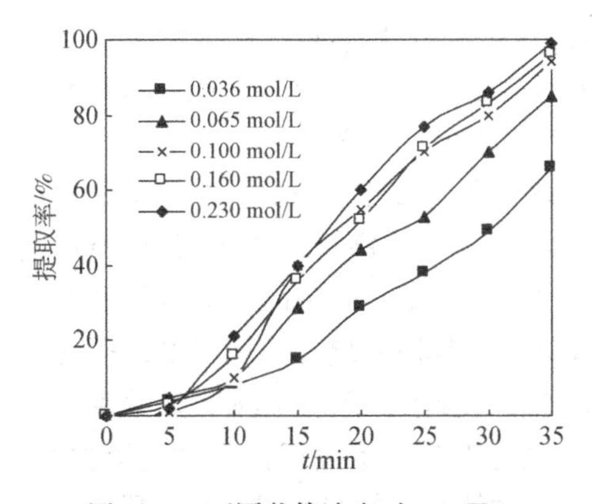

图 8-75　不同载体浓度对 Dy(Ⅲ)提取的影响

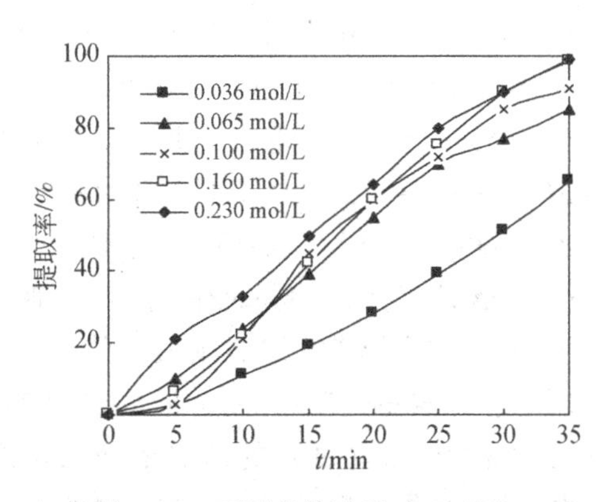

图 8-76　不同载体浓度对 Tm(Ⅲ)提取的影响

表 8-10　载体浓度对稀土金属离子提取的影响

稀土金属	提取时间/min	项目	数据结果				
La(Ⅲ)	35	载体浓度/(mol/L)	0.036	0.065	0.100	0.160	0.230
		$-\ln c_t/c_0$	0.667	1.51	2.30	2.86	3.21
		P_c/(m/s)	2.12×10^{-5}	4.81×10^{-5}	7.31×10^{-5}	9.10×10^{-5}	1.02×10^{-4}
Ce(Ⅳ)	30	载体浓度/(mol/L)	0.036	0.065	0.100	0.160	0.230
		$-\ln c_t/c_0$	0.562	0.904	1.27	1.53	1.56
		P_c/(m/s)	2.08×10^{-5}	3.35×10^{-5}	4.72×10^{-5}	5.66×10^{-5}	5.78×10^{-5}
Tb(Ⅲ)	35	载体浓度/(mol/L)	0.036	0.065	0.100	0.160	0.230
		$-\ln c_t/c_0$	0.635	1.50	1.97	4.71	4.73
		P_c/(m/s)	2.35×10^{-5}	4.77×10^{-5}	6.24×10^{-5}	1.50×10^{-4}	1.51×10^{-4}
Eu(Ⅲ)	35	载体浓度/(mol/L)	0.016	0.065	0.100	0.160	0.230
		$-\ln c_t/c_0$	0.629	1.75	2.76	2.86	2.86
		P_c/(m/s)	2.01×10^{-5}	5.56×10^{-5}	8.78×10^{-5}	9.03×10^{-5}	9.03×10^{-5}
Dy(Ⅲ)	35	载体浓度/(mol/L)	0.036	0.065	0.100	0.160	0.230
		$-\ln c_t/c_0$	1.08	1.97	4.02	4.11	4.19
		P_c/(m/s)	3.43×10^{-5}	6.24×10^{-5}	1.28×10^{-4}	1.30×10^{-4}	1.33×10^{-4}
Tm(Ⅲ)	35	载体浓度/(mol/L)	0.036	0.065	0.100	0.160	0.230
		$-\ln c_t/c_0$	1.02	1.90	2.50	4.34	4.39
		P_c/(m/s)	3.23×10^{-5}	6.03×10^{-5}	7.94×10^{-5}	1.38×10^{-4}	1.39×10^{-4}

从图 8-71 可以看出，当 D2EHPA 浓度分别为 0.036mol/L、0.065mol/L、0.100mol/L、0.160mol/L 和 0.230mol/L 时，35min 时 La(Ⅲ)提取率分别可达 53.7%、78.0%、86.2%、94.3% 和 96.9%。D2EHPA 浓度从 0.036mol/L 增加到 0.065mol/L 时，提取率提高了 24.3 个百分点；再增加到 0.100mol/L 时，La(Ⅲ)提取率在 0.065mol/L 时的基础上又增加了 8.2 个百分点；D2EHPA 浓度为 0.160mol/L 时，La(Ⅲ)提取率比 0.100mol/L 时高了 8.1 个百分点；而 D2EHPA 浓度为 0.230mol/L 时，La(Ⅲ)提取率只比 0.160mol/L 时高了 2.6 个百分点。说明提高载体 D2EHPA 的浓度，La(Ⅲ)提取率增加，但当 D2EHPA 浓度超过 0.160mol/L 时，La(Ⅲ)提取率增加幅度较小，而在 D2EHPA 浓度低于 0.160mol/L，La(Ⅲ)的提取率增加较快，这是因为整个过程由化学反应控制，根据化学平衡原理，增加反应物的浓度有利于载体配合物的形成，因此稀土金属的提取率增加较快，但当浓度达到一定值时，界面浓度接近饱和，载体浓度的增

加使稀土金属的提取率的增加渐渐趋于平缓。由表 8-10 也可以看出，当 D2EHPA 浓度从 0.036mol/L 增加至 0.065mol/L 时，La(Ⅲ) 在分散支撑液膜中的渗透系数从 2.12×10^{-5} m/s 增加到 4.81×10^{-5} m/s，增加了 2.69×10^{-5} m/s；当 D2EHPA 浓度从 0.065mol/L 增加至 0.100mol/L 时，渗透系数增加了 2.50×10^{-5} m/s；当 D2EHPA 浓度增加至 0.160mol/L 时，渗透系数只增加了 1.79×10^{-5} m/s；可以看出，随着 D2EHPA 浓度的增加，渗透系数的增加趋势逐渐趋于平缓。在此基础上再增加 D2EHPA 浓度至 0.230mol/L，渗透系数为 1.02×10^{-4} m/s，只比 0.160mol/L 时增加了 1.1×10^{-5} m/s。因此，流动载体 D2EHPA 浓度选择 0.160mol/L。

同样地，从图 8-72、图 8-73、图 8-76 及表 8-10 可以看出，Ce(Ⅳ)、Tb(Ⅲ)和 Tm(Ⅲ) 提取过程中，流动载体 D2EHPA 浓度应该选择 0.160mol/L。

由图 8-74 可以看出，当 D2EHPA 浓度分别为 0.036mol/L、0.065mol/L、0.100mol/L、0.160mol/L 和 0.230mol/L，Eu(Ⅲ) 初始浓度为 1.00×10^{-4} mol/L 时，35min 时提取率分别可达 46.7%、77.6%、93.7%、94.3% 和 94.3%。增加 D2EHPA 浓度，Eu(Ⅲ) 提取率增加，当 D2EHPA 浓度从 0.036mol/L 增加至 0.065mol/L 时，Eu(Ⅲ) 提取率增加了 30.9 个百分点；当 D2EHPA 浓度从 0.065mol/L 增加至 0.100mol/L 时，Eu(Ⅲ) 提取率增加了 16.1 个百分点；当 D2EHPA 浓度从 0.100mol/L 增加至 0.160mol/L 时，提取率只增加了 0.6 个百分点；D2EHPA 浓度再增加到 0.230mol/L 时，提取率与 D2EHPA 浓度为 0.160mol/L 时一样。当 D2EHPA 浓度超过 0.100mol/L 时，Eu(Ⅲ) 提取率增加幅度较小，此时提取率趋于稳定。在低载体浓度范围内提高载体浓度，Eu(Ⅲ) 的提取率增加较快，这是因为整个过程由化学反应控制，根据化学平衡原理，增加反应物的浓度有利于载体配合物的形成，因此稀土金属的提取率增加较快，但当载体浓度达到一定值时，界面浓度接近饱和，载体浓度的增加使稀土金属的提取率的增加渐渐趋于平缓。从表 8-10 也可以看出，当 D2EHPA 浓度从 0.036mol/L 增加至 0.065mol/L 时，Eu(Ⅲ) 在分散支撑液膜中的渗透系数从 2.01×10^{-5} m/s 增加到 5.56×10^{-5} m/s，增加了 3.55×10^{-5} m/s；当 D2EHPA 浓度从 0.065mol/L 增加至 0.100mol/L 时，渗透系数增加了 3.22×10^{-5} m/s；但当 D2EHPA 浓度增加至 0.160mol/L 时，渗透系数只增加了 2.50×10^{-6} m/s。可以看出，随着 D2EHPA 浓度的增加，渗透系数的增加趋势逐渐趋于平缓。在此基础上再增加 D2EHPA 浓度至 0.230mol/L，渗透系数为 9.03×10^{-5} m/s，只比 0.100mol/L 时增加了 2.50×10^{-6} m/s，因此，流动载体 D2EHPA 浓度选择 0.100mol/L。

同样地，从图 8-75 和表 8-10 可以看出，在 Dy(Ⅲ) 提取过程中，流动载体 D2EHPA 浓度应选择 0.100mol/L。

8.4.4.7　离子强度对稀土金属提取的影响

在分散支撑液膜中，离子强度对渗透压有影响。渗透压太大，可能会影响稀土金属的提取，也可能会使载体流失，这不仅影响离子的提取速率，还影响分散支撑液膜的使用寿命。在此基础上，本实验探讨了离子强度对分散支撑液膜中稀土金属提取行为的影响。在保持其他条件不变的情况下，分别以 0.5mol/L、1.0mol/L Na_2SO_4以及 2.0mol/L Na_2SO_4和 K_2SO_4混合液作为离子强度调节剂。

在以 D2EHPA 为流动载体时，在已选择最佳条件下，研究了原料相的离子强度对稀土金属离子 La(Ⅲ)、Ce(Ⅳ)、Tb(Ⅲ)、Eu(Ⅲ)、Dy(Ⅲ) 和 Tm(Ⅲ) 提取的影响，结果如图 8-77 所示。除了 Eu(Ⅲ) 的提取率随离子强度的增加而增加，其他稀土金属离子的提取率受离子强度影响不明显。

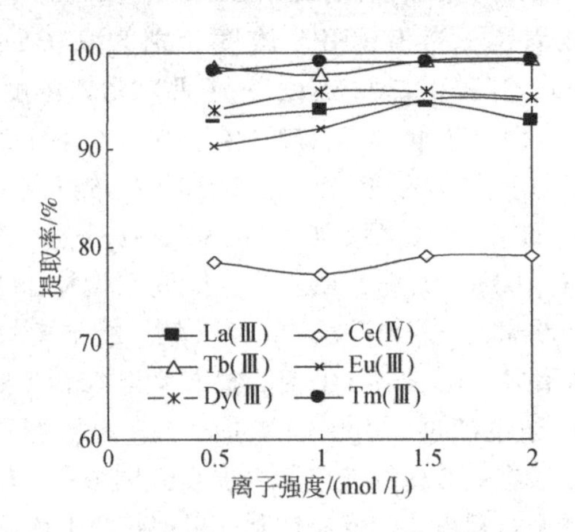

图 8-77　料液相离子强度对稀土金属提取的影响

8.4.5　小结

本章以 D2EHPA 为流动载体，研究 La(Ⅲ)、Ce(Ⅳ)、Tb(Ⅲ)、Eu(Ⅲ)、Dy(Ⅲ) 和 Tm(Ⅲ) 在分散支撑液膜中的提取行，得出以下结论。

(1) La(Ⅲ) 的最优提取条件如下：分散相中 HCl 浓度为 4.00mol/L；萃取剂与 HCl 溶液体积比为 20∶40；D2EHPA 浓度控制在 0.160mol/L；原料相 pH 为 5.00；在最优条件下，原料相中 La(Ⅲ) 初始浓度为 8.00×10^{-5} mol/L 时，提取 35min，La(Ⅲ) 提取率达到 94.8%。

(2) Ce(Ⅳ) 的最优提取条件如下：分散相中 HCl 浓度为 4.00mol/L；萃取剂与 HCl 溶液体积比为 30∶30；D2EHPA 浓度控制在 0.160mol/L；原料相 pH 为

0. 500；在最优条件下，原料相中 Ce(Ⅳ) 初始浓度为 7. 00×10^{-5}mol/L 时，提取 30min，Ce(Ⅳ) 提取率为 78. 3%。

(3) Tb(Ⅲ) 的最优提取条件如下：分散相中 HCl 浓度为 4. 00mol/L；萃取剂与 HCl 溶液体积比为 30∶30；D2EHPA 浓度控制在 0. 160mol/L；原料相 pH 为 4. 50；在最优条件下，原料相中 Tb(Ⅲ) 的初始浓度为 1. 00×10^{-4}mol/L 时，提取 35min，Tb(Ⅲ) 提取率可达 99. 1%。

(4) Eu(Ⅲ) 的最优提取条件如下：分散相中 HCl 溶液浓度为 4. 00mol/L；萃取剂与 HCl 溶液体积比为 30∶30；D2EHPA 浓度控制在 0. 100mol/L；原料相 pH 为 5. 00；在最优条件下，原料相中 Eu(Ⅲ) 的初始浓度为 8. 00×10^{-5}mol/L 时，提取 35min，Eu(Ⅲ) 提取率达到 93. 7%。

(5) Dy(Ⅲ) 的最优提取条件如下：分散相中 HCl 溶液浓度为 4. 00mol/L；萃取剂与 HCl 溶液体积比为 20∶40；D2EHPA 浓度控制在 0. 100mol/L；原料相 pH 为 4. 50；在最优条件下，原料相中 Dy(Ⅲ) 的初始浓度为 8. 00×10^{-5}mol/L 时，提取 35min，Dy(Ⅲ) 提取率达到 98. 2%。

(6) Tm(Ⅲ) 的最优提取条件如下：分散相 HCl 溶液浓度为 4. 00mol/L；萃取剂与 HCl 溶液体积比为 40∶20；D2EHPA 浓度控制在 0. 160mol/L；原料相 pH 为 5. 00；在最优条件下，原料相中 Tm(Ⅲ) 的初始浓度为 1. 00×10^{-4}mol/L 时，提取 35min，Tm(Ⅲ) 提取率达到 99. 2%。

(7) 稀土金属提取过程中，最合适的解析剂是 HCl；Eu(Ⅲ) 的提取率随离子强度的增加而增加，其他稀土金属离子的提取率受离子强度影响不明显。

8. 5　混合载体分散支撑液膜对 Tb(Ⅲ)、Eu(Ⅲ) 和 Dy(Ⅲ) 的提取

8. 5. 1　概述

8. 3 节和 8. 4 节分别研究了以 PC-88A 和 D2EHPA 为流动载体时分散支撑液膜对 La(Ⅲ)、Ce(Ⅳ)、Tb(Ⅲ)、Eu(Ⅲ)、Dy(Ⅲ) 和 Tm(Ⅲ) 的提取行为。从实验结果可以看出，La(Ⅲ)、Ce(Ⅳ) 和 Tm(Ⅲ) 提取条件差异较大，所以这 3 种元素在以 PC-88A 或 D2EHPA 为载体的情况下分离的可能性较大，而 Tb(Ⅲ)、Eu(Ⅲ)、Dy(Ⅲ) 的提取条件接近。本节将 PC-88A 和 D2EHPA 的混合载体应用到分散支撑液膜体系中，探讨和研究混合载体的分散支撑液膜体系对稀土金属离子 Tb(Ⅲ)、Eu(Ⅲ) 和 Dy(Ⅲ) 的提取行为和混合载体的协同效应，考察原料

相 pH、金属离子起始浓度、分散相中 HCl 浓度、萃取剂与 HCl 溶液体积比、不同解析剂及载体浓度对 Tb(Ⅲ)、Eu(Ⅲ) 和 Dy(Ⅲ) 提取的影响，从而得出 Tb(Ⅲ)、Eu(Ⅲ) 和 Dy(Ⅲ) 的提取条件的差异，以便对这 3 种元素进行分离。

8.5.2 实验装置

实验装置如图 8-2 所示。

8.5.3 混合载体分散支撑液膜对 Tb(Ⅲ) 的提取实验

8.5.3.1 混合载体的选择及其浓度对 Tb(Ⅲ) 提取的影响

在 Tb(Ⅲ) 的分散支撑液膜提取体系中选择原料相 pH 为 3.80，分散相中萃取剂与 HCl 溶液的体积比为 20∶40，分散相中 HCl 的浓度为 4.00mol/L，当 Tb(Ⅲ)初始浓度为 1.00×10^{-4}mol/L 时，单一载体和混合载体情况下的载体浓度均选择 0.160mol/L，在此条件下研究分散相中混合载体的组成对 Tb(Ⅲ) 在分散支撑液膜中的提取行为的影响，并将其单一载体的情况进行对比。

结果如图 8-78 所示，PC-88A 与 D2EHPA 混合载体的质量比分别为 1∶1、1∶4 和 4∶1 时，30min 时 Tb(Ⅲ) 的提取率分别为 95.4%、95.2% 和 69.9%。而单独使用 PC-88A 和 D2EHPA 作为载体时，30min 时 Tb(Ⅲ) 的提取率分别只有 41.4% 和 88.0%，可以看出，混合载体对 Tb(Ⅲ) 的提取效果优于单一载体。混合载体中 D2EHPA 的比例越大，提取率也越高。由此可知，混合载体中起主要提取作用的是 D2EHPA，PC-88A 起协同作用。当 PC-88A 与 D2EHPA 的质量比为

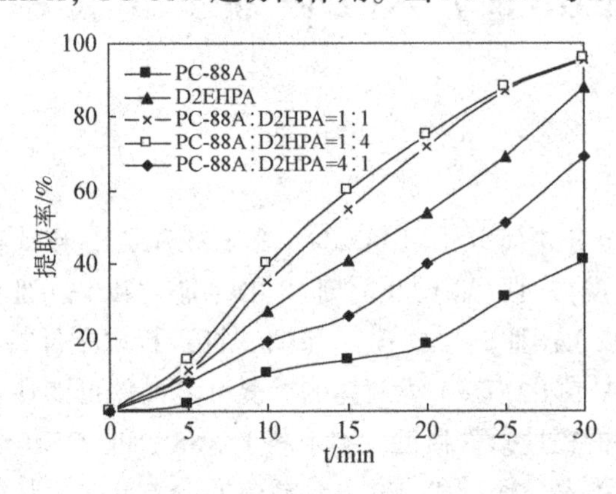

图 8-78 不同载体质量比对 Tb(Ⅲ) 提取的影响

1 : 1 和 1 : 4 时，30min 时 Tb(Ⅲ) 的提取率接近，在后面的实验中选择 PC-88A 与 D2EHPA 质量比为 1 : 1，即萃取剂中载体 PC-88A 与 D2EHPA 浓度均为 8.00×10^{-2}mol/L。

8.5.3.2 原料相 pH 对 Tb(Ⅲ) 提取的影响

在 Tb(Ⅲ) 的分散支撑液膜提取体系中选择选择原料相 Tb(Ⅲ) 初始浓度为 1.00×10^{-4}mol/L，分散相中 HCl 浓度为 4.00mol/L，萃取剂与 HCl 溶液体积比为 20 : 40，萃取剂中载体 PC-88A 与 D2EHPA 浓度均为 8.00×10^{-2}mol/L。在此条件下研究原料相 pH 对 Tb(Ⅲ) 在分散支撑液膜中的提取行为的影响，实验结果如图 8-79 所示。

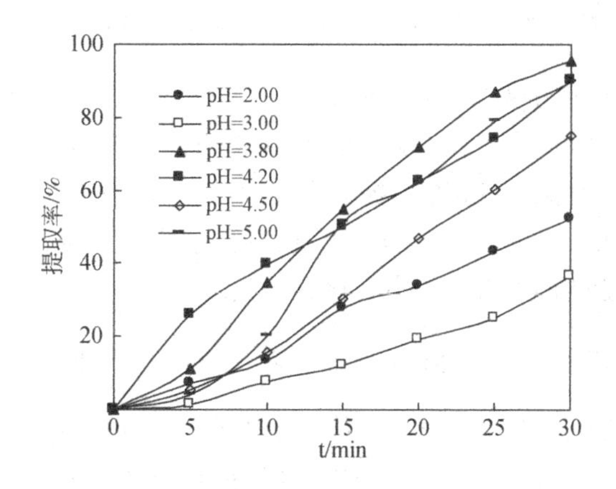

图 8-79 料液相 pH 对 Tb(Ⅲ) 提取的影响

当 pH 分别为 2.00、3.00、3.80、4.20、4.50 和 5.00 时，30min 时 Tb(Ⅲ) 的提取率分别为 52.2%、48.3%、95.4%、90.2%、75.2% 和 89.9%。当原料相 pH 低于 3.80 时，两相间的 H^+浓度差较小，Tb(Ⅲ) 提取率较低；当 pH 为 5.20 时，原料相中 Tb(Ⅲ) 水解，溶液变浑浊。可见，原料相 pH 控制在 3.80 为最佳条件。

8.5.3.3 分散相中 HCl 浓度对 Tb(Ⅲ) 提取的影响

在 Tb(Ⅲ) 的分散支撑液膜提取体系中选择分散相中萃取剂与 HCl 溶液体积比为 20 : 40，原料相 pH 为 3.80，Tb(Ⅲ) 初始浓度为 1.00×10^{-4}mol/L，萃取剂中载体 PC-88A 与 D2EHPA 浓度均为 8.00×10^{-2}mol/L。在此条件下研究分散相中 HCl 浓度对 Tb(Ⅲ) 在分散支撑液膜中的提取行为的影响，结果如图 8-80 所示。

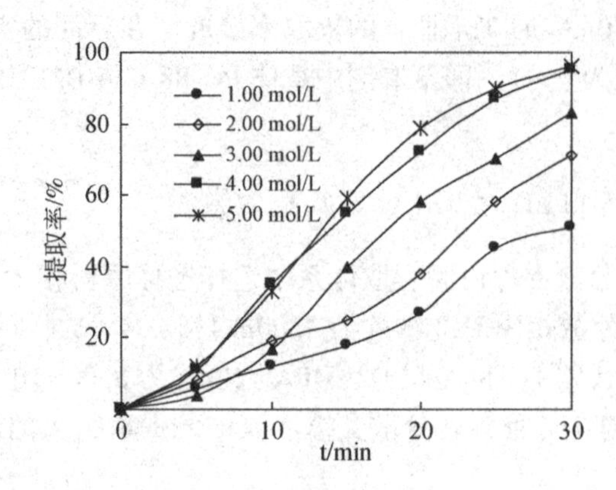

图 8-80　分散相中 HCl 浓度对 Tb(Ⅲ) 提取的影响

当分散相 HCl 浓度分别为 1.00mol/L、2.00mol/L、3.00mol/L、4.00mol/L 和 5.00mol/L 时，30min 时 Tb(Ⅲ) 的提取率分别为 51.0%、71.0%、83.0%、95.4% 和 96.0%。可见，Tb(Ⅲ) 提取率随 HCl 浓度的增大而增大。但当 HCl 为 4.00mol/L 和 5.00mol/L 时，Tb(Ⅲ) 提取率变化趋于平缓，从控制酸度方面考虑，分散相中适宜的 HCl 浓度应为 4.00mol/L。

8.5.3.4　萃取剂与 HCl 溶液体积比对 Tb(Ⅲ) 提取的影响

在 Tb(Ⅲ) 的分散支撑液膜提取体系中选择原料相 pH 为 3.80，Tb(Ⅲ) 初始浓度为 1.00×10^{-4} mol/L，分散相中 HCl 浓度为 4.00mol/L，萃取剂中载体 PC-88A 与 D2EHPA 浓度均为 8.00×10^{-2} mol/L。在此条件下研究萃取剂与 HCl 溶液体积比对 Tb(Ⅲ) 在分散支撑液膜中的提取行为的影响，结果如表 8-11 所示。

表 8-11　萃取剂与 HCl 溶液的体积比对 Tb(Ⅲ) 提取的影响

提取时间/min	提取率/%				
	0∶60	20∶40	30∶30	40∶20	50∶10
0	0	0	0	0	0
5	12.2	1.84	5.32	22.7	18.0
10	21.8	15.6	7.73	30.8	26.2
15	30.8	51.6	19.4	36.6	33.4
20	35.5	78.7	26.5	46.9	42.3
25	44.2	91.8	38.2	54.0	51.6
30	51.0	95.4	64.2	63.7	60.0

当萃取剂与 HCl 溶液体积比分别为 0∶60、20∶40、30∶30、40∶20 和 50∶10 时，30min 时 Tb(Ⅲ) 的提取率分别可达 51.0%、95.4%、64.2%、63.7% 和 60.0%。可见，当萃取剂与 HCl 溶液体积比为 20∶40 时，Tb(Ⅲ) 提取率最大。因此，萃取剂与 HCl 溶液体积比选择 20∶40。

8.5.3.5 Tb(Ⅲ) 初始浓度对 Tb(Ⅲ) 提取的影响

在 Tb(Ⅲ) 的分散支撑液膜提取体系中选择原料相 pH 为 3.80，萃取剂与 HCl 溶液的体积比为 40∶20，分散相中 HCl 的浓度为 4.00mol/L，萃取剂中载体 PC-88A 与 D2EHPA 浓度均为 8.00×10^{-2}mol/L。在此条件下研究 Tb(Ⅲ) 初始浓度对 Tb(Ⅲ) 在分散支撑液膜中的提取行为的影响，结果如表 8-12 所示。

表 8-12　Tb(Ⅲ) 的初始浓度对 Tb(Ⅲ) 提取的影响

提取时间/min	提取率/%				
	2.00×10^{-5}mol/L	5.00×10^{-5}mol/L	8.00×10^{-5}mol/L	1.00×10^{-4}mol/L	1.50×10^{-4}mol/L
0	0	0	0	0	0
5	44.6	32.5	26.1	11.9	14.7
10	72.8	63.0	48.3	35.9	25.6
15	98.1	84.9	76.7	55.3	40.3
20		99.0	91.4	72.5	61.3
25			100	87.7	73.8
30				95.4	89.0

8.5.3.6 不同解析剂对 Tb(Ⅲ) 提取的影响

在 Tb(Ⅲ) 的分散支撑液膜提取体系中选择原料相 pH 为 3.80，萃取剂与解析剂的体积比为 40∶20，分散相中酸度都为 4.00mol/L，Tb(Ⅲ) 初始浓度为 1.00×10^{-4}mol/L，萃取剂中载体 PC-88A 与 D2EHPA 浓度均为 8.00×10^{-2}mol/L。考察了不同解析剂对 Tb(Ⅲ) 传输速率的影响。在保持分散相酸度不变的前提下分别考察 HCl、H_2SO_4和 HNO_3对 Tb(Ⅲ) 传输的影响，结果如图 8-81 所示。

分别采用 4.00mol/L 的 HCl、2.00mol/L 的 H_2SO_4和 4.00mol/L 的 HNO_3作为解析剂，Tb(Ⅲ) 的提取率分别为 95.2%、94.0% 和 83.0%。可以看出，HCl、H_2SO_4和 HNO_3对 Tb(Ⅲ) 的解析都有一定的效果，其中以 4.00mol/L 的 HCl 的解析效果最好；HNO_3是强氧化性酸，会影响有机络合物的形成；H_2SO_4中 SO_4^{2-}容易与金属离子形成难溶盐。因此，选择 4.00mol/L 的 HCl 作为解析剂。

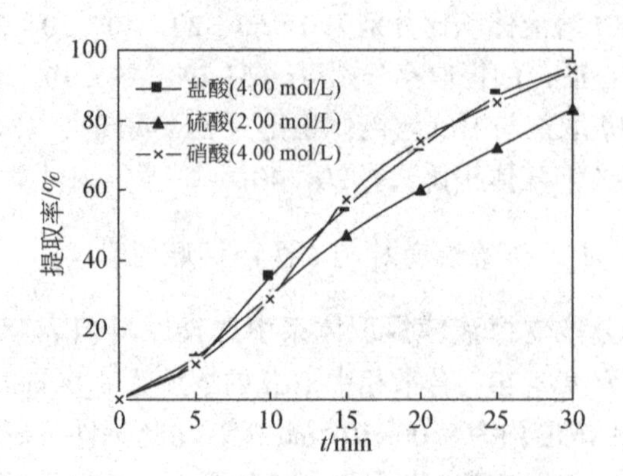

图 8-81　不同解析剂对 Tb(Ⅲ) 提取的影响

8.5.3.7　原料相离子强度对 Tb(Ⅲ) 提取的影响

在分散支撑液膜中，离子强度对渗透压有影响。渗透压太大，可能会影响稀土金属离子的提取，也可能会使载体流失，这不仅影响稀土金属离子的提取率，还影响分散支撑液膜的使用寿命。在此基础上，本实验探讨了离子强度对分散支撑液膜中稀土金属提取行为的影响。在保持其他条件不变的情况下，分别以 0.50mol/L、1.00mol/L Na_2SO_4以及 2.00mol/L Na_2SO_4和 K_2SO_4混合液作为离子强度调节剂。

在以 PC-88A 和 D2EHPA 为混合载体时，在已选择条件下，研究了原料相的离子强度对 Tb(Ⅲ) 提取的影响，结果如图 8-82 所示。随离子强度的增大，Tb(Ⅲ)提取率增加，这是因为原料相阳离子数量增加，渗透压增加，促进了 Tb(Ⅲ)的提取。

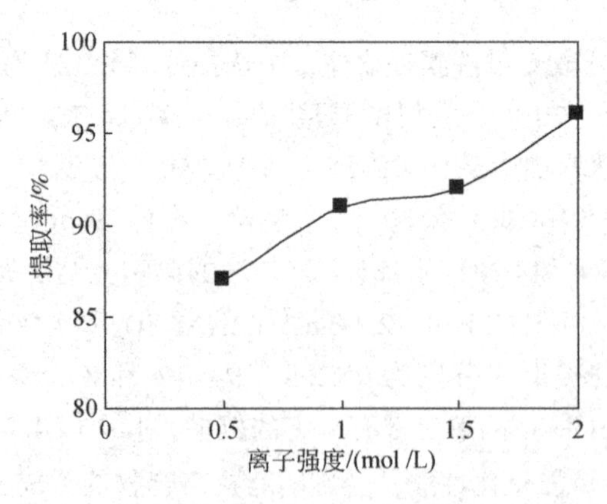

图 8-82　料液相离子强度对 Tb(Ⅲ) 提取的影响

8.5.4 混合载体分散支撑液膜对 Eu(Ⅲ) 的提取实验

8.5.4.1 混合载体的选择及其浓度对 Eu(Ⅲ) 提取的影响

在 Eu(Ⅲ) 的分散支撑液膜提取体系中选择原料相 pH 为 4.80，分散相萃取剂与 HCl 溶液的体积比为 40∶20，分散相中 HCl 的浓度为 4.00mol/L 及原料相 Eu(Ⅲ) 初始浓度为 1.00×10^{-4}mol/L，单一载体和混合载体情况下的载体浓度均选择 0.160mol/L，在此条件下研究分散相中混合载体的组成对 Eu(Ⅲ) 在分散支撑液膜中的提取行为的影响，并将其单一载体的情况进行对比。

结果如图 8-83 所示，PC-88A 与 D2EHPA 混合载体的质量比分别为 1∶1、1∶4 和 4∶1 时，30min 时 Eu(Ⅲ) 的提取率分别为 94.9%、95.2% 和 79.3%。而单独使用 PC-88A 和 D2EHPA 作为载体时，30min 时 Eu(Ⅲ) 的提取率分别只有 36.0% 和 88.1%，可以看出，混合载体对 Eu(Ⅲ) 的提取效果优于单一载体。混合载体中 D2EHPA 的比例越大，提取率也越高，由此可知混合载体中起主要提取作用的是 D2EHPA，PC-88A 起协同作用。当 PC-88A 与 D2EHPA 的质量比为 1∶1 和 1∶4 时，30min 时 Eu(Ⅲ) 的提取率接近，在后面的实验中选择 PC-88A 与 D2EHPA 质量比为 1∶1，即萃取剂中载体 PC-88A 与 D2EHPA 浓度均为 8.00×10^{-2}mol/L。

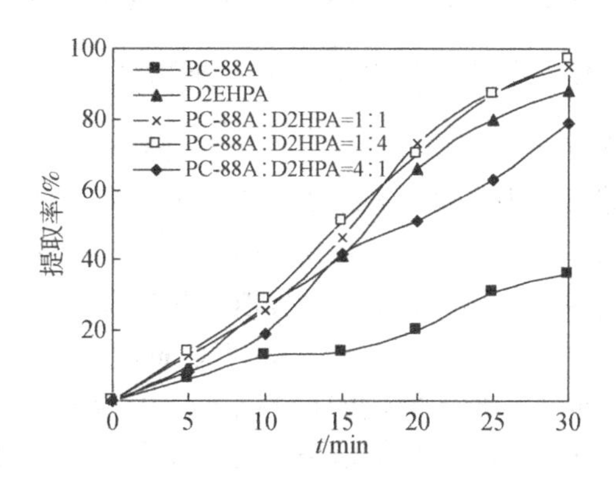

图 8-83 不同载体质量比对 Eu(Ⅲ) 提取的影响

8.5.4.2 原料相 pH 对 Eu(Ⅲ) 提取的影响

在 Eu(Ⅲ) 的分散支撑液膜提取体系中选择选择原料相 Eu(Ⅲ) 初始浓度为 1.00×10^{-4}mol/L，分散相中 HCl 浓度为 4.00mol/L，萃取剂与 HCl 溶液体积比为

40∶20，萃取剂中载体 PC-88A 与 D2EHPA 浓度均为 8.00×10^{-2}mol/L。在此条件下研究原料相 pH 对 Eu(Ⅲ) 在分散支撑液膜中的提取行为的影响，实验结果如图 8-84 所示。

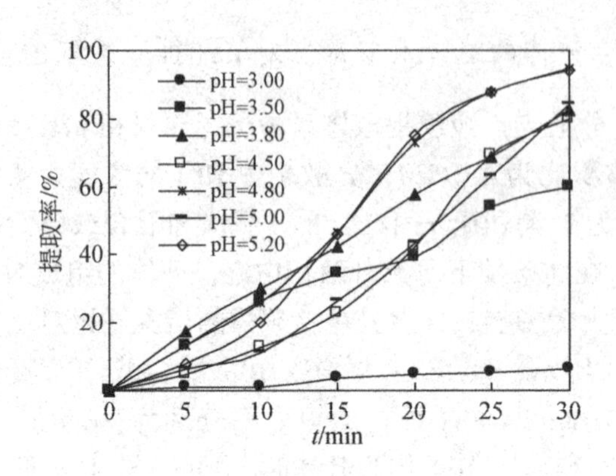

图 8-84 料液相 pH 对 Eu(Ⅲ) 提取的影响

当 pH 分别为 3.00、3.50、3.80、4.50、4.80、5.00 和 5.20 时，30min 时 Eu(Ⅲ) 的提取率分别为 4.30%、59.9%、84.5%、79.8%、94.9%、84.2% 和 94.2%。当 pH 为 4.80 时 Eu(Ⅲ) 提取率最大；当原料相 pH 低于 3.80 时，两相间的 H^+浓度差较小，Eu(Ⅲ) 提取率较低；当 pH 为 5.20 时，原料相中 Eu(Ⅲ) 水解，溶液变浑浊。可见，原料相 pH 控制在 4.80 为最佳条件。

8.5.4.3 分散相中 HCl 浓度对 Eu(Ⅲ) 提取的影响

在 Eu(Ⅲ) 的分散支撑液膜提取体系中选择分散相中萃取剂与 HCl 溶液体积比为 40∶20，原料相 pH 为 3.80，Eu(Ⅲ) 初始浓度为 1.00×10^{-4}mol/L，萃取剂中载体 PC-88A 与 D2EHPA 浓度均为 8.00×10^{-2}mol/L。在此条件下研究分散相中 HCl 浓度对 Eu(Ⅲ) 在分散支撑液膜中的提取行为的影响，结果如图 8-85 所示。

当分散相 HCl 浓度分别为 1.00mol/L、2.00mol/L、3.00mol/L、4.00mol/L 和 5.00mol/L 时，30min 时 Eu(Ⅲ) 的提取率分别为 49.0%、71.0%、74.0%、84.5% 和 75.0%。可见，Eu(Ⅲ) 提取率先随分散相中 HCl 浓度的增大而增大，但当 HCl 为 5.00mol/L 时，Eu(Ⅲ) 提取率小于 4.00mol/L 时的提取率，这是由于分散相酸度过高，分散相与原料相间的 H^+浓度差过大，导致分散相与原料相渗透压差过大，分散相 H^+有可能向原料相渗透，此时支撑体上的萃取剂发生流失，载体也随之流失，从而导致 Eu(Ⅲ) 提取率降低或膜相不稳定的现象。从控制酸度方面考虑，分散相中适宜的 HCl 浓度应为 4.00mol/L。

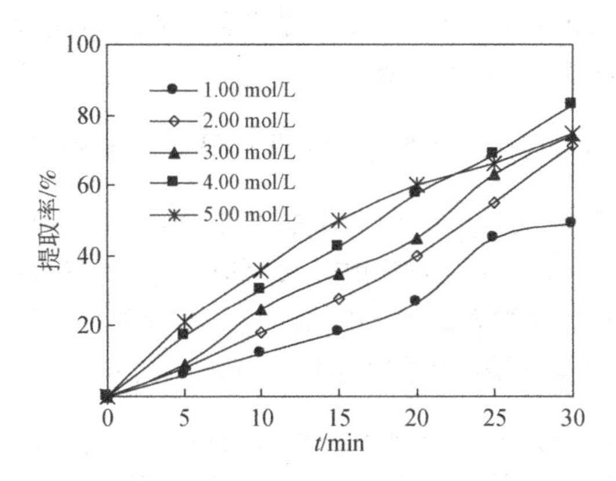

图 8-85　分散相中 HCl 浓度对 Eu(Ⅲ) 提取的影响

8.5.4.4　萃取剂与 HCl 溶液的体积比对 Eu(Ⅲ) 提取的影响

在 Eu(Ⅲ) 的分散支撑液膜提取体系中选择原料相 pH 为 3.80，原料相 Eu(Ⅲ)初始浓度为 1.00×10^{-4}mol/L，分散相中 HCl 浓度为 4.00mol/L，萃取剂中载体 PC-88A 与 D2EHPA 浓度均为 8.00×10^{-2}mol/L。在此条件下研究萃取剂与 HCl 溶液体积比对 Eu(Ⅲ) 在分散支撑液膜中的提取行为的影响，结果如表 8-13 所示。

表 8-13　萃取剂与 HCl 溶液体积比对 Eu(Ⅲ) 提取的影响

提取时间/min	提取率/%				
	0 : 60	20 : 40	30 : 30	40 : 20	50 : 10
0	0	0	0	0	0
5	7.26	17.2	5.32	12.1	8.64
10	10.4	30.2	7.75	19.4	16.7
15	16.1	42.5	15.2	35.6	31.4
20	20.2	57.7	27.4	59.0	58.6
25	26.3	68.8	43.1	74.6	78.2
30	33.8	82.8	60.9	84.5	85.1

当萃取剂与 HCl 溶液体积比分别为 0 : 60、20 : 40、30 : 30、40 : 20 和 50 : 10 时，30min 时 Eu(Ⅲ) 的提取率分别可达 33.8%、82.8%、60.9%、84.5%和 85.1%。可见，当萃取剂与 HCl 溶液体积比为 40 : 20 和 50 : 10 时，Eu(Ⅲ) 提取效果较好，当萃取剂与 HCl 溶液体积比为 50 : 10 时，Eu(Ⅲ) 的提取率只比

40∶20 时增加了 0.60 个百分点，因此，从节约萃取剂的角度考虑，分散相中萃取剂与 HCl 溶液体积比选择 40∶20。

8.5.4.5 Eu(Ⅲ) 初始浓度对 Eu(Ⅲ) 提取的影响

在 Eu(Ⅲ) 在分散支撑液膜提取体系中选择原料相 pH 为 4.80，萃取剂与 HCl 溶液的体积比为 40∶20，分散相中 HCl 的浓度为 4.00mol/L，萃取剂中载体 PC-88A 与 D2EHPA 浓度均为 8.00×10^{-2}mol/L。在此条件下研究 Eu(Ⅲ) 初始浓度对 Eu(Ⅲ) 在分散支撑液膜中的提取行为的影响，结果如表 8-14 所示。

表 8-14 Eu(Ⅲ) 的初始浓度对 Eu(Ⅲ) 提取的影响

提取时间/min	提取率/%				
	2.00×10^{-5}mol/L	5.00×10^{-5}mol/L	8.00×10^{-5}mol/L	1.00×10^{-4}mol/L	1.50×10^{-4}mol/L
0	0	0	0	0	0
5	38.6	27.7	20.7	13.1	14.5
10	66.7	50.7	40.9	25.7	25.6
15	83.9	70.4	66.1	46.0	40.9
20	98.1	88.1	80.4	73.0	61.3
25		98.6	93.7	87.8	73.1
30			98.1	94.9	78.3

8.5.4.6 不同解析剂对 Eu(Ⅲ) 提取的影响

在 Eu(Ⅲ) 的分散支撑液膜提取体系中选择原料相 pH 为 4.80，萃取剂与解析剂的体积比为 40∶20，分散相中酸度都为 4.00mol/L，Eu(Ⅲ) 初始浓度为 1.00×10^{-4}mol/L，萃取剂中载体 PC-88A 与 D2EHPA 浓度均为 8.00×10^{-2}mol/L。考察了不同解析剂对 Eu(Ⅲ) 传输速率的影响。在保持分散相酸度不变的前提下分别考察 HCl、H_2SO_4和 HNO_3对 Eu(Ⅲ) 传输的影响，结果如图 8-86 所示。

分别采用 4.00mol/L 的 HCl、2.00mol/L 的 H_2SO_4和 4.00mol/L 的 HNO_3作为解析剂，Eu(Ⅲ) 的提取率分别为 94.9%、78.0% 和 94.0%。可以看出，HCl、H_2SO_4和 HNO_3对 Eu(Ⅲ) 的解析都有一定的效果，其中以 4.00mol/L 的 HCl 的解析效果最好，因此，选择 4.00mol/L 的 HCl 作为解析剂。

8.5.4.7 原料相离子强度对 Eu(Ⅲ) 提取的影响

在分散支撑液膜中，离子强度对渗透压有影响。渗透压太大，可能会影响稀土金属离子的提取，也可能会使载体流失，这不仅影响稀土金属离子的提取率，还影

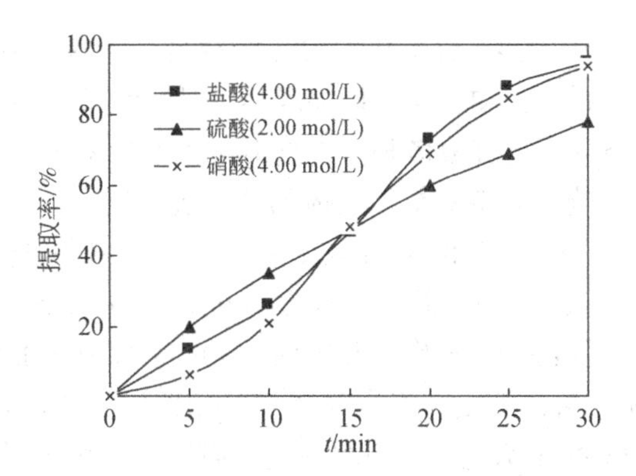

图 8-86　不同解析剂对 Eu(Ⅲ) 提取的影响

响分散支撑液膜的使用寿命。在此基础上，本实验探讨了离子强度对分散支撑液膜中稀土金属提取行为的影响。在保持其他条件不变的情况下，分别以 0.50mol/L、1.00mol/L Na_2SO_4以及 2.00mol/L Na_2SO_4和 K_2SO_4混合液作为离子强度调节剂。

在以 PC-88A 和 D2EHPA 为混合载体时，在已选择条件下，研究了原料相的离子强度对 Eu(Ⅲ) 提取的影响，结果如图 8-87 所示。随离子强度的增大，Eu(Ⅲ)提取率增加，这是因为原料相离子数量增加，渗透压增加，促进了 Eu(Ⅲ)的提取。

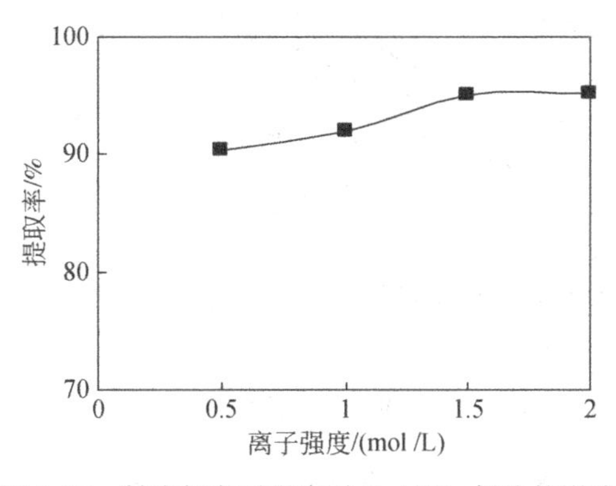

图 8-87　料液相离子强度对 Eu(Ⅲ) 提取的影响

8.5.5　混合载体分散支撑液膜对 Dy(Ⅲ) 的提取实验

8.5.5.1　混合载体的选择及其浓度对 Dy(Ⅲ) 提取的影响

在 Dy(Ⅲ) 的分散支撑液膜提取体系中选择原料相 pH 为 3.80，萃取剂与

HCl 溶液的体积比为 40∶20，分散相中 HCl 的浓度为 4.00mol/L 及 Dy(Ⅲ) 初始浓度为 1.00×10^{-4} mol/L，单一载体和混合载体情况下的载体浓度均选择 0.160mol/L，在此条件下研究分散相中混合载体的组成对 Dy(Ⅲ) 在分散支撑液膜中的提取行为的影响，并将其单一载体的情况进行对比。

结果如图 8-88 所示，PC-88A 与 D2EHPA 混合载体的质量比分别为 1∶1、1∶4 和 4∶1 时，30min 时 Dy(Ⅲ) 的提取率分别为 97.0%、97.7% 和 58.2%。而单独使用 PC-88A 和 D2EHPA 作为载体时，30min 时 Dy(Ⅲ) 的提取率分别只有 37.0% 和 78.0%，可以看出，混合载体对 Dy(Ⅲ) 的提取效果优于单一载体。混合载体中 D2EHPA 的比例越大，提取率也越高，由此可知混合载体中起主要提取作用的是 D2EHPA，PC-88A 起协同作用。当 PC-88A 与 D2EHPA 的质量比为 1∶1 和 1∶4 时，30min 时 Dy(Ⅲ) 的提取率接近，在后面的实验中选择 PC-88A 与 D2EHPA 质量比为 1∶1，即萃取剂中载体 PC-88A 与 D2EHPA 浓度均为 8.00×10^{-2}mol/L。

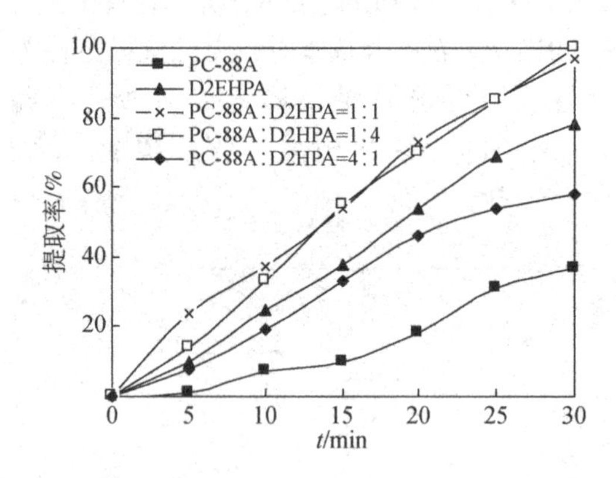

图 8-88　不同载体质量比对 Dy(Ⅲ) 提取的影响

8.5.5.2　原料相 pH 对 Dy(Ⅲ) 提取的影响

在 Dy(Ⅲ) 的分散支撑液膜提取体系中选择选择原料相 Dy(Ⅲ) 初始浓度为 1.00×10^{-4}mol/L，分散相中 HCl 浓度为 4.00mol/L，萃取剂与 HCl 溶液体积比为 40∶20，萃取剂中载体 PC-88A 与 D2EHPA 浓度均为 8.00×10^{-2}mol/L。在此条件下研究原料相 pH 对 Dy(Ⅲ) 在分散支撑液膜中的提取行为的影响，实验结果如图 8-89 所示。

当 pH 分别为 3.00、3.50、3.80 和 4.50 时，30min 时 Dy(Ⅲ) 的提取率分别为 22.4%、80.0%、97.0% 和 99.2%。当 pH 为 4.5 时，Dy(Ⅲ) 提取率最大；当原料相 pH 低于 3.80 时，两相间的 H^+ 浓度差较小，Dy(Ⅲ) 提取率大幅度降

低；当 pH 为 5.00 时，原料相中 Dy(Ⅲ) 水解，溶液变浑浊。可见，原料相 pH 控制在 3.80 为最佳条件。

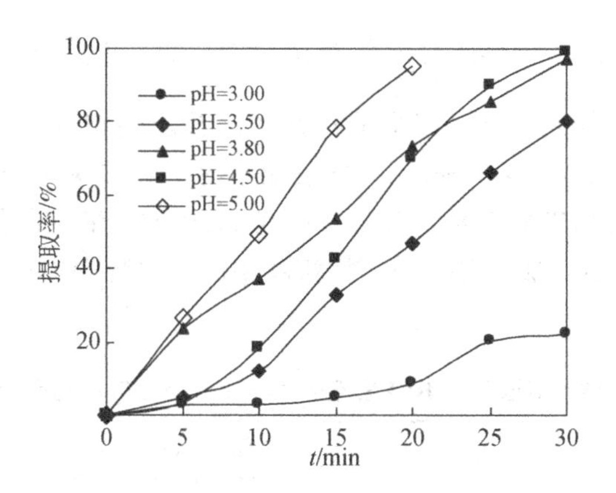

图 8-89 料液相 pH 对 Dy(Ⅲ) 提取的影响

8.5.5.3 分散相中 HCl 浓度对 Dy(Ⅲ) 提取的影响

在 Dy(Ⅲ) 的分散支撑液膜提取体系中选择分散相中萃取剂与 HCl 溶液体积比为 40 : 20，原料相 pH 为 3.80，Dy(Ⅲ) 初始浓度为 1.00×10^{-4}mol/L，萃取剂中载体 PC-88A 与 D2EHPA 浓度均为 8.00×10^{-2}mol/L。在此条件下研究分散相中 HCl 浓度对 Dy(Ⅲ) 在分散支撑液膜中的提取行为的影响，结果如图 8-90 所示。

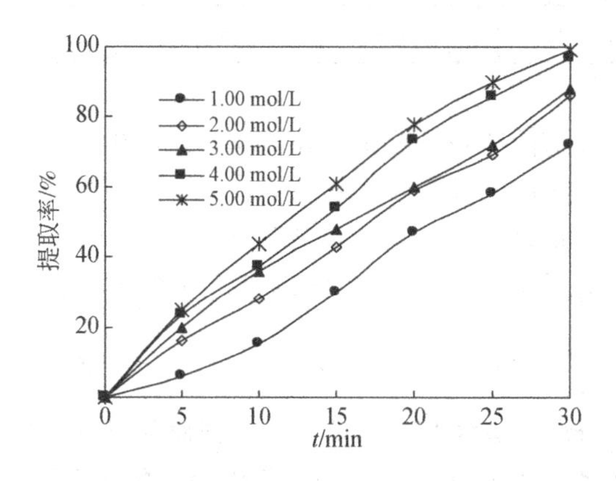

图 8-90 分散相中 HCl 浓度对 Dy(Ⅲ) 提取的影响

当分散相 HCl 浓度分别为 1.00mol/L、2.00mol/L、3.00mol/L、4.00mol/L 和 5.00mol/L 时，30min 时 Eu(Ⅲ) 的提取率分别为 72.0%、86.0%、88.0%、97.0% 和 99.0%。可见，Dy(Ⅲ) 提取率随分散相中 HCl 浓度的增大而增大。但

当HCl从4.00mol/L增加到5.00mol/L时，Dy(Ⅲ)提取率增加趋于平缓，从控制酸度方面考虑，分散相中适宜的HCl浓度应为4.00mol/L。

8.5.5.4 萃取剂与HCl溶液体积比对Dy(Ⅲ)提取的影响

在Dy(Ⅲ)的分散支撑液膜提取体系中选择原料相pH为3.80，原料相Dy(Ⅲ)初始浓度为1.00×10^{-4}mol/L，分散相中HCl浓度为4.00mol/L，萃取剂中载体PC-88A与D2EHPA浓度均为8.00×10^{-2}mol/L。在此条件下研究萃取剂与HCl溶液体积比对Dy(Ⅲ)在分散支撑液膜中的提取行为的影响，结果如表8-15所示。

表8-15 萃取剂与HCl溶液的体积比对Dy(Ⅲ)提取的影响

提取时间/min	提取率/%				
	0∶60	20∶40	30∶30	40∶20	50∶10
0	0	0	0	0	0
5	12.7	33.1	0.10	23.6	23.6
10	22.4	42.6	6.60	37.4	37.4
15	33.6	52.6	19.0	53.8	55.7
20	49.2	57.9	32.5	73.2	67.5
25	54.3	66.0	53.4	85.6	76.2
30	61.5	76.2	86.5	97.0	93.3

当萃取剂与HCl溶液体积比分别为0∶60、20∶40、30∶30、40∶20和50∶10时，30min时Dy(Ⅲ)的提取率分别可达61.5%、76.2%、86.5%、97.0%和93.3%。可见，当萃取剂与HCl溶液体积比为40∶20时，Dy(Ⅲ)的提取率明显比其他体积比下高，因此，分散相中萃取剂与HCl溶液体积比选择40∶20。

8.5.5.5 Dy(Ⅲ)初始浓度对Dy(Ⅲ)提取的影响

在Dy(Ⅲ)的分散支撑液膜提取体系中选择原料相pH为3.80，分散相中萃取剂与HCl溶液的体积比为40∶20，分散相中HCl的浓度为4.00mol/L，萃取剂中载体PC-88A与D2EHPA浓度均为8.00×10^{-2}mol/L。在此条件下研究Dy(Ⅲ)初始浓度对Dy(Ⅲ)在分散支撑液膜中的提取行为的影响，结果如表8-16所示。

表 8-16 Dy(Ⅲ) 的初始浓度对 Dy(Ⅲ) 提取的影响

提取时间/min	提取率/%				
	2.00×10^{-5}mol/L	5.00×10^{-5}mol/L	8.00×10^{-5}mol/L	1.00×10^{-4}mol/L	1.50×10^{-4}mol/L
0	0	0	0	0	0
5	40.7	32.8	26.5	23.6	14.3
10	68.6	57.2	48.5	37.4	25.7
15	87.2	77.1	67.2	53.8	40.6
20	98.1	96.0	82.9	73.2	53.4
25		99.7	98.6	85.6	69.2
30				97.0	83.7

8.5.5.6 不同解析剂对 Dy(Ⅲ) 提取的影响

在 Dy(Ⅲ) 的分散支撑液膜提取体系中选择原料相 pH 为 3.80，萃取剂与解析剂的体积比为 40∶20，分散相中酸度都为 4.00mol/L，Dy(Ⅲ) 初始浓度为 1.00×10^{-4}mol/L，萃取剂中载体 PC-88A 与 D2EHPA 浓度均为 8.00×10^{-2}mol/L。考察了不同解析剂对 Dy(Ⅲ) 传输速率的影响。在保持分散相酸度不变的前提下分别考察 HCl、H_2SO_4和 HNO_3对 Dy(Ⅲ) 传输的影响，结果如图 8-91 所示。

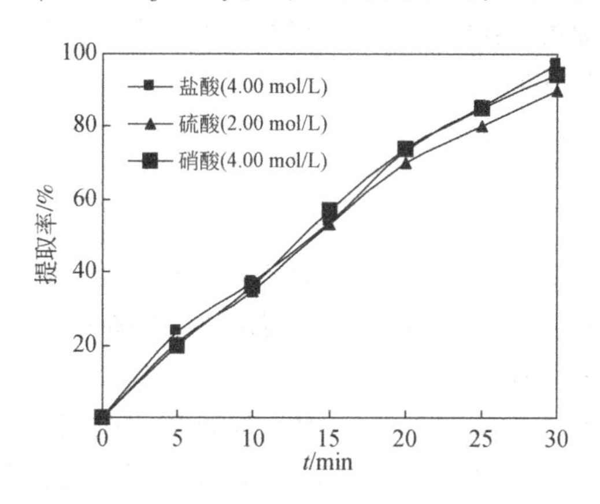

图 8-91 不同解析剂对 Dy(Ⅲ) 提取的影响

分别采用 4.00mol/L 的 HCl、2.00mol/L 的 H_2SO_4和 4.00mol/L 的 HNO_3作为解析剂，Dy(Ⅲ) 的提取率分别为 97.0%、90.4% 和 93.9%。可以看出，HCl、H_2SO_4和 HNO_3对 Dy(Ⅲ) 的解析都有一定的效果，其中以 4.00mol/L 的 HCl 的解析效果最好，因此，选择 4.00mol/L 的 HCl 作为解析剂。

8.5.5.7 原料相离子强度对 Dy(Ⅲ) 提取的影响

在保持其他条件不变的情况下，分别以 0.50mol/L、1.00mol/L、2.00mol/L Na_2SO_4溶液作为离子强度调节剂。

在以 PC-88A 和 D2EHPA 为混合载体时，在已选择条件下，研究了原料相的离子强度对 Dy(Ⅲ) 提取的影响，结果如图 8-92 所示。

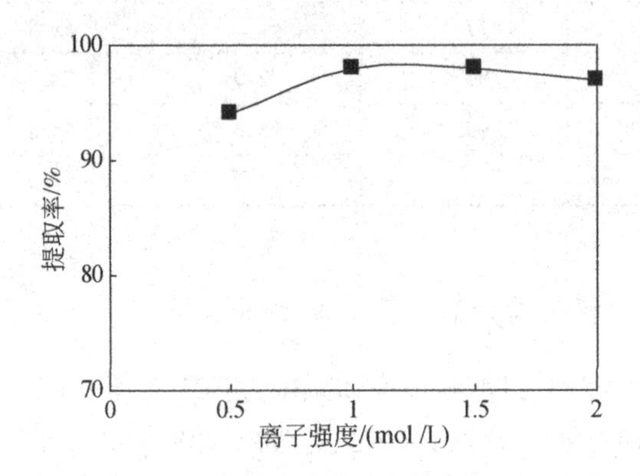

图 8-92 料液相离子强度对 Dy(Ⅲ) 提取的影响

当离子强度从 0.50mol/L 增加到 1.00mol/L 时，提取率从 94.1% 增加到 96.6%，随后再增加离子强度，提取率略有减小。总体上看，离子强度的变化对 Dy(Ⅲ) 的提取率影响不大。

8.5.6 小结

本章以 PC-88A 和 D2EHPA 的混合载体为流动载体，研究 Tb(Ⅲ)、Eu(Ⅲ)、Dy(Ⅲ) 在分散支撑液膜中的提取行为，得出以下结论。

(1) Tb(Ⅲ) 的最佳提取条件如下：分散相中萃取剂与 HCl 溶液体积比为 20∶40，分散相中 HCl 浓度为 4.00mol/L，原料相 pH 为 3.80，分散相萃取剂中 PC-88A 与 D2EHPA 浓度均为 8.00×10^{-2} mol/L。在最佳条件下，当原料相中 Tb(Ⅲ)的初始浓度为 1.00×10^{-4} mol/L 时，提取 30min 时，Tb(Ⅲ) 提取率为 95.4%。

(2) Eu(Ⅲ) 最佳提取条件如下：分散相萃取剂与 HCl 溶液体积比为 40∶20，分散相中 HCl 浓度为 4.00mol/L，原料相 pH 为 4.80，萃取剂中 PC-88A 与 D2EHPA 浓度均为 8.00×10^{-2}mol/L。在最佳条件下，当原料相中 Eu(Ⅲ) 的初始浓度为 1.00×10^{-4}mol/L 时，30min，Eu(Ⅲ) 提取率为 84.5%。

（3）Dy(Ⅲ）最佳提取条件如下：分散相中萃取剂与 HCl 溶液体积比为40∶20，分散相中 HCl 浓度为 4.00mol/L，原料相中最佳 pH 为 3.80，萃取剂中 PC-88A 与 D2EHPA 浓度均为 8.00×10^{-2}mol/L。在最佳条件下，当原料相中 Dy(Ⅲ）的初始浓度为 1.00×10^{-4}mol/L 时，30min 时，Dy(Ⅲ）提取率为 97.0%。

（4）提取过程中，最适合的解析剂是 HCl；提取率受离子强度影响不明显。

8.6 分散支撑液膜对稀土金属的分离研究

8.6.1 概述

本章前几节分别研究了以 PC-88A 和 D2EHPA 为流动载体时的分散支撑液膜体系对 La(Ⅲ)、Ce(Ⅳ)、Tb(Ⅲ)、Eu(Ⅲ)、Dy(Ⅲ）和 Tm(Ⅲ）的提取行为。从实验结果可以看出，La(Ⅲ)、Ce(Ⅳ）和 Tm(Ⅲ）提取条件差异较大，PC-88A 单一载体情况下其分离的可能性较大。在以 D2EHPA 为载体时提取条件有所改变且提取率要比以 PC-88A 为载体时高出两倍。从实验结果也可以看出，La(Ⅲ)、Ce(Ⅳ）和 Tm(Ⅲ）提取条件差异较大，D2EHPA 单一载体情况下其分离的可能性较大，而 Tb(Ⅲ)、Eu(Ⅲ)、Dy(Ⅲ）的提取条件接近。接下来又尝试将 PC-88A 和 D2EHPA 的混合载体应用到分散支撑液膜体系中，探讨和研究了混合载体的分散支撑液膜体系对稀土金属离子 Tb(Ⅲ)、Eu(Ⅲ）和 Dy(Ⅲ）的提取行为和混合载体的协同效应，从而发现在混合载体分散支撑液膜体系中 Tb(Ⅲ)、Eu(Ⅲ）和 Dy(Ⅲ）的提取行为有明显的差异。

本节在对单个稀土金属进行分散支撑液膜提取实验研究的基础上，对混合稀土金属进行了分散支撑液膜分离研究，取得了较为满意的结果，下面分别予以讨论。

8.6.2 实验装置

实验装置如图 8-2 所示。

8.6.3 实验方法

1）溶液的配制

1.00mol/L CH_3COOH-CH_3COONa 缓冲溶液；1.00mol/L NaH_2PO_4-Na_2HPO_4

缓冲溶液；1.50% HNO_3；4.00mol/L HCl；4.00mol/L H_2SO_4；除 Ce(Ⅳ) 用 1.00mol/L H_2SO_4稀释至浓度为 1.00×10^{-2}mol/L 以外，其余各种稀土金属离子的标准溶液均用 1.00mol/L HCl 稀释至浓度为 1.00×10^{-2}mol/L。

萃取剂：流动载体 PC-88A、D2EHPA 及混合载体均用煤油稀释至 0.230mol/L 组成萃取剂。

2）操作步骤

实验采用自制液膜提取装置，将支撑体 PVDF 膜置于萃取剂中浸取吸附一定时间（3~4h），然后用滤纸吸干膜表面的液体，固定在分散支撑液膜提取池中。两个槽子分别装两相溶液，中间用 PVDF 膜隔开，一侧为原料相，另一侧为分散相；在原料相中分别加入 6.00mL 的混合稀土金属溶液（各种稀土金属浓度均为 1.00×10^{-3}mol/L）以及缓冲溶液（共 60.0mL），并在分散相中加入 60.0mL 萃取剂和 HCl 溶液的混合液。开动搅拌器并计时，间隔一定的时间从原料相取样 2.50mL 至 25.0mL 比色管。

3）样品分析

在所取的样品用 1.20% 的 HNO_3定容至 25.0mL，在微波前向功率为 80W、工作气流量为 500mL/min、载气流量为 850mL/min 的条件下用 520MPT 原子发射光谱测定混合稀土金属浓度。

4）数据处理

根据发射强度与金属浓度的关系曲线进行定量分析求出提取率，计算公式如下：

$$\eta=\frac{(c_0-c_t)}{c_0}\times100\%=\frac{(E_0-E_t)}{E_0}\times100\% \tag{8-2}$$

式中，η 为提取率；c_0为起始原料相中金属离子浓度，mol/L；c_t为时刻 t 原料相中金属离子浓度，mol/L；E_0为起始发射强度；E_t为时刻 t 发射强度。

稀土金属离子在膜内的渗透系数 P_c可用式（8-3）表示：

$$P_c=\frac{J}{[\mathrm{Re}]_f} \tag{8-3}$$

式中，J 为稀土金属的传质通量；$[\mathrm{Re}]_f$为原料相稀土金属离子浓度。

当原料相含有两种或两种以上离子时，如果各种稀土金属在膜内的渗透系数不同，可通过该液膜体系对其进行分离。分离因子 β 定义为[13,14]

$$\beta_{m,n}=\frac{P_{c(m)}}{P_{c(n)}} \tag{8-4}$$

式（8-4）也可以表示为

$$\beta_{m,n}=\frac{\left(\ln\frac{c_t}{c_0}\right)_{(m)}}{\left(\ln\frac{c_t}{c_0}\right)_{(n)}} \tag{8-5}$$

当混合溶液中稀土金属初始浓度相同时，根据 $\ln(c_t/c_0)$ 与提取率的关系，式（8-5）可以表示为

$$\beta_{m,n}=\frac{\ln(1-\eta_m)}{\ln(1-\eta_n)} \tag{8-6}$$

式中，角标 m 和 n 和分别对应一种元素；η 为提取率。

5）萃取剂的处理

在实验结束后，需要对萃取剂进行后处理，将萃取剂中残余的稀土金属去除。在本实验中采用 4.00mol/L H_2SO_4进行解析，萃取剂可循环使用。

8.6.4 稀土金属在分散支撑液膜中的分离实验

8.6.4.1 以 PC-88A 为载体的分散支撑液膜对稀土金属的分离

1）Ce(Ⅳ) 与 La(Ⅲ)、Tb(Ⅲ)、Eu(Ⅲ)、Dy(Ⅲ)、Tm(Ⅲ) 的分离研究

根据前面实验得出各元素的提取条件，配制 La(Ⅲ)、Ce(Ⅳ)、Tb(Ⅲ)、Eu(Ⅲ)、Dy(Ⅲ)、Tm(Ⅲ) 的混合溶液，各元素浓度均为 1.00×10^{-4}mol/L 进行分离实验。本书实验结果显示 Ce(Ⅳ) 在原料相酸度在大于 0.100mol/L 时可以被很好地提取，而 La(Ⅲ)、Tb(Ⅲ)、Eu(Ⅲ)、Dy(Ⅲ) 和 Tm(Ⅲ) 在 pH 小于 3.00 时提取率很低，再考虑到防止 Ce(Ⅳ) 的水解，因此我们在稀土金属的分散支撑液膜分离体系中选择原料相酸度为 0.500mol/L，分散相中 HCl 浓度为 4.00mol/L，萃取剂与 HCl 溶液体积比为 30∶30，载体 PC-88A 浓度为 0.160mol/L。在此条件下研究混合稀土金属在分散支撑液膜中的分离行为，实验结果如图 8-93 所示。

如图 8-93 所示，120min 时，La(Ⅲ)、Ce(Ⅳ)、Tb(Ⅲ)、Eu(Ⅲ)、Dy(Ⅲ)、Tm(Ⅲ) 的提取率分别为 8.1%、89.2%、0%、3.7%、0% 和 7.4%，在此条件下 Tb(Ⅲ) 和 Dy(Ⅲ) 不会被提取，由式（8-5）、式（8-6）计算得，Ce(Ⅳ) 与 La(Ⅲ)、Eu(Ⅲ)、Tm(Ⅲ) 的分离因子分别为 26.4、59.0 和 28.9，所以 Ce(Ⅳ) 可以在此条件下从稀土金属混合溶液中分离回收。

2）Tb(Ⅲ)、Eu(Ⅲ)、Dy(Ⅲ) 与 La(Ⅲ)、Tm(Ⅲ) 的分离研究

本书实验结果显示，当原料相 pH 小于 3.00 时，Tb(Ⅲ)、Eu(Ⅲ)、Dy(Ⅲ) 的提取效果明显好于 La(Ⅲ) 和 Tm(Ⅲ)，因此我们在稀土金属的分散支撑液膜

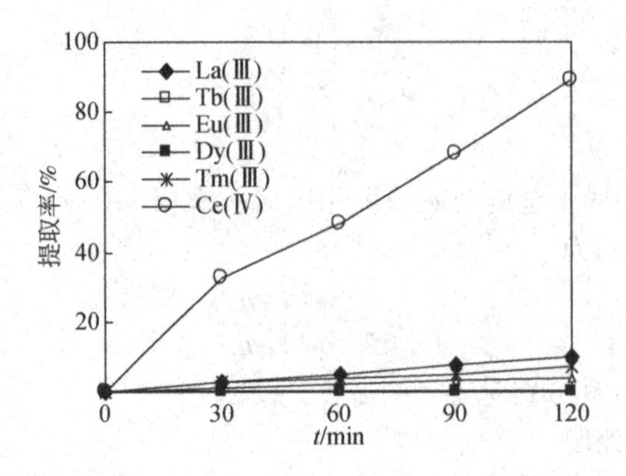

图 8-93　Ce(Ⅳ) 与 La(Ⅲ)、Tb(Ⅲ)、Eu(Ⅲ)、Dy(Ⅲ)、Tm(Ⅲ) 的分离

分离体系中选择原料相 pH 为 2.80，分散相中 HCl 浓度为 4.00mol/L，萃取剂与 HCl 溶液体积比为 30∶30，PC-88A 浓度为 0.160mol/L。在此条件下研究混合稀土金属在分散支撑液膜中的分离行为，实验结果如图 8-94 所示。

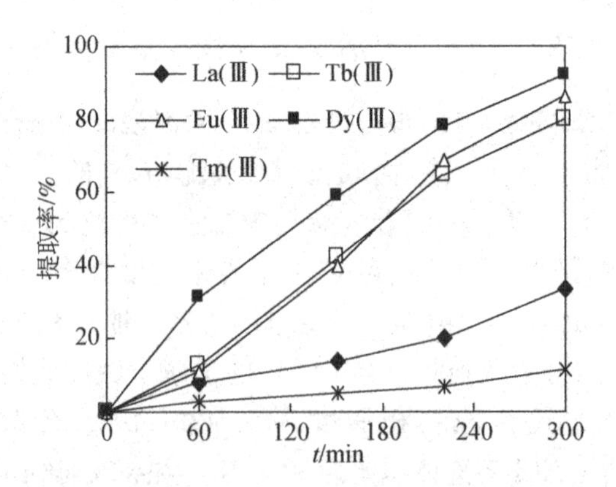

图 8-94　Tb(Ⅲ)、Eu(Ⅲ)、Dy(Ⅲ) 与 La(Ⅲ) 和 Tm(Ⅲ) 的分离

如图 8-94 所示，300min 时，La(Ⅲ)、Tb(Ⅲ)、Eu(Ⅲ)、Dy(Ⅲ)、Tm(Ⅲ) 的提取率分别为 33.4%、79.9%、86.2%、91.7% 和 11.8%，由式（8-4）、式（8-5）计算得，Tb(Ⅲ)、Eu(Ⅲ)、Dy(Ⅲ) 与 La(Ⅲ) 的分离因子分别为 3.95、4.87 和 6.12，与 Tm(Ⅲ) 的分离因子分别为 12.8、15.8 和 19.8。

8.6.4.2　以 D2EHPA 为载体的分散支撑液膜对稀土金属的分离

从本章的实验结果可以看出，当以 PC-88A 为载体时，在一定条件下 Ce(Ⅳ) 可以与其他三价稀土金属离子分离，Tb(Ⅲ)、Eu(Ⅲ)、Dy(Ⅲ) 可以与 La(Ⅲ)

和 Tm(Ⅲ) 分离。本节采用以 D2EHPA 为载体的分散支撑液膜体系对其他几种在 8.6.4.1 节未能成功分离的稀土金属进行分离实验研究。

1) Tb(Ⅲ)、Eu(Ⅲ) 和 La(Ⅲ)、Dy(Ⅲ)、Tm(Ⅲ) 的分离研究

配制 La(Ⅲ)、Tb(Ⅲ)、Eu(Ⅲ)、Dy(Ⅲ)、Tm(Ⅲ) 的混合溶液，我们在稀土金属的分散支撑液膜分离体系中选择原料相 pH 为 2.80，分散相中 HCl 浓度为 4.00mol/L，萃取剂与 HCl 溶液体积比为 30∶30，D2EHPA 浓度为 0.160mol/L，每个稀土金属离子初始浓度均为 1.00×10^{-4}mol/L。在此条件下研究 La(Ⅲ)、Tb(Ⅲ)、Eu(Ⅲ)、Dy(Ⅲ)、Tm(Ⅲ) 在分散支撑液膜中的分离行为，实验结果如图 8-95 所示。

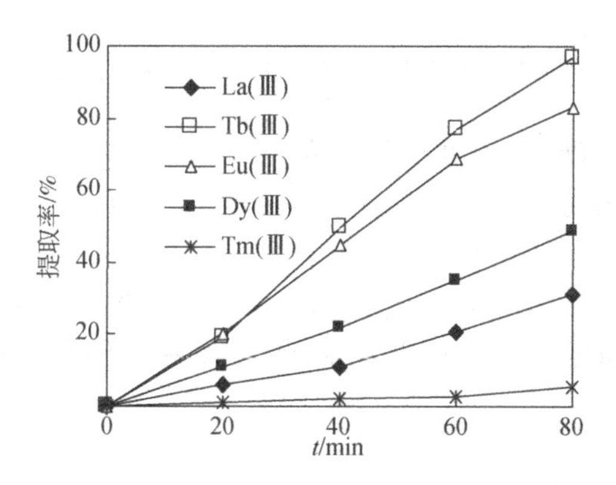

图 8-95　Tb（Ⅲ）、Eu（Ⅲ）与 La（Ⅲ）、Dy（Ⅲ）、Tm（Ⅲ）的分离

如图 8-95 所示，80min 时，La(Ⅲ)、Tb(Ⅲ)、Eu(Ⅲ)、Dy(Ⅲ)、Tm(Ⅲ) 的提取率分别为 31.1%、96.8%、83.3%、48.9% 和 5.2%，由式（8-5）、式（8-6）计算得，Tb(Ⅲ)、Eu(Ⅲ)、Dy(Ⅲ) 与 La(Ⅲ) 的分离因子分别为 9.24、4.81 和 1.80，与 Tm(Ⅲ) 的分离因子分别为 64.4、33.5 和 12.6。Tb(Ⅲ)和Eu(Ⅲ)在此条件下可以很好地与 La（Ⅲ）、Dy(Ⅲ)、Tm(Ⅲ) 分离。

2) La(Ⅲ)、Dy(Ⅲ) 和 Tm(Ⅲ) 的分离研究

配制 La(Ⅲ)、Dy(Ⅲ)、Tm(Ⅲ) 的混合溶液。选择各元素浓度均为 1.00×10^{-4}mol/L、原料相 pH 为 2.00，分散相中 HCl 浓度为 4.00mol/L，萃取剂与 HCl 溶液体积比为 30∶30，D2EHPA 浓度为 0.160mol/L。在此条件下研究 La(Ⅲ)、Dy(Ⅲ)、Tm(Ⅲ) 在分散支撑液膜中的分离行为，实验结果如图 8-96 所示。

如图 8-96 所示，160min 时 La(Ⅲ)、Dy(Ⅲ)、Tm(Ⅲ) 的提取率分别为 9.8%、90.9%和 2.3%，由式（8-5）、式（8-6）计算得，Dy(Ⅲ) 与 La(Ⅲ) 的分离因子为 23.3，与 Tm(Ⅲ) 的分离因子为 102.9。Dy(Ⅲ) 在此条件下可以很好地与 La(Ⅲ) 与 Tm(Ⅲ) 分离。

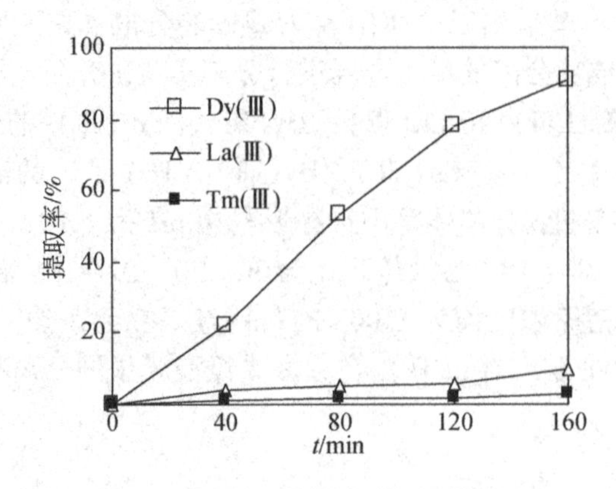

图 8-96　Dy(Ⅲ) 与 La(Ⅲ)、Tm(Ⅲ) 的分离

3) La(Ⅲ) 和 Tm(Ⅲ) 的分离研究

配制 La(Ⅲ) 和 Tm(Ⅲ) 的混合溶液，浓度均为 1.00×10^{-4}mol/L。在稀土金属的分散支撑液膜分离体系中选择原料相 pH 为 3.00，分散相中 HCl 浓度为 4.00mol/L，萃取剂与 HCl 溶液体积比为 30∶30，D2EHPA 浓度为 0.160mol/L。在此条件下研究 La(Ⅲ) 和 Tm(Ⅲ) 在分散支撑液膜中的分离行为，实验结果如图 8-97 所示。

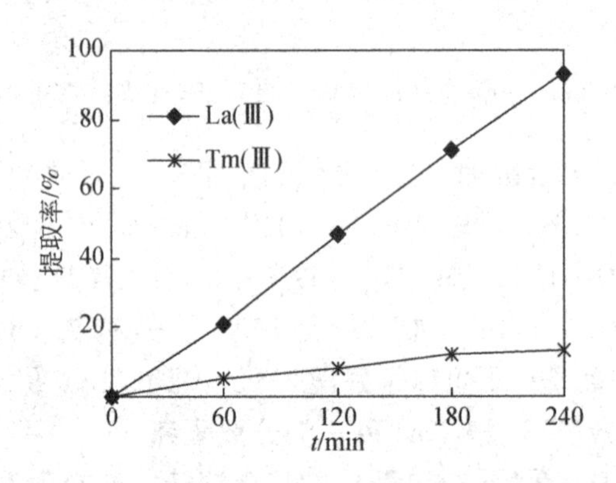

图 8-97　La(Ⅲ) 和 Tm(Ⅲ) 的分离

从图 8-97 可以看出，250min 时，La(Ⅲ) 和 Tm(Ⅲ) 的提取率分别为 93.1% 和 13.1%，由式 (8-5)、式 (8-6) 计算得，La(Ⅲ) 与 Tm(Ⅲ) 的分离因子为 19.1。La(Ⅲ) 在此条件下可以很好地与 Tm(Ⅲ) 分离。

8.6.4.3　混合载体分散支撑液膜对稀土金属的分离

从本章实验结果可以看出，当以 PC-88A 为载体时，原料相酸度为

0.500mol/L，Ce(Ⅳ) 可以与其他三价稀土金属离子分离，当原料相 pH 为 2.80 时，Tb(Ⅲ)、Eu(Ⅲ)、Dy(Ⅲ) 可以与 La(Ⅲ) 和 Tm(Ⅲ) 分离；当以 D2EHPA 为载体时，原料相 pH 为 2.80 的条件下，Tb(Ⅲ)、Eu(Ⅲ) 与 La(Ⅲ)、Dy(Ⅲ)、Tm(Ⅲ) 可以分离；pH 为 2.00 时；Dy(Ⅲ) 可以与 La(Ⅲ)、Tm(Ⅲ) 分离；La(Ⅲ) 和 Tm(Ⅲ) 在 pH 为 3.00 时也可以成功分离。Tb(Ⅲ)、Eu(Ⅲ) 和 Dy(Ⅲ) 之间也有一定的分离，但效果不如其他元素明显，本节重点用混合载体对 Tb(Ⅲ)、Eu(Ⅲ) 和 Dy(Ⅲ) 进行分离。

1）Tb(Ⅲ)、Dy(Ⅲ) 与 Eu(Ⅲ) 的分离研究

配制 Tb(Ⅲ)、Eu(Ⅲ)、Dy(Ⅲ) 的混合溶液，我们在稀土金属的分散支撑液膜分离体系中选择原料相 pH 为 2.60，分散相中 HCl 浓度为 4.00mol/L，萃取剂与 HCl 溶液体积比为 30∶30，混合载体中 PC-88A 和 D2EHPA 浓度均为 8.00×10^{-2}mol/L，每个稀土金属离子初始浓度均为 1.00×10^{-4}mol/L。在此条件下研究 Tb(Ⅲ)、Eu(Ⅲ)、Dy(Ⅲ) 在分散支撑液膜中的分离行为，实验结果如图 8-98 所示。

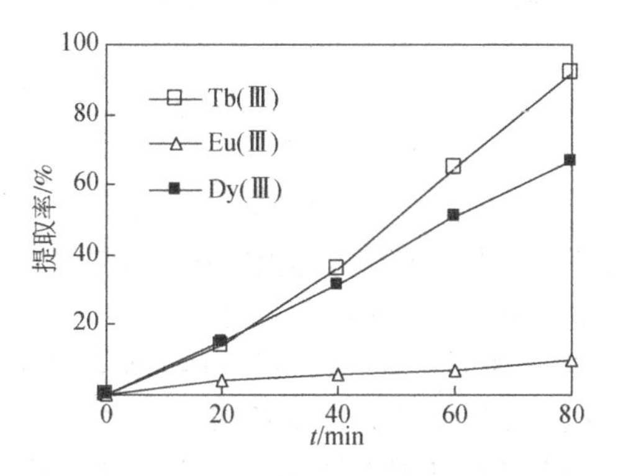

图 8-98　Tb(Ⅲ)、Dy(Ⅲ) 和 Eu(Ⅲ) 的分离

如图 8-98 所示，80min 时，Tb(Ⅲ)、Eu(Ⅲ)、Dy(Ⅲ) 的提取率分别为 91.7%、9.8% 和 66.7%，由式（8-5）、式（8-6）计算得，Tb(Ⅲ)、Dy(Ⅲ) 与 Eu(Ⅲ) 的分离因子分别为 24.2 和 10.7；Tb(Ⅲ) 与 Dy(Ⅲ) 的分离因子为 2.26。Tb(Ⅲ) 和 Dy(Ⅲ) 在此条件下可以很好地与 Eu(Ⅲ) 分离。

2）Eu(Ⅲ)、Dy(Ⅲ) 与 Tb(Ⅲ) 的分离研究

再次配制 Tb(Ⅲ)、Eu(Ⅲ)、Dy(Ⅲ) 的混合溶液，选择原料相 pH 为 2.00，分散相中 HCl 浓度为 4.00mol/L，萃取剂与 HCl 溶液体积比为 30∶30，混合载体中 PC-88A 和 D2EHPA 浓度均为 0.08mol/L、每个稀土金属初始浓度均为 1.00×10^{-4}mol/L。在此条件下研究 Tb(Ⅲ)、Eu(Ⅲ)、Dy(Ⅲ) 在分散支撑液膜中的分离行为，实验结果如图 8-99 所示。

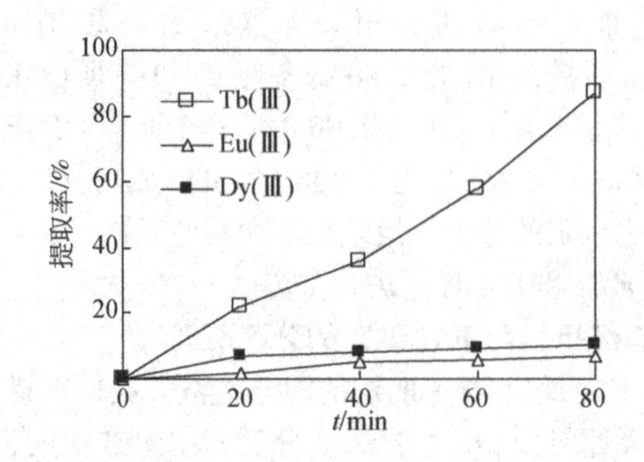

图 8-99 Tb(Ⅲ) 和 Eu(Ⅲ)、Dy(Ⅲ) 的分离

如图 8-99 所示，80min 时，Tb(Ⅲ)、Eu(Ⅲ)、Dy(Ⅲ) 的提取率分别为 87.3%、6.9% 和 10.2%，由式（8-5）、式（8-6）计算得，Eu(Ⅲ)、Dy(Ⅲ) 与 Tb(Ⅲ) 的分离因子分别为 28.9 和 19.1。Tb(Ⅲ) 在此条件下可以与 Eu(Ⅲ) 和 Dy(Ⅲ) 分离。

8.6.5 小结

在对单个稀土金属进行分散支撑液膜提取研究的基础上，对混合稀土金属进行了分散支撑液膜分离研究，取得了以下结论。

（1）以 PC-88A 为载体时，在 La(Ⅲ)、Ce(Ⅳ)、Tb(Ⅲ)、Eu(Ⅲ)、Dy(Ⅲ)、Tm(Ⅲ) 混合稀土金属的分散支撑液膜分离体系中选择液相酸度为 0.500mol/L，分散相中 HCl 浓度为 4.00mol/L，萃取剂与 HCl 溶液体积比为 30：30，载体 PC-88A 浓度为 0.160mol/L 时，在此条件下研究各稀土金属在分散支撑液膜中的分离行为，当各元素浓度均为 1.00×10^{-4} mol/L 时，Ce(Ⅳ) 在 120min 时，可以与其他稀土金属分离。当调节原料相 pH 为 2.80 时，300min，Tb(Ⅲ)、Eu(Ⅲ)、Dy(Ⅲ) 与 La(Ⅲ) 的分离因子分别为 3.95、4.87、6.12，与 Tm(Ⅲ) 的分离因子分别为 12.8、15.8 和 19.8。

（2）以 D2EHPA 为载体时，在 La(Ⅲ)、Tb(Ⅲ)、Eu(Ⅲ)、Dy(Ⅲ)、Tm(Ⅲ) 混合稀土金属的分散支撑液膜分离体系中选择原料相 pH 为 2.80，分散相中 HCl 浓度为 4.00mol/L，萃取剂与 HCl 溶液体积比为 30：30，D2EHPA 浓度为 0.160mol/L 时，在此条件下研究各稀土金属在分散支撑液膜中的分离行为，当各金属离子浓度均为 1.00×10^{-4}mol/L 时，80min 时，Tb(Ⅲ)、Eu(Ⅲ)、Dy(Ⅲ) 与 La(Ⅲ) 的分离因子分别为 9.24、4.81、1.80；与 Tm(Ⅲ) 的分离因子分别为

64.4、33.5和12.6。Tb(Ⅲ)和Eu(Ⅲ)在此条件下可以很好地与La(Ⅲ)、Dy(Ⅲ)、Tm(Ⅲ)分离。调节原料相pH为2.00时，160min时，Dy(Ⅲ)与La(Ⅲ)的分离因子为23.3，与Tm(Ⅲ)的分离因子为102.9。Dy(Ⅲ)在此条件下可以很好地与La(Ⅲ)与Tm(Ⅲ)分离。配制La(Ⅲ)和Tm(Ⅲ)的混合溶液，调节原料相pH为3.00，250min时，La(Ⅲ)与Tm(Ⅲ)的分离因子为19.1。La(Ⅲ)在此条件下可以很好地与Tm(Ⅲ)分离。

(3) 采用混合载体时，在Tb(Ⅲ)、Eu(Ⅲ)、Dy(Ⅲ)混合稀土金属的分散支撑液膜分离体系中选择原料相pH为2.60，分散相中HCl浓度为4.00mol/L，萃取剂与HCl溶液体积比为30：30，混合载体中PC-88A和D2EHPA浓度均为8.00×10^{-2}mol/L时，在此条件下研究混合稀土金属在分散支撑液膜中的分离行为，当各稀土金属离子初始浓度均为1.00×10^{-4}mol/L时，80min时，Tb(Ⅲ)、Dy(Ⅲ)与Eu(Ⅲ)的分离因子分别为24.2和10.7；Tb(Ⅲ)与Dy(Ⅲ)的分离因子为2.26。Tb(Ⅲ)和Dy(Ⅲ)在此条件下可以很好地与Eu(Ⅲ)分离。调节原料相pH为2.00时，80min时，Eu(Ⅲ)、Dy(Ⅲ)与Tb(Ⅲ)的分离因子分别为28.9和19.1。Tb(Ⅲ)在此条件下可以与Eu(Ⅲ)和Dy(Ⅲ)分离。

8.7 分散支撑液膜提取稀土金属传质分析

8.7.1 分散支撑液膜稀土金属提取的推动力

稀土金属在分散支撑液膜中的提取受许多因素的影响，如原料相酸度、分散相中载体浓度、解析剂浓度及分散相中解析剂溶液与萃取剂比例等，其中原料相酸度是影响稀土金属提取率的主要因素。

在原料相与膜相的界面，Re(Ⅲ)与载体HR发生如下的配合反应[15,16]：

$$Re_f^{3+}+3(HR)_{2,m}\underset{K_{-1}}{\overset{K_1}{\rightleftharpoons}}ReR_3\cdot3HR_m+3H_f^+ \tag{8-7}$$

Re(Ⅲ)与载体在水油界面发生络合反应，生成络合物$ReR_3\cdot3HR$。反应发生在水油两相界面处，类似于反应萃取过程，其萃取平衡常数：

$$K_{ex}=\frac{[H^+]_f^3[ReR_3\cdot3HR]_m}{[Re(Ⅲ)]_f[(HR)_2]_m^3} \tag{8-8}$$

解析反应的平衡常数为

$$K'_{ex}=\frac{[Re(Ⅲ)]_s[(HR)_2]_m^3}{[H^+]_s^3[ReR_3(HR)_3]_m} \tag{8-9}$$

当稀土金属进入膜相的速率等于其由膜相进入分散相的速率时，膜两侧达到稳定态，则 K_{ex} 与 K'_{ex} 成正比例关系。假定形成的载体络合物全部通过膜相，在膜相与分散相界面全部被解析，则 $\frac{[H^+]_f^3}{[Re(Ⅲ)]_f}$ 与 $\frac{[H^+]_s^3}{[Re(Ⅲ)]_s}$ 成正比。则式（8-10）成立。

$$\frac{[H^+]_f^3[ReR_3(HR)_3]_m}{[Re(Ⅲ)]_f[(HR)_2]_m^3}=\lambda\frac{[H^+]_s^3[ReR_3(HR)_3]_m}{[Re(Ⅲ)]_s[(HR)_2]_m^3} \tag{8-10}$$

$$\frac{[H^+]_f^3}{[Re(Ⅲ)]_f}=\lambda\frac{[H^+]_s^3}{[Re(Ⅲ)]_s} \tag{8-11}$$

式中，λ 为正比例系数。

则原料相和分散相中的金属离子浓度比为

$$\frac{[Re(Ⅲ)]_f}{[Re(Ⅲ)]_s}\propto\frac{[H^+]_f^3}{[H^+]_s^3} \tag{8-12}$$

由式（8-12）可以看出，如果分散相中［H^+］大于原料相中的［H^+］，分散相中的［Re(Ⅲ)］一定要大于原料相中的［Re(Ⅲ)］，即稀土金属要从原料相提取到分散相达到稳态实现在分散相的富集，所以实现稀土金属提取的能量是由原料相与分散相的氢离子的浓度差引起的。从本章实验结果可以得到验证，对于La(Ⅲ)、Ce(Ⅳ)、Tb(Ⅲ)、Eu(Ⅲ)、Dy(Ⅲ) 和 Tm(Ⅲ)，在分散相酸度不变的情况下，随着原料相酸度的减小，稀土金属的提取率增大，当酸度减小到一定程度时，稀土金属的提取率增加较为缓慢或不再增加，这说明该逆向提取过程基本达到平衡。

这一过程也可以用热力学来解释。热力学函数是状态函数，它的变化只与变化的始终态有关，而与变化的过程无关，通过对过程的热力学分析，可以判断某过程能否自动发生。由于分散支撑液膜提取稀土金属的过程基本上是在常温常压下进行的，可以应用 Gibbs 自由焓的变化值（ΔG）来判断稀土金属的提取过程能否发生。

在原料相与膜相界面处，载体配合物的化学势为

$$\begin{aligned}\mu_1&=\mu^0(T)+RT\ln[ReR_3(HR)_3]_m\\&=\mu^0(T)+RT\ln K+RT\ln\frac{[Re(Ⅲ)]_f[(HR)_2]_m^3}{[H^+]_f^3}\end{aligned} \tag{8-13}$$

在膜相与分散相界面处，载体配合物的化学势为

$$\begin{aligned}\mu_2&=\mu^0(T)+RT\ln[ReR_3(HR)_3]_s\\&=\mu^0(T)+RT\ln K+RT\ln\frac{[Re(Ⅲ)]_s[(HR)_2]_m^3}{[H^+]_s^3}\end{aligned} \tag{8-14}$$

由式（8-13）和式（8-14），液膜两侧载体配合物的自由能之差为

$$\Delta G=\mu_2-\mu_1=RT\ln\frac{[\mathrm{Re(Ⅲ)}]_s[\mathrm{H^+}]_f^3}{[\mathrm{Re(Ⅲ)}]_f[\mathrm{H^+}]_s^3} \tag{8-15}$$

当 $\Delta G<0$ 时，在热力学上可以认为，原料相中的稀土金属离子就可以自发地向分散相提取。若 $\Delta G<0$，由式（8-15）可知，$[\mathrm{Re(Ⅲ)}]_s[\mathrm{H^+}]_f^3<[\mathrm{Re(Ⅲ)}]_f[\mathrm{H^+}]_s^3$，由于分散相中的 H^+浓度远远大于原料相中的 H^+浓度，而原料相和分散相中的稀土金属离子浓度都较低，因此即使分散相中的稀土金属离子浓度大于原料相中的稀土金属离子浓度，在一定范围内，仍能保持 $\Delta G<0$，原料相中的稀土金属离子会继续向分散相提取，从而达到在分散相富集的目的。综上所述，分散支撑液膜两侧的 H^+浓度差是整个液膜提取的推动力。

8.7.2 分散支撑液膜的传质动力学模型

以分散支撑液膜提取稀土金属的过程是一个萃取与解析同时进行的过程，决定这一传质过程速率大小的影响因素是在整个传质过程中最慢步骤的速率，它可能是化学反应的速率，也可能是传质过程的速率，也可能是由化学反应速率与传质过程速率共同决定。为此，可将萃取过程分为动力学类型的传质过程、扩散类型的传质过程及动力学与扩散过程共同决定的混合型传质过程。如果上述金属离子的提取过程属于动力学传质过程，扩散过程为快速步骤，传质速率的大小取决于化学反应的速率，即金属离子与载体的络合反应及解析反应的速率大小；如果金属离子的提取过程属于扩散类型的传质过程，化学反应为快速步骤，传质速率的大小取决于扩散速率的大小，它的大小与搅拌速度和两相界面大小有关；如果金属离子的提取过程属于混合型的传质过程，传质速率的大小不仅与化学反应速率的大小有关，还与搅拌速度和两相界面大小有关[17]。

分散支撑液膜提取稀土金属的过程中，由于选择了较快的搅拌速率，稀土金属离子扩散传质的影响应该是较小的，因此，可以假定稀土金属的传质过程属于动力学类型，忽略扩散过程对传质的影响，即稀土金属的提取速率只取决于原料相与膜相界面发生的络合反应及在膜相与分散相界面发生的络合物的解析反应的速率，稀土金属从原料相进入膜相后快速达到平衡。在此假定下，稀土金属在分散支撑液膜体系中的提取过程可以简单地描述如下：稀土金属从原料相先被萃取到膜相，然后膜相中的稀土金属被解析到分散相中，从而实现稀土金属从原料相到分散相的提取，如图 8-100 所示。

这个过程可以更直观地表示为

$$c_f \xrightarrow{k_1} c_m \xrightarrow{k_2} c_s \tag{8-16}$$

式中，c_f、c_m、c_s分别为原料相、膜相和分散相中的稀土金属离子浓度；k_1、k_2分

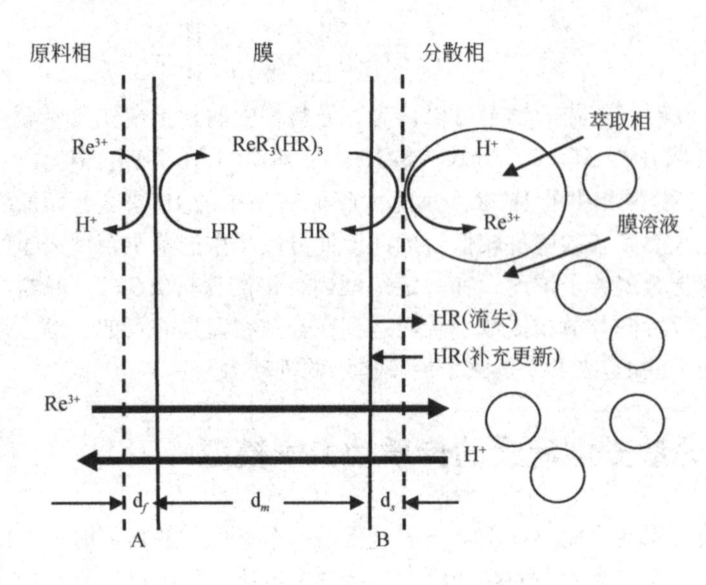

图 8-100　稀土金属通过 DSLM 提取机理

别为原料相和膜相界面发生的萃取反应及膜相和分散相界面发生的解析反应的反应速率常数，式（8-16）表示稀土金属的传质过程是一个串联一级不可逆反应过程。

在分散支撑液膜体系提取稀土金属的过程中，间隔一定时间分别从原料相和分散相取样分析它们的浓度，求得相应的摩尔数，膜相中稀土金属离子的摩尔数由物料平衡求得。为方便数据处理，设原料相、膜相和分散相金属离子的物质的量分数分别为 R_f、R_m 和 R_s。则有

$$R_f=\frac{n_f}{n_{f0}} \qquad R_m=\frac{n_m}{n_{m0}} \qquad R_s=\frac{n_s}{n_{s0}} \tag{8-17}$$

式中，n_{f0} 为原料相在 $t=0$ 时稀土金属的摩尔数；n_f、n_m 和 n_s 分别为 t 时刻原料相、膜相和分散相中稀土金属的摩尔数，因此有

$$R_f+R_m+R_s=1 \tag{8-18}$$

假定稀土金属的提取过程，从膜相进入分散相的过程是不可逆的，而从原料相进入膜相的过程也是不可逆的，说明稀土金属的提取过程符合两个串联的准一级不可逆过程，即稀土金属离子在分散支撑液膜体系中的提取行为宏观上具有连串反应的动力学特征。因此，分散支撑液膜体系提取稀土金属的速率方程可以表示为

$$\frac{dc_f}{dt}=-k_1c_f \tag{8-19}$$

$$\frac{dc_m}{dt}=\frac{V_f}{V_m}k_1c_f-k_2c_m \tag{8-20}$$

$$\frac{dc_s}{dt}=\frac{V_m}{V_s}k_2c_m \tag{8-21}$$

式中，V_f、V_m、V_s分别为原料相、膜相、解析相的体积。式（8-19）~式（8-21）可以转化为

$$\frac{dn_f}{V_f dt}=-\frac{n_f}{V_f}k_1 \tag{8-22}$$

$$\frac{dn_m}{V_m dt}=\frac{V_f n_f}{V_f V_m}k_1-\frac{n_m}{V_m}k_2 \tag{8-23}$$

$$\frac{dn_s}{V_s dt}=-\frac{V_m n_m}{V_s V_m}k_2 \tag{8-24}$$

式（8-22）~式（8-24）除以 n_{f0}，可得如下方程：

$$\frac{dR_f}{dt}=-k_1R_f\equiv J_f \tag{8-25}$$

$$\frac{dR_m}{dt}=k_1R_f-k_2R_m \tag{8-26}$$

$$\frac{dR_s}{dt}=k_2R_m\equiv \mathrm{J}_s \tag{8-27}$$

式中，J 为通量；k_1 和 k_2 分别为原料相与膜相和膜相与解析相界面金属离子提取的准一级表观速率常数，若 $k_1\neq k_2$，对式（8-25）~式（8-27）积分，可得如下关系式：

$$R_f=\exp(-k_1t) \tag{8-28}$$

$$R_m=\frac{k_1}{k_2-k_1}[\exp(-k_1t)-\exp(-k_2t)] \tag{8-29}$$

$$R_s=1-\frac{k_1}{k_2-k_1}[k_2\exp(-k_1t)-k_1\exp(-k_2t)] \tag{8-30}$$

式（8-28）~式（8-30）表明，R_f与时间是一个指数项的关系，而 R_m 和 R_s 与时间是两个指数项的关系。对式（8-29）进行微分，可得

$$\frac{dR_m}{dt}=0 \tag{8-31}$$

可求得 R_m 的极大值以及出现这一极大值所对应的时间为

$$t_{max}=\frac{\ln(k_1/k_2)}{k_1-k_2} \tag{8-32}$$

$$R_m^{max}=\left(\frac{k_1}{k_2}\right)^{\frac{k_1}{k_2-k_1}} \tag{8-33}$$

当 $t=t_{max}$ 时，则可得到下面的通量方程：

$$\left.\frac{dR_f}{dt}\right|_{max}=-k_1\left(\frac{k_1}{k_2}\right)^{\frac{k_1}{k_2-k_1}}\equiv J_f^{max} \tag{8-34}$$

$$\left.\frac{dR_s}{dt}\right|_{max}=k_2\left(\frac{k_1}{k_2}\right)^{\frac{k_2}{k_2-k_1}}\equiv J_s^{max} \tag{8-35}$$

$$\left.\frac{dR_m}{dt}\right|_{max}=0 \tag{8-36}$$

$$-\left.\frac{dR_f}{dt}\right|_{max}=\left.\frac{dR_s}{dt}\right|_{max} \tag{8-37}$$

式（8-37）表明，当 $t=t_{max}$ 时，$\left.\frac{dR_m}{dt}\right|_{max}=0$，$J_f^{max}=-J_s^{max}$，膜相中的稀土金属浓度维持恒定，单位时间进入膜相和流出膜相的稀土金属离子的摩尔数相等，稀土金属的提取可以看作一个稳态过程。

因此，对于分散支撑液膜提取稀土金属的膜相及分散相传质过程可作以下假设：①由于萃取剂的存在，萃取剂液滴可视为稳定的膜相，忽略液滴的破损和溶胀，萃取剂液滴无再分散、滴内无内循环；②萃取剂液滴尺寸大小一致，在膜相分布均匀；③在分散相中解析相与膜相的界面上，载体络合物的解离反应是不可逆的；④忽略分散相中解析相传质阻力，解析相液滴在分散相内均匀分布；⑤忽略膜相内的传质阻力，载体在膜相内浓度分布均匀。

根据上述假设，金属离子的传质可以表示为以下五个步骤。

（1）Re(Ⅲ）在原料相–膜相界面内扩散。

设 Re(Ⅲ）在原料相主体的浓度是均匀的，而在原料相侧边界层内浓度梯度是线性的，Re(Ⅲ）沿垂直于膜平面的轴向扩散遵守 Fick 第一定律，则此过程通量 J_f［单位为 $mol/(m^2\cdot s)$］可表示为

$$J_f=-D_f\frac{dc}{dx}=D_f\frac{(c_f-c_{fi})}{d_f} \tag{8-38}$$

式中，下标 f 代表原料相；D_f 为 Re(Ⅲ）在原料相中的扩散系数，m^2/s；d_f 为原料相侧扩散层厚度，m；c_f 为原料主体 Re(Ⅲ）浓度，mol/L；c_{fi} 为原料相与膜相界面处的 Re(Ⅲ）浓度，mol/L。

（2）在原料相–膜相界面 A，Re(Ⅲ）与载体（HR）发生如下配合反应[15,16]：

$$Re_f^{3+}+3(HR)_{2,org}\underset{K_{-1}}{\overset{K_1}{\rightleftharpoons}}ReR_3\cdot 3HR_{org}+3H_f^+ \tag{8-39}$$

式中，$(HR)_2$ 为在非极性油中主要以二聚体形式存在的载体；K_1 和 K_{-1} 分别为正、逆萃取反应速率常数。

由于反应发生在水油两相界面处，因此该反应类似于萃取过程，其萃取平衡常数为

$$K_{ex}=\frac{[H^+]_f^3[ReR_3\cdot 3HR]}{[Re^{3+}]_f[(HR)_2]^3}=\frac{[H^+]_f^3 c_{mf}^0}{c_{fi}[c^0]^3} \tag{8-40}$$

根据金属离子的分配比定义：

$$K_d=\frac{c_{mf}^0}{c_{fi}} \tag{8-41}$$

式中，c_{mf}^0为膜相–原料相界面的络合物浓度，mol/L；［c^0］为载体（HR)$_2$的浓度，mol/L；K_d为分配比。

（3）络合物 $ReR_3\cdot 3HR$ 在膜内的扩散过程。

设金属络合物在膜内的浓度变化为线性变化，其扩散满足 Fick 第一定律：

$$J_m=-D_m^0\frac{dc}{dx}=D_m^0\frac{(c_{mf}^0-c_{ms}^0)}{d_m} \tag{8-42}$$

因为支撑膜为多孔性高分子聚合物，因此，需对扩散面积及扩散距离进行如下校正：

$$J_m=\varepsilon D_m^0\frac{(c_{mf}^0-c_{ms}^0)}{\tau d_m} \tag{8-43}$$

式中，D_m^0为络合物在膜相中的扩散系数，m^2/s；d_m为膜厚，m；τ 和 ε 分别为支撑膜的曲折因子和孔隙率，分别为 1.67 和 75.0%；c_{ms}^0为膜相–分散相界面的络合物浓度，mol/L。因为络合物在分散相侧膜界面上解络成 Re(Ⅲ) 和载体，因此 c_{ms}^0近似为 0mol/L。

（4）当络合物 $ReR_3\cdot 3HR$ 扩散到解析相，与解析剂发生如下解析反应[16]：

$$ReR_3\cdot 3HR_{org}+3H_s^+ \underset{K_{-2}}{\overset{K_2}{\rightleftharpoons}} Re^{3+}+3(HR)_{2,org} \tag{8-44}$$

式中，下标 s 代表解析相。由于此解离反应过程比在膜内反应快得多[18]，因此可以忽略此反应对整个传质过程的影响。K_2和 K_{-2}分别为正、逆反应速率常数。

设 Re(Ⅲ) 在解析相主体的浓度是均匀的，而在解析相侧边界层内浓度梯度是线性的，Re(Ⅲ) 沿垂直于膜平面的轴向扩散遵守 Fick 第一定律，则此过程通量 J_s［单位为 $mol/(m^2\cdot s)$］可表示为

$$J_s=-D_s\frac{dc}{dx}=D_s\frac{(c_{ms}-c_s)}{d_s} \tag{8-45}$$

（5）载体返回原料相和膜相界面。

假设体系经过一段时间后处于稳态[11,19-23]，过程为扩散控制，则：

$$J=J_f=J_m=J_s \tag{8-46}$$

联立式（8-38）、式（8-40）、式（8-43）、式（8-45）及式（8-46）可推

导出：

$$J=\left(\frac{d_{\mathrm{f}}}{D_{\mathrm{f}}}+\frac{d_{\mathrm{m}}\tau\left[\mathrm{H}^{+}\right]^{3}}{D_{\mathrm{m}}^{0}\varepsilon K_{\mathrm{ex}}\left[c^{0}\right]^{3}}\right)^{-1}c_{\mathrm{f}} \tag{8-47}$$

根据渗透系数定义：

$$J=P_{\mathrm{c}}c_{\mathrm{f}}=-\frac{V_{\mathrm{f}}\,\mathrm{d}c_{\mathrm{f}}}{A\ \mathrm{d}t} \tag{8-48}$$

式中，V_{f}为原料相体积，m^3；A 为膜的有效面积，m^2；c_{f}为原料相中提取物质的浓度，mol/L；P_{c}为渗透系数，s/m，可得

$$P_{\mathrm{c}}=\left(\frac{d_{\mathrm{f}}}{D_{\mathrm{f}}}+\frac{d_{\mathrm{m}}\tau\left[\mathrm{H}^{+}\right]^{3}}{D_{\mathrm{m}}^{0}\varepsilon K_{\mathrm{ex}}\left[c^{0}\right]^{3}}\right)^{-1} \tag{8-49}$$

为了使方程简化，令$\Delta_{\mathrm{f}}=d_{\mathrm{f}}/D_{\mathrm{f}}$，$\Delta_{\mathrm{m}}=d_{\mathrm{m}}/D_{\mathrm{m}}^{0}$[24]，单位为 s/m，式（8-49）可以简化为

$$P_{\mathrm{c}}^{-1}=\frac{\Delta_{\mathrm{m}}\tau\left[\mathrm{H}^{+}\right]^{3}}{\varepsilon K_{\mathrm{ex}}\left[c^{0}\right]^{3}}+\Delta_{\mathrm{f}} \tag{8-50}$$

同理，提取 Ce(Ⅳ）的渗透系数方程为

$$P_{\mathrm{c}}^{-1}=\frac{\Delta_{\mathrm{m}}\tau\left[\mathrm{H}^{+}\right]^{4}}{\varepsilon K_{\mathrm{ex}}\left[c^{0}\right]^{3}}+\Delta_{\mathrm{f}} \tag{8-51}$$

式中，τ、ε 和 K_{ex} 为常数，由萃取实验可得 La(Ⅲ)、Ce(Ⅳ)、Tb(Ⅲ)、Eu(Ⅲ)、Dy(Ⅲ）和 Tm(Ⅲ）的萃取平衡常数 K_{ex}。由方程可知，在一定的载体浓度条件下，P_{c}^{-1}与$[\mathrm{H}^{+}]^{3}$（Ce(Ⅳ）时为$[\mathrm{H}^{+}]^{4}$）呈线性关系，通过直线斜率法可以求出 Re(Ⅲ）通过膜的扩散系数 $D_{\mathrm{m}}{}^{0}$以及原料相和膜侧的边界层厚度 d_{f}。同样在酸度一定时，P_{c}^{-1}与$[c^{0}]^{-3}$呈线性关系，可求出Δ_{f}、Δ_{m}，再通过已知条件和参数求出未知参数 D_{m}^{0}和 d_{f}。

另外，Re(Ⅲ）的传质通量可通过测定原料相中 Re(Ⅲ）浓度随时间 t 的变化速率（$\mathrm{d}c/\mathrm{d}t$）而求得，即对式（8-48）进行积分：

$$\ln\frac{c_t}{c_0}=-\frac{A\varepsilon}{V_{\mathrm{f}}}P_{\mathrm{c}}t \tag{8-52}$$

式中，c_t和 c_0分别为 t 时刻和起始时刻原料相中 Re(Ⅲ）浓度，mol/L。通过测定不同条件下 Re(Ⅲ）的浓度，以$-\ln(c_t/c_0)$对 t 作图，从直线斜率分析各种因素对提取速率的影响程度。

由上述结论可知，在一定的载体浓度下，原料相的酸度是影响金属离子传输的主要因素。本实验进行了不同酸度下 La(Ⅲ)、Ce(Ⅳ)、Tb(Ⅲ)、Eu(Ⅲ)、Dy(Ⅲ）和 Tm(Ⅲ）的提取实验，为了进一步定量描述稀土金属在分散支撑液膜中的提取过程，对提取过程进行了动力学研究。

根据分散支撑液膜提取 La(Ⅲ) 的试验结果，按照式（8-50）绘制 P_c^{-1} 与 $[H^+]^3$ 的关系曲线，结果表明 P_c^{-1} 与 $[H^+]^3$ 之间存在良好的线性关系（R^2=0.9980），其斜率和截距分别为 5.03×10^{14} s · $L^4/(m\cdot mol^4)$ 和 6.18×10^4 s/m（图 8-101）。

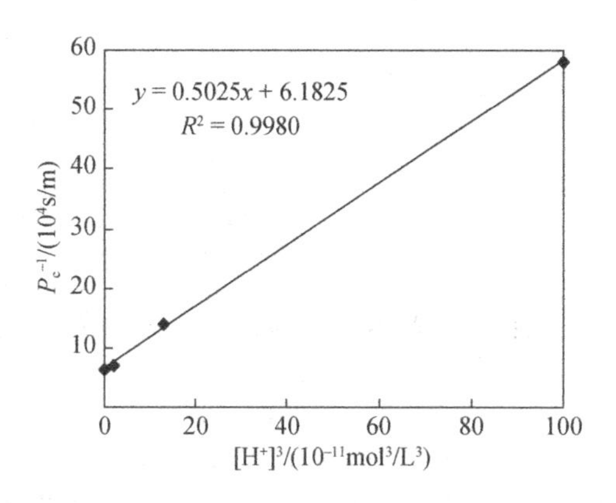

图 8-101 La(Ⅲ) 提取的理论与实验的比较（Ⅰ）

根据膜厚（65μm）及式（8-50）、式（8-52）求出 Δ_m=203.1s/m，Δ_f=6.18×10^4s/m，所以扩散系数 $D_m=d_m/\Delta_m=3.20\times10^{-7}m^2/s$。由 Danesi 和 Vandegrift[25] 的研究可知，$D_f=5.99\times10^{-10}m^2/s$，所以 La(Ⅲ) 通过原料–膜边界层的厚度 $d_f=\Delta_f D_f=3.22\times10^{-5}m=32.2\mu m$，将所求参数代入式（8-50），可得 La(Ⅲ) 在分散支撑液膜体系中的传质动力学方程为

$$P_c=\frac{1}{6.18\times10^4+5.03\times10^{14}[H^+]^3} \tag{8-53a}$$

对此方程进行进一步验证，当 $[H^+]$ 一定时，根据图 8-71 ~ 图 8-76 及式（8-50）、式（8-52），P_c^{-1} 与 $[(HR)_2]^{-3}$ 之间也存在良好的线性关系，如图 8-102 所示。并计算得出同样结论，d_f=32.2μm，$D_m=3.20\times10^{-7}m^2/s$，也可列出另一个动力学方程：

$$P_c=\frac{1}{4.35\times10^4+1.67[(HR)_2]^{-3}} \tag{8-53b}$$

同样地，根据分散支撑液膜提取 Ce(Ⅳ) 的实验结果，按照式（8-50）绘制 P_c^{-1} 与 $[H^+]^4$ 的关系曲线，结果表明 P_c^{-1} 与 $[H^+]^4$ 之间存在良好的线性关系（R^2=0.9933），其斜率和截距分别为 2.03×10^6 s · $L^4/(m\cdot mol^4)$ 和 3.21×10^4 s/m（图 8-103）。

可得 Ce(Ⅳ) 在分散支撑液膜体系中的传质动力学方程为

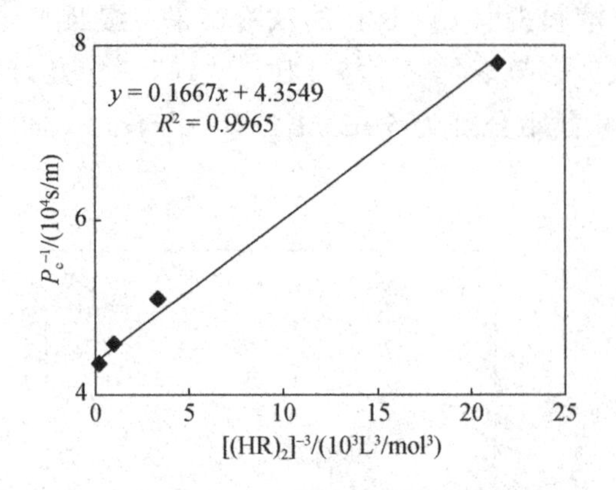

图 8-102　La(Ⅲ) 提取的理论与实验的比较 (Ⅱ)

$$P_c=\frac{1}{3.21\times10^4+2.03\times10^6\ [\mathrm{H}^+]^4} \tag{8-54a}$$

对此方程进行进一步验证，当 $[\mathrm{H}^+]$ 一定时，根据图 8-71 ~ 图 8-76 及式 (8-50)，P_c^{-1}与 $[(\mathrm{HR})_2]^{-3}$之间也存在良好的线性关系，如图 8-104 所示，也可列出另一个动力学方程：

$$P_c=\frac{1}{3.21\times10^4+1.74\,[(\mathrm{HR})_2]^{-3}} \tag{8-54b}$$

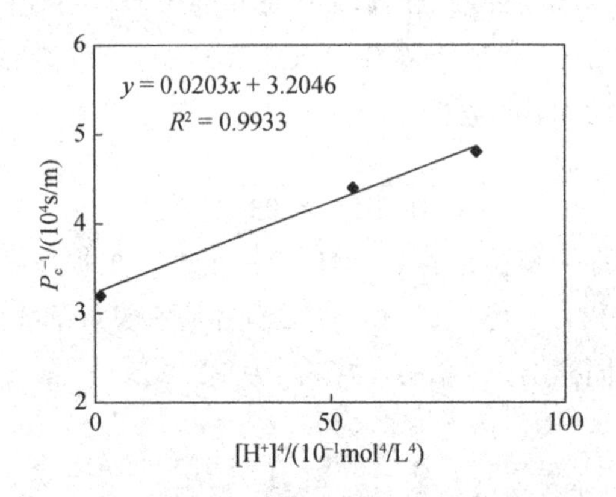

图 8-103　Ce(Ⅳ) 提取的理论与实验的比较 (Ⅰ)

采用同样的方法对分散支撑液膜提取 Tb(Ⅲ)、Eu(Ⅲ)、Dy(Ⅲ) 和 Tm(Ⅲ) 进行动力学研究得出 Tb(Ⅲ)、Eu(Ⅲ)、Dy(Ⅲ) 和 Tm(Ⅲ) 的渗透系数方程，见表 8-17。

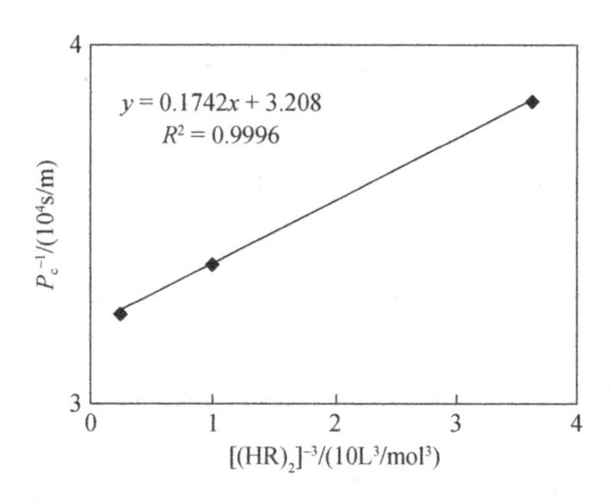

图 8-104　Ce(Ⅳ) 提取的理论与实验的比较 (Ⅱ)

表 8-17　Tb(Ⅲ)、Eu(Ⅲ)、Dy(Ⅲ) 和 Tm(Ⅲ) 的渗透系数方程

稀土金属	渗透系数方程	
Tb(Ⅲ)	$P_c=\frac{1}{3.10\times10^4+4.21\times10^{16}[H^+]^3}$	$P_c=\frac{1}{3.09\times10^4+1.55[(HR)_2]^{-3}}$
Eu(Ⅲ)	$P_c=\frac{1}{6.10\times10^4+2.38\times10^{15}[H^+]^3}$	$P_c=\frac{1}{6.09\times10^4+18.8[(HR)_2]^{-3}}$
Dy(Ⅲ)	$P_c=\frac{1}{3.19\times10^4+4.83\times10^{16}[H^+]^3}$	$P_c=\frac{1}{3.19\times10^4+1.50[(HR)_2]^{-3}}$
Tm(Ⅲ)	$P_c=\frac{1}{3.16\times10^4+4.10\times10^{14}[H^+]^3}$	$P_c=\frac{1}{3.16\times10^4+1.52[(HR)_2]^{-3}}$

8.7.3　小结

通过传质分析，证明原料相和分散相中的 H^+ 浓度差是稀土金属通过分散支撑液膜提取的驱动力。提取实验表明稀土金属在分散支撑液膜中的提取行为宏观上具有连串反应的动力学特征，推导出稀土金属通过分散支撑液膜提取的速率方程、R_f、R_m 和 R_s 与准一级表观速率常数 k_1 和 k_2 的关系及稀土金属离子提取的通量方程，获得稀土金属通过分散支撑液膜提取动力学参数 k_1、k_2、t_{max}、R_m^{max}、J_f^{max} 及 J_s^{max}。通过膜传质过程机理的探索，建立了稀土金属在分散支撑液膜中的传质动力学方程，计算出稀土金属通过分散支撑液膜提取动力学参数 Δ_f、Δ_m、d_f 和 D_m，得到 La(Ⅲ)、Ce(Ⅲ)、Tb(Ⅲ)、Eu(Ⅲ)、Dy(Ⅲ)、Tm(Ⅲ) 的渗透系数

方程分别为

$P_{c,La(\text{Ⅲ})}=1/(6.18\times10^{4}+5.03\times10^{14}[H^{+}]^{3})$、$P_{c,La(\text{Ⅲ})}=1/(4.35\times10^{4}+1.67[(HR)_{2}]^{-3})$；

$P_{c,Ce(\text{Ⅳ})}=1/(3.21\times10^{4}+2.03\times10^{6}[H^{+}]^{4})$、$P_{c,Ce(\text{Ⅳ})}=1/(3.21\times10^{4}+1.74[(HR)_{2}]^{-3})$；

$P_{c,Tb(\text{Ⅲ})}=1/(3.10\times10^{4}+4.21\times10^{16}[H^{+}]^{3})$、$P_{c,Tb(\text{Ⅲ})}=1/(3.09\times10^{4}+1.55[(HR)_{2}]^{-3})$；

$P_{c,Eu(\text{Ⅲ})}=1/(6.10\times10^{4}+2.38\times10^{15}[H^{+}]^{3})$、$P_{c,Eu(\text{Ⅲ})}=1/(6.09\times10^{4}+18.8[(HR)_{2}]^{-3})$；

$P_{c,Dy(\text{Ⅲ})}=1/(3.19\times10^{4}+4.83\times10^{16}[H^{+}]^{3})$、$P_{c,Dy(\text{Ⅲ})}=1/(3.19\times10^{4}+1.50[(HR)_{2}]^{-3})$；

$P_{c,Tm(\text{Ⅲ})}=1/(3.16\times10^{4}+4.10\times10^{14}[H^{+}]^{3})$、$P_{c,Tm(\text{Ⅲ})}=1/(3.16\times10^{4}+1.52[(HR)_{2}]^{-3})$。

通过实验验证了方程与实验结果较为一致。

8.8 结　论

本章研究以多孔高分子聚合物膜为支撑体，以有机磷酸为流动载体，以煤油为膜溶剂，以煤油和流动载体的混合溶液为萃取剂，萃取剂和 HCl 溶液组成分散相的分散支撑液膜中几种稀土金属的提取和分离回收行为，通过传质过程分析，建立相应的数学模型，具体取得以下研究结论。

(1) 采用以 PC-88A 为流动载体的分散支撑液膜体系对 La(Ⅲ)、Ce(Ⅳ)、Tb(Ⅲ)、Eu(Ⅲ)、Dy(Ⅲ) 和 Tm(Ⅲ) 的提取行为进行了研究。考察了原料相 pH、稀土金属离子初始浓度、分散相中 HCl 浓度、萃取剂与 HCl 溶液体积比、不同解析剂及不同载体浓度对 La(Ⅲ)、Ce(Ⅳ)、Tb(Ⅲ)、Eu(Ⅲ)、Dy(Ⅲ) 和 Tm(Ⅲ) 提取的影响，得出了 La(Ⅲ)、Ce(Ⅳ)、Tb(Ⅲ)、Eu(Ⅲ)、Dy(Ⅲ) 和 Tm(Ⅲ) 最优提取条件：分散相中 HCl 溶液浓度都为 4.00mol/L；萃取剂与 HCl 溶液体积比分别为 30：30、40：20、30：30、30：30、40：20 和 40：20；载体浓度分别控制在 0.160mol/L、0.160mol/L、0.100mol/L、0.160mol/L、0.100mol/L 和 0.160mol/L；原料相 pH 分别为 4.00、1.00、5.20、4.20、5.00 和 5.10；在最优条件下，原料相中 La(Ⅲ)、Ce(Ⅳ)、Tb(Ⅲ)、Eu(Ⅲ)、Dy(Ⅲ) 和 Tm(Ⅲ) 的初始浓度分别为 8.00×10^{-5} mol/L、7.00×10^{-5} mol/L、1.00×10^{-4} mol/L、8.00×10^{-5} mol/L、8.00×10^{-5} mol/L 和 1.00×10^{-4} mol/L 时，分别提取 125min、75min、95min、130min、95min 和 155min，提取率分别达到 93.9%、

96.3%、95.2%、95.3%、96.2%和92.2%。

(2) 采用以 D2EHPA 为流动载体的分散支撑液膜体系对 La(Ⅲ)、Ce(Ⅳ)、Tb(Ⅲ)、Eu(Ⅲ)、Dy(Ⅲ) 和 Tm(Ⅲ) 的提取行为进行了研究。考察了原料相 pH、稀土金属离子初始浓度、分散相中 HCl 浓度、萃取剂与 HCl 溶液体积比、不同解析剂及不同载体浓度对 La(Ⅲ)、Ce(Ⅳ)、Tb(Ⅲ)、Eu(Ⅲ)、Dy(Ⅲ) 和 Tm(Ⅲ) 提取的影响，得出了 La(Ⅲ)、Ce(Ⅳ)、Tb(Ⅲ)、Eu(Ⅲ)、Dy(Ⅲ) 和 Tm(Ⅲ) 最优提取条件：分散相中 HCl 溶液浓度都为 4.00mol/L；萃取剂与 HCl 溶液体积比分别为 20∶40、30∶30、30∶30、30∶30、20∶40 和 40∶20；载体浓度都控制在 0.160mol/L；原料相 pH 分别为 5.00、0.50、4.50、5.00、4.50 和 5.00；在最优条件下，原料相中 La(Ⅲ)、Ce(Ⅳ)、Tb(Ⅲ)、Eu(Ⅲ)、Dy(Ⅲ) 和 Tm(Ⅲ) 的初始浓度均为 1.00×10^{-4}mol/L 时，提取 35min，La(Ⅲ)、Tb(Ⅲ)、Eu(Ⅲ)、Dy(Ⅲ) 和 Tm(Ⅲ) 提取率分别达到 94.8%、99.1%、93.7%、98.2%和99.2%，Ce(Ⅳ) 提取 30min，提取率达到 78.3%。稀土金属提取过程中，最适合的解析剂是 HCl；Eu(Ⅲ) 的提取率随离子强度的增加而增加，其他稀土金属的提取率受离子强度影响不明显。

(3) 以 PC-88A 和 D2EHPA 混合为载体时，研究了分散支撑液膜体系中 Tb(Ⅲ)、Eu(Ⅲ) 和 Dy(Ⅲ) 的提取行为。考察了分散相中 HCl 浓度、萃取剂与 HCl 溶液体积比、原料相 pH、稀土金属离子初始浓度、不同解析剂以及混合载体浓度与比例对 Tb(Ⅲ)、Eu(Ⅲ) 和 Dy(Ⅲ) 提取的影响，得出了 Tb(Ⅲ)、Eu(Ⅲ)和 Dy(Ⅲ) 的最佳提取：分散相中 HCl 溶液浓度均为 4.00mol/L；萃取剂与 HCl 溶液体积比分别为 20∶40、40∶20 和 40∶20；萃取剂中 PC-88A 与 D2EHPA 浓度均为 8.00×10^{-2}mol/L；原料相 pH 分别为 3.80、4.80 和 3.80；在最优条件下，原料相中 Tb(Ⅲ)、Eu(Ⅲ) 和 Dy(Ⅲ) 的初始浓度都为 1.00×10^{-4} mol/L 时，30min 时，提取率分别达到 95.4%、94.6%和97.0%。

(4) 在对单个稀土金属进行分散支撑液膜提取研究的基础上，对混合稀土金属进行了分散支撑液膜分离研究，取得了以下结论。

以 PC-88A 为载体时，在 La(Ⅲ)、Ce(Ⅳ)、Tb(Ⅲ)、Eu(Ⅲ)、Dy(Ⅲ)、Tm(Ⅲ) 混合稀土金属的分散支撑液膜分离体系中选择液相酸度为 0.50mol/L、分散相中 HCl 浓度为 4.00mol/L、萃取剂与 HCl 溶液体积比为 30∶30、载体 PC-88A 浓度为 0.160mol/L 时，在此条件下研究各稀土金属在分散支撑液膜中的分离行为，当各元素浓度均为 1.00×10^{-4}mol/L 时，Ce(Ⅳ) 在 120min 时，可以与其他稀土金属分离。当调节原料相 pH 为 2.80 时，300min 时，Tb(Ⅲ)、Eu(Ⅲ)、Dy(Ⅲ) 与 La(Ⅲ) 的分离因子分别为 3.95、4.87 和 6.12，与 Tm(Ⅲ) 的分离因子分别为 12.8、15.8 和 19.8。

以 D2EHPA 为载体时，在 La(Ⅲ)、Tb(Ⅲ)、Eu(Ⅲ)、Dy(Ⅲ)、Tm(Ⅲ)混合稀土金属的分散支撑液膜分离体系中选择原料相 pH 为 2.80、分散相中 HCl 浓度为 4.00mol/L、萃取剂与 HCl 溶液体积比为 30 : 30、D2EHPA 浓度为 0.160mol/L 时，在此条件下研究各稀土金属在分散支撑液膜中的分离行为，当各金属离子浓度均为 1.00×10^{-4} mol/L 时，80min 时，Tb(Ⅲ)、Eu(Ⅲ)、Dy(Ⅲ)与 La(Ⅲ) 的分离因子分别为 9.24、4.81 和 1.80，与 Tm(Ⅲ) 的分离因子分别为 64.4、33.5 和 12.6。Tb(Ⅲ) 和 Eu(Ⅲ) 在此条件下可以很好地与 La(Ⅲ)、Dy(Ⅲ)、Tm(Ⅲ) 分离。调节原料相 pH 为 2.00 时，160min 时，Dy(Ⅲ) 与 La(Ⅲ)的分离因子为 23.3，与 Tm(Ⅲ) 的分离因子为 102.9。Dy(Ⅲ) 在此条件下可以很好地与 La(Ⅲ) 与 Tm(Ⅲ) 分离。配制 La(Ⅲ) 和 Tm(Ⅲ) 的混合溶液，调节原料相 pH 为 3.00，250min 时，La(Ⅲ) 与 Tm(Ⅲ) 的分离因子为 19.1。La(Ⅲ) 在此条件下可以很好地与 Tm(Ⅲ) 分离。

采用混合载体时，在 Tb(Ⅲ)、Eu(Ⅲ)、Dy(Ⅲ) 混合稀土金属的分散支撑液膜分离体系中选择原料相 pH 为 2.60、分散相中 HCl 浓度为 4.00mol/L、萃取剂与 HCl 溶液体积比为 30 : 30、混合载体中 PC-88A 和 D2EHPA 浓度均为 8.00×10^{-2}mol/L 时，在此条件下研究混合稀土金属在分散支撑液膜中的分离行为，当各稀土金属初始浓度均为 1.00×10^{-4} mol/L 时，80min 时，Tb(Ⅲ)、Dy(Ⅲ) 与 Eu(Ⅲ) 的分离因子分别为 24.2 和 10.7；Tb(Ⅲ) 与 Dy(Ⅲ) 的分离因子为 2.26。Tb(Ⅲ) 和 Dy(Ⅲ) 在此条件下可以很好地与 Eu(Ⅲ) 分离。调节原料相 pH 为 2.00 时，80min 时，Tb(Ⅲ) 与 Eu(Ⅲ)、Dy(Ⅲ) 的分离因子分别为 28.9 和 19.1。Tb(Ⅲ) 在此条件下可以与 Eu(Ⅲ) 和 Dy(Ⅲ) 分离。

(5) 通过传质分析，证明原料相和分散相中的 H^+ 浓度差是稀土金属通过分散支撑液膜提取的驱动力。提取实验表明稀土金属在分散支撑液膜中的提取行为宏观上具有连串反应的动力学特征，推导出稀土金属通过分散支撑液膜提取的速率方程、R_f、R_m 和 R_s 与准一级表观速率常数 k_1 和 k_2 的关系及稀土金属离子提取的通量方程，获得稀土金属通过分散支撑液膜提取动力学参数 k_1、k_2、t_{max}、R_m^{max}、J_f^{max} 及 J_s^{max}。通过膜传质过程机理的探索，建立了稀土金属在分散支撑液膜中的传质动力学方程，计算出稀土金属通过分散支撑液膜提取动力学参数 Δ_f、Δ_m、d_f 和 D_m，得到 La(Ⅲ)、Ce(Ⅲ)、Tb(Ⅲ)、Eu(Ⅲ)、Dy(Ⅲ)、Tm(Ⅲ) 的渗透系数方程分别为：$P_{c,La(Ⅲ)} = 1/(6.18\times10^4+5.03\times10^{14}\ [H^+]^3)$、$P_{c,La(Ⅲ)} = 1/(4.35\times10^4+1.67\ [(HR)_2]^{-3})$；$P_{c,Ce(Ⅳ)} = 1/(3.21\times10^4+2.03\times10^6\ [H^+]^4)$、$P_{c,Ce(Ⅳ)} = 1/(3.21\times10^4+1.74\ [(HR)_2]^{-3})$；$P_{c,Tb(Ⅲ)} = 1/(3.10\times10^4+4.21\times10^{16}\ [H^+]^3)$、$P_{c,Tb(Ⅲ)} = 1/(3.09\times10^4+1.55\ [(HR)_2]^{-3})$；$P_{c,Eu(Ⅲ)} = 1/(6.10\times10^4+2.38\times10^{15}\ [H^+]^3)$、$P_{c,Eu(Ⅲ)} = 1/(6.09\times10^4+18.8\ [(HR)_2]^{-3})$；$P_{c,Dy(Ⅲ)} = 1/(3.19\times10^4+$

4.83×10^{16} $[H^+]^3$)、$P_{c,Dy(Ⅲ)} = 1/(3.19\times10^4+1.50[(HR)_2]^{-3})$；$P_{c,Tm(Ⅲ)} = 1/(3.16\times10^4+4.10\times10^{14}[H^+]^3)$、$P_{c,Tm(Ⅲ)} = 1/(3.16\times10^4+1.52[(HR)_2]^{-3})$。

通过实验验证了方程与实验结果较为一致。

参考文献

[1] 王明华，徐瑞钧，周永秋，等. 普通化学. 5 版 [M]. 北京：高等教育出版社，2001.

[2] 于锦，姚思童，迟松江，等. 发展中的稀土分离技术 [J]. 沈阳工业大学学报，1999，21 (1)：83-85.

[3] К. 弗拉索夫，Б. 柯刚，王大雄，等. 稀土元素问题 [J]. 地质月刊，1958 (1)：33-34.

[4] 刘文华，刘鹏宇. 稀土元素分析 [J]. 分析试验室，2002，21 (3)：89-108.

[5] Li Q M，Liu Q，Zhang Q F，et al. Separation study of cadmium through an emulsion liquid membrane using triisooctylamine as mobile carrier [J]. Talanta，1998，46 (5)：927-932.

[6] Larson K，Raghuraman B，Wiencek J. Electrical and chemical demulsification techniques for microemulsion liquid membranes [J]. Journal of Membrane Science，1994，91 (3)：231-248.

[7] He D S，Ma M，Wang H，et al. Effect ofkinetic synergist on transport of copper (Ⅱ) through a liquid membrane containing P_{507} in kerosene [J]. Canadian Journal of Chemistry，2001，79 (8)：1213-1219.

[8] Gu S X，Yu Y D，He D S，et al. Comparison oftransport and separation of Cd (Ⅱ) between strip dispersion hybrid liquid membrane (SDHLM) and supported liquid membrane (SLM) using tri-n-octylamine as carrier [J]. Separation and Purification Technology，2006，51 (3)：277-284.

[9] He D S，Gu S X，Ma M. Simultaneousremoval and recovery of cadmium (Ⅱ) and CN- from simulated electroplating rinse wastewater by a strip dispersion hybrid liquid membrane (SDHLM) containing double carrier [J]. Journal of Membrane Science，2007，305 (1/2)：36-47.

[10] Sonawane J V，Pabby A K，Sastre A M. Au (Ⅰ) extraction by LIX-79/n-heptane using the pseudo-emulsion-based hollow-fiber strip dispersion (PEHFSD) technique [J]. Journal of Membrane Science，2007，300：147-155.

[11] Danesi P R. Separation ofmetal species by supported liquid membranes [J]. Separation Science and Technology，1984，19：857-894.

[12] Pei L，Yao B H，Zhang C J. Transport of Tm (Ⅲ) through dispersion supported liquid membrane containing PC-88A in kerosene as the carrier [J]. Separation and Purification Technology，2009，65 (2)：220-227.

[13] 吴小宁，姚秉华，付兴隆，等. PC-88A-煤油-HCl 分散支撑液膜中 Co (Ⅱ) 的传输研究 [J]. 西安理工大学学报，2008，24 (2)：187-191.

[14] 吴小宁，姚秉华，付兴隆. PC-88A-煤油-HCl 分散支撑液膜体系中 Zn (Ⅱ) 的传输与分离研究 [J]. 水处理技术，2009，35 (7)：22-26.

[15] El-Said N, Abdel Rahman N, Borai E H. Modification in *Purex* process using supported liquid membrane separation of cerium（Ⅲ）*via* oxidation to cerium（Ⅳ）from fission products from nitrate medium by SLM［J］. Journal of Membrane Science, 2002, 198（1）: 23-31.

[16] 乔军，柳召刚，张存瑞，等. 多组分硫酸体系 P_{507} 萃取分离铈（Ⅳ）工艺［J］. 稀土，1999，20（4）：65-69.

[17] Alpoguz H, Memon S, Ersoz M, et al. Kinetics of mercury（Ⅱ）transport through a bulk liquidmembrane containing calix［4］arene derivatives as carrier［J］. Separation Science and Technology, 2009, 38: 1649-1664.

[18] Danesi P R. Separation ofmetal species by supported liquid membranes［J］. Separation Science and Technology, 1984, 19: 857-894.

[19] Danesi P R, Horwitz E P, Vandegrift G F, et al. Masstransfer rate through liquid membranes: Interfacial chemical reactions and diffusion as simultaneous permeability controlling factors［J］. Separation Science and Technology, 1981, 16（2）: 201-211.

[20] He D S, Luo X J, Yang C M, et al. Study oftransport and separation of Zn（Ⅱ）by a combined supported liquid membrane/strip dispersion process containing D2EHPA in kerosene as the carrier［J］. Desalination, 2006, 19: 40-51.

[21] Danesi P R, Horwitz E P, Rickert P. Transport of Eu^{3+} through a bis（2-ethylhexyl）-phosphoric acid, *n*-dodecane solid supported liquid membrane［J］. Separation Science and Technology, 1982, 17（9）: 1183-1192.

[22] Yaftian M R, Burgard M, Dieleman C B, et al. Rare-earth metal-ion separation using a supported liquid membrane mediated by a narrow rim phosphorylated calix［4］arene［J］. Journal of Membrane Science, 1998, 144: 57-64.

[23] 刘又年，舒万艮，黄可龙. 支撑液膜法提取稀土的动力学［J］. 中南矿冶学院学报，1994，25（4）：535-539.

[24] Chiarizia R, Castagnola A, Danesi P R, etal. Mass transfer rate through solid supported liquid membranes: Influence of carrier dimerization and feed metal concentration on membrane permeability［J］. Journal of Membrane Science, 1983, 14（1）: 1-11.

[25] Danesi P R, Vandegrift G F. Kinetics and mechanism of the interfacial mass transfer of Eu^{3+} and Am^{3+} in system bis（2-ethylhexyl）phosphate-*n*-dodecane NaCl-HCl-water［J］. The Journal of Physical Chemistry, 1981, 85: 36-46.